高职高专『十三五』精品规划教材

国家示范性高职院校重点建设专业精品规划教材（土建大类）

国家高职高专土建大类高技能应用型人才培养解决方案

建筑工程测量

BUILDING ENGINEERING SURVEY

主　编／冯大福

副主编／黄治国

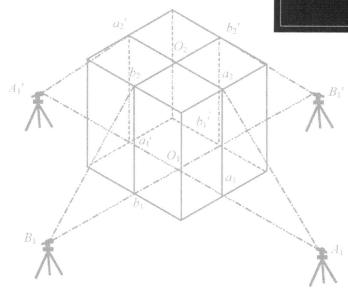

U0259489

天津大学出版社

TIANJIN UNIVERSITY PRESS

内容提要

本教材为适应高职高专建筑工程技术类专业的教学需要而编写。全书共有 16 章和 3 个附录,主要内容包括绪论、水准测量、角度测量、距离测量、全站仪的使用、测量误差、控制测量、大比例尺地形图测绘、地形图的应用及土石方工程施工测量、施工测量的基本方法、基础施工测量、钢筋混凝土主体结构施工测量、砌体结构施工测量、钢结构施工测量、特殊工程施工测量、建筑变形测量与竣工总平面图编绘。全书还安排了 8 个技能训练。

本书可作为高职高专建筑类专业的教材,也可以作为建筑或测绘行业工程技术人员的参考书。

图书在版编目(CIP)数据

建筑工程测量/冯大福主编. —天津:天津大学出版社,
2013.10(2021.7 重印)
　ISBN 978-7-5618-4822-7

　Ⅰ.①建…　Ⅱ.①冯…　Ⅲ.①建筑测量 – 高等职业教育 – 教材　Ⅳ.①TU198

中国版本图书馆 CIP 数据核字(2013)第 249699 号

出版发行	天津大学出版社
地　　址	天津市卫津路 92 号天津大学内(邮编:300072)
电　　话	发行部:022-27403647
网　　址	publish.tju.edu.cn
印　　刷	北京盛通印刷股份有限公司
经　　销	全国各地新华书店
开　　本	185mm×260mm
印　　张	16.25
字　　数	406 千
版　　次	2020 年 1 月第 3 版
印　　次	2021 年 7 月第 4 次
定　　价	45.00 元

编审委员会

总　序

　　"国家示范性高职院校重点建设专业精品规划教材(土建大类)"是根据教育部、财政部《关于实施国家示范性高等职业院校建设计划 加快高等职业教育改革与发展的意见》(教高〔2006〕14号)及《关于全面提高高等职业教育教学质量的若干意见》(教高〔2006〕16号)文件精神,为了适应我国当前高职高专教育发展形势以及社会对高技能应用型人才培养的需求,配合国家示范性高职院校的建设计划,在重构能力本位课程体系的基础上,以重庆工程职业技术学院为载体,开发了与专业人才培养方案捆绑、体现"工学结合"思想的系列教材。

　　本套教材由重庆工程职业技术学院建工学院组织,联合重庆建工集团、重庆建设教育协会和兄弟院校的一些行业专家组成教材编审委员会,共同研讨并参与教材大纲的编写和编写内容的审定工作,是集体智慧的结晶。该系列教材的特点是:与企业密切合作,制定了突出专业职业能力培养的课程标准;反映了行业新规范、新技术和新工艺;打破传统学科体系教材编写模式,以工作过程为导向,系统设计课程内容,融"教、学、做"为一体,体现高职教育"工学结合"的特点。

　　在充分考虑高技能应用型人才培养需求和发挥示范院校建设作用的基础上,编委会基于能力递进工作过程系统化理念构建了建筑工程技术专业课程体系。其具体内容如下。

　　1. 调研、论证、确定岗位及岗位群

　　通过毕业生岗位统计、企业需求调研、毕业生跟踪调查等方式,确定建筑工程技术专业的岗位和岗位群为施工员、安全员、质检员、档案员、监理员。其后续提升岗位为技术负责人、项目经理。

　　2. 典型工作任务分析

　　根据建筑工程技术专业岗位及岗位群的工作过程,分析工作过程中各岗位应完成的工作任务,采用"资讯、计划、决策、实施、检查、评价"六步骤工作法提炼出"识读建筑工程施工图(综合识图)"等43项典型工作任务。

　　3. 由典型工作任务归纳为行动领域

　　根据提炼出的43项典型工作任务,按照是否具有现实、未来以及基础性和范例性意义的原则,将43项典型工作任务直接或改造后归纳为"建筑工程施工图及安装工程图识读、绘制"等18个行动领域。

　　4. 将行动领域转换配置为学习领域课程

　　根据"将职业工作作为一个整体化的行动过程进行分析"和"资讯、计划、决策、实施、检查、评价"六步骤工作法的原则,构建"工作过程完整"的学习过程,将行动领域或改造后的行动领域转换配置为"建筑工程图识读与绘制"等18门学习领域课程。

5.构建专业框架教学计划

具体参见电子资源。

6.设计基础学习领域课程的教学情境

由课程建设小组与基础课程教师共同完成基础学习领域课程教学情境的设计。基于专业学习领域课程所需的理论知识和学生后续提升岗位所需知识来系统地设计教学情境,以满足学生可持续发展的需求。

7.设计专业学习领域课程的教学情境

根据专业学习领域课程的性质和培养目标,校企合作共同选择以图纸类型、材料、对象、分部工程、现象、问题、项目、任务、产品、设备、构件、场地等为载体,并考虑载体具有可替代性、范例性及实用性的特点,对每个学习领域课程的教学内容进行解构和重构,设计出专业学习领域课程的教学情境。

8.校企合作共同编写学习领域课程标准

重庆建工集团、重庆建设教育协会及一些企业和行业专家参与了课程体系的建设和学习领域课程标准的开发及审核工作。

在本套教材的编写过程中,编委会强调基于工作过程的理念进行编写,强调加强实践环节,强调教材用图统一,强调理论知识满足可持续发展的需要。采用了创建学习情境和编排任务的方式,充分满足学生"边学、边做、边互动"的教学需求,达到所学即所用。本套教材体系结构合理、编排新颖而且满足了职业资格考核的要求,实现了理论实践一体化,实用性强,能满足学生完成典型工作任务所需的知识、能力和素质的要求。

追求卓越是本套教材的奋斗目标,为我国高等职业教育发展而勇于实践和大胆创新是编委会共同努力的方向。在国家教育方针、政策引导下,在各位编审委员会成员和作者团队的共同努力下,在天津大学出版社的大力支持下,我们力求向社会奉献一套具有"创新性和示范性"的教材。我们衷心希望这套教材的出版能够推动高职院校的课程改革,为我国职业教育的发展贡献自己微薄的力量。

丛书编审委员会
于重庆

再版前言

　　现代测绘科学技术的快速发展促进了建筑施工测量技术的变革。几年前还在广泛使用的传统测量仪器、工具和测绘方法如今已逐渐被更先进的测量仪器、工具和测绘方法所取代,如光学经纬仪被全站仪取代,微倾式的光学水准仪被自动安平水准仪或电子水准仪取代,用以控制轴线的垂球、量距的钢卷尺等工具被激光铅垂仪、激光准直仪、激光扫平仪、手持式测距仪取代,钢尺量距导线被全站仪导线取代,标定点位的交会等放样方式被全站仪极坐标法放样或RTK放样取代,手工白纸测绘平面图或大比例尺地形图的方式被数字化测图的方式取代,等等。因此,现代的建筑施工测量教材必须体现当代测绘技术的先进性。

　　高等职业教育必须以培养高技能应用型人才为主要任务,以提高学生的实践动手能力为出发点。在广泛征求测绘和建筑业内人士意见的基础上,确定了建筑施工测量的课程标准,教材的知识范围、内容的深度和广度。所以,本教材具有较强的针对性和适用性。

　　基于上述两点,我们希望这是一本内容先进、具有鲜明的当代高等职业教育特点的好书,但这是只有广大的读者朋友才能下的结论。

　　本书所引用的规范和技术标准有国家和行业制定的,也有一些是地方制定的。而规范和标准会不断更新,书中提到的一些应用软件也会不断升级成更高版本。所以,本书所列的一些技术参数和各种技术规定仅供学习参考,不能作为规范和技术标准直接引用。

　　重庆工程职业技术学院多位教师参加了本书的编写。主要有:冯大福(第1章、第4章、第5章、第6章、第10章、附录)、黄治国(第11章、第12章)、白源(第8章)、谯川(第13章)、徐小珊(第14章)、柏雯娟(第2章、第15章)、邓军(第16章)、李玲(第7章)、焦亨余(第9章)、罗强(第3章)。全书由冯大福主编和统稿。

　　本书在学习目标描述中所涉及的程度用语主要有"熟练"、"正确"、"基本"。"熟练"指能在所规定的时间内,无错误地完成任务;"正确"指在规定的时间内,能无错误地完成任务;"基本"指在没有时间要求的情况下,不经过旁人提示,能无错误地完成任务。

　　本书承蒙重庆建工集团二建的龚文璞总工,三建的黄钢琪总工、茅苏惠部长以及我院建筑专业教学指导委员会的全体委员审定和指导了教材编写大纲及编写内容,在此一并表示感谢。

　　本书在编写过程中,参阅了大量文献,引用了同类书刊中的一些资料,在此谨向有关作者表示谢意!同时,对天津大学出版社为本书出版所付出的辛勤劳动表示衷心感谢!

为了帮助任课教师更好地备课,按照教学计划顺利完成教学任务,我们将对选用本教材的授课教师免费提供一套包括电子教案、课程标准、教学计划、教学课件,本门课程的电子习题库、电子模拟试卷、实验指导等在内的完整的教学解决方案,从而为读者提供全方位的、细致周到的教学资源增值服务(电子信箱:ccshan2008@ sina. com)。

由于作者水平有限,书中不妥和错漏之处在所难免,恳请读者批评指正,以便修订更正。敬请读者朋友将使用过程中发现的问题和建议及时发送至 fdf@ cqvie. com 信箱。

编　者

2019 年 6 月

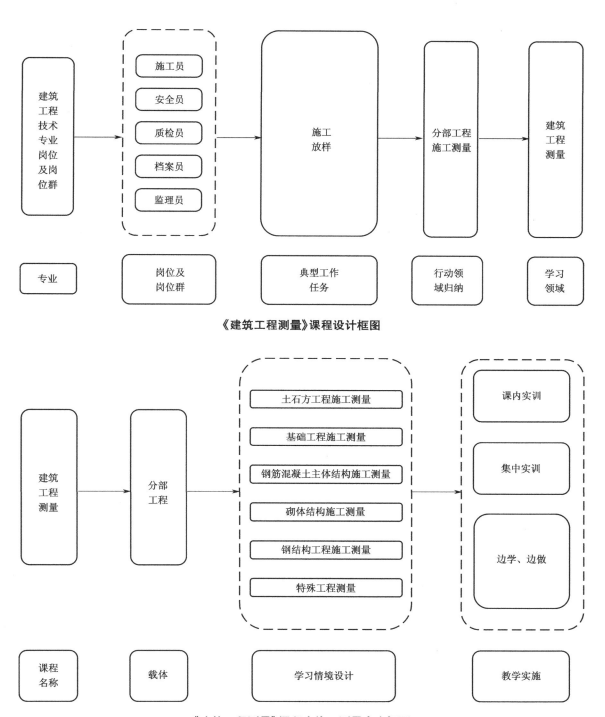

《建筑工程测量》课程设计框图

| 专业 | 岗位及岗位群 | 典型工作任务 | 行动领域归纳 | 学习领域 |

《建筑工程测量》课程中施工测量内容框图

| 课程名称 | 载体 | 学习情境设计 | 教学实施 |

目　录

第1章 绪 论

【学习目标】

序号	知识目标	能力目标	权重
1	能正确表述铅垂线和大地水准面的概念		0.2
2	能够陈述地面点平面位置的坐标表示方法	能正确建立测量坐标系	0.3
3	能够陈述高程和高差的表示方法	能够正确计算高程和高差	0.3
4	能够陈述坐标系统和高程系统		0.2
总 计			1.0

【教学准备】

    地图、测量照片等。

【教学建议】

    采用多媒体等方法教学。

【建议学时】

    4 学时

1.1 测量学与建筑工程测量

1.1.1 测量学简介

测量学是研究地球空间信息的科学。具体地讲,它是一门研究如何确定地球形状和大小以及测定地面、地下和空间各种物体的几何形态等信息的科学。其任务有以下三点:

一是精确地测定地面点的平面位置和高程,并确定地球的形状和大小;

二是对地球表面和外层空间的各种自然和人造物体的几何、物理和人文信息及其时间变化进行采集、量测、存储、分析、显示、分发和利用;

三是进行经济建设和国防建设所需要的测绘工作,以推动生产与科技的发展。

测量学又是测绘科学技术的总称。按照研究范围与测量手段的不同,测量学所涉及的技术领域,分为如下分支学科。

大地测量学 大地测量学是研究地球表面上广大地区的点位测定及整个地球的形状、大小和地球重力场测定的理论和方法的学科。大地测量学中测定地球的大小,是指测定地球椭球的大小;研究地球形状,是指研究大地水准面的形状;测定地面点的几何位置,是指测定以地球椭球面为参考面的地面点的位置。它为地球科学、空间科学、地震预报、陆地变迁、地形图测绘及工程施工提供控制依据。由于人造卫星的发射和遥感技术的发展,现代大地测量学又分为常规大地测量学和卫星大地测量学。

地形测量学 地形测量学研究如何将地球表面较小区域内的地物(自然地物和人工地物)和地貌(地球表面起伏的形态)等测绘成地形图的基本理论、技术和方法的学科。由于地表形态的测绘工作是在面积不大的测区内进行的,又因地球曲率半径很大(地球半径为6 371 km),可将小区域球面近似作为平面而不必顾及地球曲率及地球重力场的微小影响,从而使测量计算得到简化。把地球表面的各种自然形态,如地貌、森林植被、土壤和水系等,以及人类社会活动所产生的各种人工形态,如道路、居民地、管线等各种建筑物的位置采用正射投影的理论,按一定比例,用规定的符号,相似地缩绘到平面图上,这种图叫作地形图。地形图作为规划设计和工程施工建设的基本图件,在国民经济和国防建设中起着非常重要的作用。地形测量学是测量学的基础。

摄影测量学 摄影测量学是利用航空或航天器、陆地摄影仪等对地面摄影或遥感,以获得地物和地貌的影像和光谱,然后再对这些信息进行处理、量测、判释和研究,以确定被测物体的形状、大小和位置,并判断其性质、属性、名称、质量、数量等,从而绘制成地形图的基本理论和方法的一门学科。摄影测量主要用于测制地形图,它的原理和基本技术也适用于非地形测量。自从出现了影像的数字化技术以后,被测对象既可以是固体、液体,也可以是气体;可以是微小的,也可以是巨大的;可以是瞬时的,也可以是变化缓慢的。只要能够被摄得影像,就可以使用摄影测量的方法进行量测。这些特性使摄影测量方法得到广泛的应用。用摄影测量的手段成图是当今大面积地形图测绘的主要方法。目前,1∶50 000至1∶10 000的国家基本图主要就是用摄影的方法完成的。摄影测量发展很快,特别是与现代遥感技术相配合使用的光源可以是可见光或近红外光,其运载工具可以是飞机、卫星、宇宙飞船及其他飞行器。因此,摄影测量与遥感已成为非常活跃和富有生命力的一个独立学科。

工程测量学 工程测量学是研究工程建设在规划设计、施工放样和运营管理各阶段中进行测量工作的理论、技术和方法的科学,所以又称为实用测量学或应用测量学。它是测绘学在国民经济和国防建设中的直接应用。按工程建设进行的程序,工程测量在各阶段的主要任务有:在规划设计阶段所进行的测量工作,是将图上设计好的建筑物标定到实地,确保其形状、大小、位置和相互关系正确,称为放样;在施工阶段进行的各种施工测量,是在实地准确地标定出建筑物各部分的平面和高程位置,作为施工和安装的依据,以确保工程质量和安全生产;工程竣工后,要将建筑物测绘成竣工平面图,作为质量验收和日后维修的依据,称为竣工测量;对于大型工程,如高层建筑物、水坝等,工程竣工后,为监视工程的运行状况,确保安全,需进行周期性的重复观测,称为变形监测。工程测量服务的领域非常广阔,有军事建筑、工业与民用建筑、道路修筑、水利枢纽建造等。工程测量按其建设的对象又分为城市测量、铁路工程测量、公路工程测量、水利测量、地籍测量、建筑测量、工业厂区施工安装测量等。

矿山测量学 矿山测量学也是采矿科学的一个分支学科,是采矿科学的重要组成部分。

它是综合运用测量、地质及采矿等多种学科的知识,来研究和处理矿山、地质勘探和采矿过程中由矿体到围岩、从井下到地面在静态和动态条件下的工作空间几何问题,以确保矿产资源合理开发、安全生产和矿区生态环境整治的一门学科。矿山测量学包括三项内容。一是矿山测量工程,研究矿区控制测量、地形测量、建井和开拓时期的施工和设备安装测量;矿山生产时期的井下控制测量、采区生产测量及各种生产设施的运行状况监测等,其作用被誉为"矿山的眼睛"。二是研究矿体几何和储量管理,确保矿产资源的合理开发和生产中准备煤量与开采煤量的合理接续。三是研究资源开采后所引起的岩层移动、地表沉陷规律以及露天矿边坡的稳定性和保护地面建筑物、造地复田和环境治理的理论和方法。

制图学 制图学是以地图信息传输为中心,探讨地图及其制作的理论、工艺技术和使用方法的一门综合性学科。它主要研究用地图图形反映自然界和人类社会各种现象的空间分布、相互联系及其动态变化,具有区域性学科和技术性学科的两重性,所以亦称地图学。主要内容包括地图编制学、地图投影学、地图整饰和制印技术等。现代地图制图学还包括用空间遥感技术获取地球、月球等星球的信息,编绘各种地图、天体图以及三维地图模型和制图自动化技术等。

海洋测量学 海洋测量学是研究测绘海岸、水体表面及海底和河底自然与人工形态及其变化状况的理论、技术和方法的学科。

以上几门分支学科既自成体系,又密切联系,互相配合。

1.1.2 测量学的发展概况

测量学是人类在生产实践中不断发展而形成的一门应用学科,有着悠久的历史。

我国是世界上文明古国之一。据《史记》载,早在夏禹治水时,我国劳动人民就已发明了"准、绳、规、矩"等测量工具。春秋战国时代发明的指南针,直到现在还被全世界广泛地应用着。3 000多年前的管仲在其所著的《管子》一书中,收集有我国早期地图27幅,对地图的作用已有了论述。战国时代的李冰父子修建了四川都江堰这一历史上伟大的工程,若不进行大量的测量工作是无法完成的。1973年由长沙马王堆三号汉墓出土的西汉初期编绘的《地形图》《城邑图》和《驻军图》,是目前发现的我国最早的局部地区地形图。西晋裴秀在《禹贡地域图》序言中阐明的"制图六体",提出了绘制地图的六条原则,这是世界上最早的地形图测量和地图绘制的规范。裴秀编绘的《禹贡地域图》18幅是世界上最早的历史图集,其中《地形方丈图》是我国全国地图。唐代开元年间,张遂和南宫说等人在河南开封等地组织测量了300 km子午线弧长,确定了地球的形状和大小,这是世界上最早的子午线弧长测量。宋代沈括绘制了"天下州县图",首创24至方位表示法,突破了前人"四至八到"的定位方法,在他的《梦溪笔谈》中,曾记载了磁偏角现象,这比哥伦布发现磁偏角早400年左右。公元13世纪和18世纪初,我国曾进行过大规模的大地测量工作。18世纪初还根据大地测量成果,编制了全国地图。我们的祖先在地图绘制理论、绘制材料等方面,成果辉煌,对测量的发展和世界文化,做出了卓越的贡献。

世界各国测绘科学技术的发展主要始于17世纪初叶。在这个时期,测绘科学在理论、技术和仪器等方面都有了长足的进步。17世纪初望远镜的发明,是测绘科学发展史上一次较大的变革,奠定了现代测绘仪器的基础。1617年,三角测量方法开始得到应用。约于1730年,英国的西森制成了测角用的第一台经纬仪,大大促进了三角测量的发展,使它成为建立各种等级测量控制网的主要方法。在这一段时期里,由于欧洲又陆续出现小平板仪、大平板仪以及水准仪,地形测量和以实测资料为基础的地图制图工作也相应得到了发展。1859年,法国洛斯达首创摄影测量方法。随后,相继出现了立体坐标量测仪、地面立体测图仪等。由于航空技术的发展,1915年出现了自动连续航空摄影机,因而可以将航摄像片在立体测图仪器上加工成地形图。这个时期,测绘理论有了重大突破:在地图制图方面,有德国墨托卡提出的"正形圆柱投影"、法国雅艺·卡西尼提出的"横圆柱投影"和法国兰伯特提出的"正形圆锥投影"等理论,奠定了现代地图制图理论的基础;在测量计算方面,1806年和1809年法国的勒让德和德国的高斯分别提出了最小二乘法准则和平均海水面概念,为测量平差数据的计算奠定了科学基础。自20世纪50年代以来,不少新的科学技术如电子学、信息论、激光技术、电子计算机、空间科学技术等的飞速发展,又推动了测绘科技的发展。自1947年研究利用光波进行测距,到20世纪60年代中期,红外光、激光测距仪就相继问世了。20世纪40年代自动安平水准仪问世,1968年又生产出电子经纬仪。此后,电子速测仪、激光水准仪、数字水准仪相继问世,实现了观测记录自动化,测角、测距和计算一体化。以照片、遥感图像为处理对象的数据处理系统,已完全实现摄影遥感成图自动化。

1957年人类成功发射了第一颗人造地球卫星,开创了人类宇宙航行的新纪元。1966年开始进行人卫大地测量,随后,许多现代定位技术应运而生,其中最具代表性的是美国的卫星全球定位系统(简称GPS定位)。GPS定位具有全天候、高精度、定位速度快、布点灵活和操作方便等特点,目前,经典的平面控制测量正逐渐被GPS测量所取代。20世纪60年代以来,由于近代光学、电子技术、人造卫星、航天技术的迅猛发展,为测量科学技术开辟了广阔的道路。如今测量学已由地面测量发展到卫星空间测量。测量对象也由地球表面扩展到太空星球,由静态测绘发展到动态跟踪测量。计算机技术在测量中的广泛应用,使测量工作正向着自动化和数学化方向发展。

新中国成立后,我国的测绘事业也进入了崭新的发展阶段。1950年解放军总参谋部设立测绘局,1956年国家测绘局成立,并相继创办解放军测绘学院和武汉测绘学院。中国科学院成立了测量与地球物理研究所,煤炭、冶金、地质、石油、水利、铁道、海洋等部门的大专院校相继设立测量系或测量专业。几十年来,我国测绘事业发展很快,在全国范围内建立了国家大地网、国家水准网、国家基本重力网和卫星多普勒网,并对国家大地网进行了整体平差。建立了我国"1980年国家大地坐标系"和"1985年国家高程基准"。在测绘仪器生产方面,从无到有,现在不仅能生产各种常规测绘仪器,而且还能生产现代化精密测绘仪器,如电磁波测距仪、自动安平水准仪、电子经纬仪、全站仪、GPS接收机等。我国测量工作者在宝成铁路、葛洲坝水利枢纽、长江大桥、南极长城站、大型工矿业建设、北京正负电子碰撞机等工程中,做出了卓越贡献。

1993年7月1日,我国历史上第一部测绘法律《中华人民共和国测绘法》正式实施,并于2002年8月进行了修订,它标志着我国测绘工作走上法制轨道,确定了测绘事业、各级测绘主管部门和广大测绘工作者的法律地位,它必将积极地促进我国测绘事业的发展。

1.1.3　测绘学科在国民经济建设中的作用

新世纪,科学技术突飞猛进,经济发展日新月异。测绘越来越受到普遍重视,其应用领域不断扩大。在国民经济建设中,测量技术的应用非常广泛。例如,铁路、公路在建设之前,为了确定一条最经济、最合理的路线,事先必须进行该地带的测量工作,由测量成果绘制带状地形图,在地形图上进行线路设计,然后将设计的路线标定在地面上,以便进行施工;在路线跨越河流时,必须建造桥梁,在建桥之前,要绘制河流两岸的地形图,为桥梁的设计提供重要的图纸资料,最后将设计的桥墩的位置用测量的方法在实地标定出来;在矿山井下各矿井之间,同一矿井各水平之间需要掘进巷道,巷道开挖之前,需要测量标定巷道的开口位置和巷道的掘进方向,以保证巷道的正常贯通。城市规划、给水排水、煤气管道等市政工程的建设,工业厂房和高层建筑的建造,在设计阶段要测绘各种比例尺的地形图,供工程建设设计使用;在施工阶段,要将设计的平面位置和高程在实地标定出来,作为施工的依据;待工程完工后,还要测绘竣工图,供以后改扩建和维修之用,对某些重要的建筑物和构筑物,在其建成以后,还需要进行变形观测,以确保其安全使用。在房地产的开发、管理和经营中,房地产测绘起着重要的作用。地籍图和房产图以及其他测量资料准确地提供了土地的行政和权属界址,每个权属单元(宗地)的位置、界线和面积,每幢房屋与每层房屋的几何尺寸和建筑面积,经土地管理和房屋管理部门确认后具有法律效力,可以保护土地使用权人和房屋所有权人的合法权益,可为合理开发、利用和管理土地和房产提供可靠的图纸和数据资料,并为国家对房地产的合理税收提供依据。具体来说,测绘学在国民经济建设和国防建设中的主要作用可归纳成以下几方面。

(1)提供地球表面一定空间内点的坐标、高程和地球表面点的重力值,为地形图测绘和地球科学研究提供基础资料。

(2)提供各种比例尺地形图和地图,作为规划设计、工程施工和编制各种专用地图的基础图件。

(3)准确测绘国家陆海边界和行政区划界线,以保证国家领土完整和睦邻友好相处。

(4)为地震预测预报、海底和江河资源勘测、灾情和环境的监测调查、人造卫星发射、宇宙航行技术等提供测量保障。

(5)为地理信息系统的建立获得基础数据和图纸资料,以提供经济建设的决策参考。

(6)为现代国防建设和国家安全提供测绘保障。

1.1.4　本课程的任务和要求

对于学习建筑工程测量的学生而言,测量学的基本要求是:理解基础理论、掌握基本技术方法,能够结合工程实际把理论和方法运用到建筑施工测量中去。

测量在工程建设中占有非常重要的地位,从勘测设计、施工放样到竣工验收的各阶段都要用到测绘技术。例如房屋的设计要在大比例尺地形图上进行,有时还要进行实地勘测;在建筑物的施工阶段,更是要依靠测量手段来严格控制,如施工控制网的建立、建筑轴线测设、场地的平整、断面的测量、土石方的计算、基础的测设、钢筋混凝土结构的测设、砌体结构的施工测量、构件的安装测量等。在竣工验收阶段,还要进行建筑变形测量和竣工总平面图的绘制等。

本课程具有理论严密、技术先进、实践性强的特点。通过本课程的学习,学生应掌握现代测绘的基本理论和基本技能,能够将测绘知识技能和建筑工程实际有机地结合起来。同时,学生还要逐步养成团队协作、严谨认真和吃苦耐劳的品德和素质。

1.2 地球的形状与大小

测量工作的任务是确定地面点的空间位置,其主要工作是在地球自然表面进行的,地球的自然表面是不规则的,高低起伏,相差悬殊。其中,最高的珠穆朗玛峰海拔 8 844.43 m(根据2005 年测得的数据),最低的马里亚纳海沟海拔 − 11 022.00 m。尽管有这样大的高低差距,但相对于平均半径为 6 371 km 的地球来说仍可忽略不计。

1.2.1 铅垂线

地球上的任一物体,因受地球引力影响而不会脱离地球。同时,地球又在不停地自转,使物体受到离心力的作用。也就是说,一个物体实际上所受到的力是地球引力与离心力的合力,这个合力就是重力(图 1.1)。

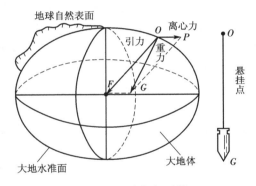

图 1.1 重力与铅垂线

重力的方向线称为铅垂线。铅垂线是测绘外业工作的基准线。

取得重力方向的一般方法,是用细绳悬挂一个垂球 G,细绳即为悬挂点 O 的重力方向,通常称它为垂线或铅垂线方向。

1.2.2 大地水准面

地球的自然表面形状十分复杂,不便于用数学式来表达。地球表面的总面积为 5.1 亿 km²,其中,海洋面积为 3.61 亿 km²,约占地球表面的 71%,陆地面积为 1.49 亿 km²,约占地球表面的 29%,因此可把海水面所包围的地球形体看作地球的形状。也就是设想有一个静止的平均海水面,向陆地延伸而形成一个封闭的曲面。由于海水有潮汐,时高时低,所以取平均静止的海水面作为地球形状和大小的标准。

相对密度相同的静止海水面称为水准面。水准面是重力场的一个等位面。由物理学知道,等位面处处与产生等位能的力的方向垂直,也就是说,水准面是一个任何一点的切面都与该点重力方向垂直的连续曲面。其中,与水准面相切的平面称为水平面。

水准面有无数多个,其中与平均静止的海水面吻合并向大陆、岛屿内延伸而形成的闭合曲面,称为大地水准面,如图 1.2(a)和(b)所示。

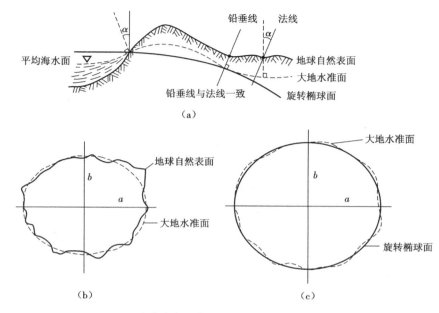

图 1.2 地球的自然表面、大地水准面和旋转椭球面

大地水准面是一个特定重力场的水准面,它是测量外业工作的基准面。由大地水准面所包围的地球形体,称为大地体。

1.2.3 参考椭球体

由于地球引力的大小与地球内部的质量有关,而地球内部的质量分布又不均匀,这就引起地面上各点的铅垂线方向产生不规则的变化,因此大地水准面实际上是一个不规则曲面,甚至无法在这个曲面上进行测量数据处理。

为此,从实用角度出发,用一个非常接近于大地水准面而又可用数学式表示的几何形体来代替地球的形状作为测量计算工作的基准面。这个几何形体是以一个椭圆绕其短轴旋转而成的,一般称其为旋转椭球体,其外表面为旋转椭球面,如图 1.2(c)所示。旋转椭球体定位以后就叫参考椭球体,参考椭球体的表面是参考椭球面。若对参考椭球面的数学公式加入地球重力异常变化参数的改正,便得到大地水准面的近似的数学式。

在实际工作中,参考椭球面是测量内业计算的基准面,大地水准面是测量外业工作的基准面。以大地水准面作为测量外业工作的基准面有以下两方面原因:其一是当对测量成果的要求不十分严格时,不必改正到参考椭球面上;其二是在实际工作中,可以非常容易地得到水准面和铅垂线。用大地水准面作为测量的基准面可大大简化操作和计算工作,因而水准面和铅垂线便成为一般性(外业)测量工作的基准面和基准线。

旋转椭球体是绕椭圆的短轴 NS 旋转而成的,如图 1.3 所示。也就是说包含旋转轴 NS 的平面与椭球面相截的线是一个椭圆,而垂直于旋转轴的平面与椭球面相截的线是一个圆。椭球体的基本元素是:

长半轴　　a

短半轴　　b

扁　率　　$$\alpha = \frac{a-b}{a}$$

旋转椭球面是一个数字表面,在直角坐标系 $O-xyz$ 中(图 1.3),其标准方程为

$$\frac{x^2}{a^2} + \frac{y^2}{a^2} + \frac{z^2}{b^2} = 1 \tag{1.1}$$

为了确定大地水准面与参考椭球面的相对关系,如图 1.4 所示,可在适当地点选择一点 P,设想椭球体和大地体相切,切点 P' 位于 P 点的铅垂线方向上,这时,椭球面上 P' 的法线与该点对大地水准面的铅垂线相重合,这项确定椭球体与大地体之间相互关系并固定下来的工作称为参考椭球体的定位。P 点称为大地原点。

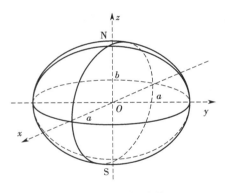

图 1.3　旋转椭球体

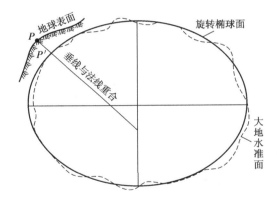

图 1.4　参考椭球体的定位

我国目前所采用的参考椭球体为 1980 年国家大地测量参考系,其原点在陕西省泾阳县永乐镇,称为国家大地原点。其基本元素见表 1.1。

表 1.1　参考椭球体元素值

参考椭球体	长半轴 a/m	短半轴 b/m	扁率 α	年代和国家
德兰布尔	6 375 653	6 356 564	1:334.0	1800 法国
白塞尔	6 377 397	6 356 079	1:299.2	1841 德国
克拉克	6 378 249	6 356 515	1:293.5	1880 英国
海福特	6 378 388	6 356 913	1:297.0	1909 美国

参考椭球体	长半轴 a/m	短半轴 b/m	扁率 α	年代和国家
克拉索夫斯基	6 378 245	6 356 863	1:298.3	1940 苏联
我国 1980 年国家大地测量坐标系	6 378 140	6 356 755	1:298.257	1975 年国际大地测量与地球物理联合会

由于参考椭球体的扁率很小,在普通测量中可把地球作为圆球看待,其半径为

$$R = \frac{1}{3}(a + a + b) = 6\ 371\ \text{km}$$

R 可视为参考椭球体的平均半径,或称为地球的平均半径。

1.3　点的坐标表示方法

测量工作的基本任务是确定地面点的空间位置,地面上的物体大多具有空间形状,例如丘陵、山地、河谷、洼地等。为了研究空间物体的位置,数学上采用投影的方法加以处理。一个点在空间的位置,需要三个量来确定。在测量工作中,这三个量通常用该点在基准面(参考椭球面)上的投影位置和该点沿投影方向到基准面(一般实用上是大地水准面)的距离来表示。

将地面上的点 A、B、C、D、E 沿铅垂线方向投影到大地水准面上,得到 a、b、c、d、e 投影位置,则地面点 A、B、C、D、E 的空间位置就可用 a、b、c、d、e 的投影位置在大地水准面上的坐标及铅垂距离 H_A、H_B、$\cdots$、H_E 来表示,如图 1.5 所示。

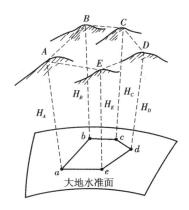

图 1.5　地面点在大地水准面上的投影

根据实际情况,地面点的坐标可选用下列三种坐标系统中的某一种来确定。

1.3.1　地理坐标

地理坐标系属球面坐标系,根据基准面的不同,又分为大地地理坐标系和天文地理坐标系。地理坐标系中,地面点在球面上的位置是用经、纬度表示的,称为地理坐标。

9

在图 1.6 中,NS 为椭球的旋转轴,N 表示北极,S 表示南极。通过椭球旋转轴的平面称为子午面,而其中通过英国原格林尼治天文台的子午面称为起始子午面。子午面与椭球面的交线称为子午圈,也称子午线。通过椭球中心且与椭球旋转轴正交的平面称为赤道面,它与椭球面相截所得曲线称为赤道。其他与椭球旋转轴正交,但不通过球心的平面与椭球面相截所得交线称为纬圈或平行圈。起始子午面和赤道面是在椭球面上确定某一点投影位置的两个基本平面,也是确定地理坐标的基准面。

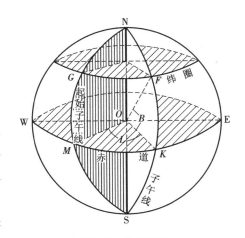

图 1.6 地理坐标

大地坐标系是采用大地经度 L 和大地纬度 B 来描述点的空间位置的。所谓某点的大地经度,就是通过该点(如图 1.6 中的 F 点)的子午面与起始子午面的夹角;某点的大地纬度就是通过该点(F 点)的椭球面法线与赤道平面的交角。大地经度 L 和大地纬度 B 统称为大地坐标。由此可见,大地经度与大地纬度是以法线为依据的,就是说,以参考椭球面作为基准面,如图 1.6 所示。

为求得 F 点的位置,可在该点上安置仪器,用天文测量的方法测定。这时,仪器的竖轴必然与铅垂线相重合,即仪器的竖轴与该处的大地水准面相垂直。因此,用天文观测所获得的数据是以铅垂线为准,也就是说以大地水准面为基准面。由天文测量求得的某点位置,可用天文经度 λ 和天文纬度 φ 表示,统称为天文坐标。由于铅垂线与法线并不重合,所以 $\lambda \neq L, \varphi \neq B$。依据铅垂线与法线的关系(称为垂线偏差),可以将 λ、φ 改算为 L、B,从而获得大地坐标。

不论大地经度 L 或是天文经度 λ,都要从一个起始子午面算起。在原格林尼治以东的点从起始子午面向东计,由 0°到 180°,称为东经;在原格林尼治以西的点则从起始子午面向西计,由 0°到 180°,称为西经(实际上,东经 180°与西经 180°是同一个子午面)。我国各地的经度都是东经。不论大地纬度 B 或天文纬度 φ,都从赤道面起算。在赤道以北的点的纬度由赤道面向北计,由 0°到 90°,称为北纬;在赤道以南的点,其纬度由赤道面向南计,由 0°到 90°,称为南纬。我国疆域全部在赤道以北,各地的纬度都是北纬。

1.3.2 高斯平面直角坐标系

当测区的范围较大时,不能把水准面当作水平面。若把地球椭球面上的图形展绘到平面上来,必然产生变形,为使其变形小于测量误差,必须采用适当的投影方法解决这个问题,投影方法有多种,测绘工作中通常采用高斯投影方法。

高斯投影方法是将地球按经线划分成带,称为投影带,如图 1.7 所示。投影带从首子午线起,每 6°经差划为一带,称为 6°带,自西向东将整个地球划分为经差相等的 60 个带。带号从起始子午线开始,用阿拉伯数字表示。位于各带中央的子午线称为该带的中央子午线(或称轴子午线),第一个 6°带的中央子午线的经度为 3°,任意一个带的中央子午线的经度 L_6,按下式计算:

$$L_6 = 6N - 3 \tag{1.2}$$

式中,N 为投影带号。

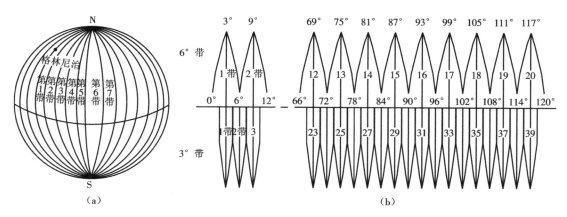

图1.7 高斯投影带

由此,我国境内6°带最西的一带为13带,最东的一带为23带。

高斯投影原理如图1.8(a),设想取一个空心椭圆柱,横套在地球椭球外面,使地球椭球上某一中央子午线与椭圆柱面相切,在球面图形与椭圆柱面上的图形保持等角的条件下,将整个6°带投影到椭圆柱面上。然后将椭圆柱沿通过南北极的母线切开并展成平面,便得到6°带在平面上的影像,如图1.8(b)所示。

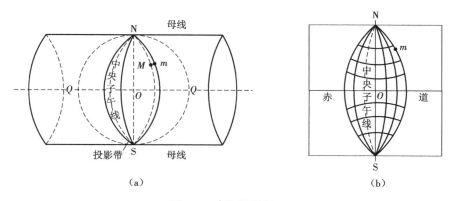

图1.8 高斯投影原理

投影后中央子午线与赤道为互相垂直的直线,将中央子午线作为坐标纵轴 x,赤道作为坐标横轴 y,两轴的交点作为坐标原点,便建立起高斯平面直角坐标系,如图1.9(a)所示。这种坐标既是平面直角坐标,又与大地坐标经纬度发生联系,故可将球面上的点位用平面直角坐标表示。在该坐标系内,规定 x 轴向北为正,y 轴向东为正。我国位于北半球,x 坐标值均为正,y 坐标则有正有负,如图1.9(a)中,$y_A = +148\,680.54$ m,$y_B = -134\,240.69$ m。为避免横坐标出现负值,考虑6°带中央子午线到边界线最远不超过334 km(在赤道上),故规定将每带的坐标纵轴向西平移500 km,这样便可以避免横坐标出现负数。

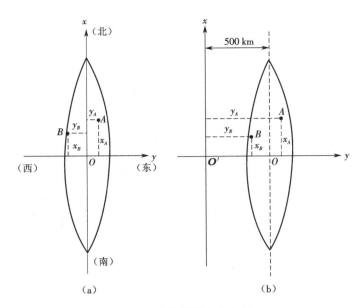

（a）　　　　　　　　　　　　（b）

图 1.9　高斯平面直角坐标

如图 1.9（b），坐标纵轴西移后，$y_A = 500\ 000 + 148\ 680.54 = 648\ 680.54$ m，$y_B = 500\ 000 + (-134\ 240.69) = 365\ 759.31$ m。

为了能根据横坐标值确定该点位于哪一个 6°带内，则在横坐标值前冠以带的编号。例如 A 点位于 20 带内，则其横坐标值 y_A 为 20 648 680.54 m。这种在 y 坐标值上加了 500 km 和带号后的横坐标值称为坐标的通用值，没有加 500 km 和带号的原横坐标值称为自然值。一般情况下，从测绘资料管理部门收集来的坐标资料多为通用值，有时为了使用方便要换算成自然值。

高斯投影的实质是正形投影，即数学中的等角投影。这种投影要产生长度变形，即投影在平面上的长度大于球面长度，因此离中央子午线越远则变形越大，变形过大将影响所测地形图的精度，也影响图纸使用。故精度要求较高时，应将投影带变窄，以限制投影带边缘位置长度变形。可采用 3°、1.5°或任意分带投影法。采用 3°带投影时，从东经 1°30′起，每经差 3°划分一带，全球划分为 120 个带，如图 1.7（b）所示。每带中央子午线的经度 L_3 用下式进行计算：

$$L_3 = 3n \tag{1.3}$$

式中，n 为 3°带的带号。

不同分带之间的同一点，其坐标值可以进行换算，称为坐标换带计算。换带计算可以通过查表或在计算机上用程序进行计算。

1.3.3　独立平面直角坐标系

在小区域内进行测量工作时，采用大地坐标表示地面点位置是不方便的，通常采用平面直角坐标。某点用大地坐标表示的位置是该点在球面上的投影位置。研究大范围地面形状和大小时，必须把投影面作为球面才符合实际，但研究小范围地面形状和大小时，常把球面的投影面当作平面看待。既然把投影面当作平面,就可以采用平面直角坐标表示地面点在投影面上的位置。测量工作中所用的平面直角坐标与解析几何中所介绍的基本相同,只是测量工作以 x 轴为纵轴,表示南北方向,以 y 轴为横轴,表示东西方向,如图 1.10(b) 所示。这与数学中的规定是不同的,其目的是为了定向方便,并将数学中的公式直接应用到测绘计算中,而不必作任何变更。

为方便实用,测量上用的平面直角坐标的原点有时是假设的。原点 O 一般选在测区的西南角,如图 1.10(a),假设原点位置时,应注意使测区内各点的 x、y 值为正。

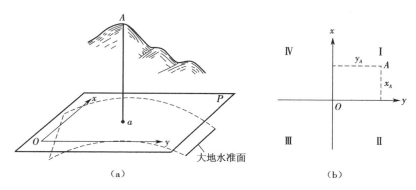

图 1.10 独立平面直角坐标系

当测区范围较小(半径不大于 10 km)时,可以用测区中心点 a 的切平面代替曲面,则地面点在投影面上的位置可以用平面直角坐标确定。

1.4 点的高程表示方法

1.4.1 高程

地面点到大地水准面的铅垂距离称为该点的绝对高程,简称高程或称海拔。

在一般测量工作中,都是以大地水准面作为基准面。因而某点到基准面的高度是指某点沿铅垂线方向到大地水准面的距离,通常称它为绝对高程或海拔,简称高程。在图 1.11 中,符号 H 代表高程,图中 H_A 及 H_B 都是绝对高程。如果是距任意一个水准面的距离,则称为相对高程,也称为假定高程,如图 1.11 中的 H'_A 及 H'_B。目前,我国采用"1985 年高程基准",即我国的绝对高程是以青岛港验潮站历年记录的黄海平均海水面为基准,并在验潮站附近建立水准原点,其高程为 72.260 m(称 1985 年国家高程基准,原 1956 年高程基准为 72.289 m)。全国布置的国家高程控制点(水准点),都以这个水准原点为基准(在利用旧的高程测量成果时,要注意高程基准的统一和换算)。

当个别地区引用绝对高程有困难时,可采用假定高程系统,即采用任意假定的水准面作为起算高程的基准面。图 1.11 中地面点到某一假定水准面的铅垂距离,称为假定高程。例如,A 点的假定高程为 H'_A,B 点的假定高程为 H'_B。

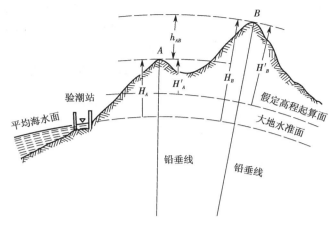

图 1.11　高程和高差

1.4.2　高差

在同一高程系统中,两个地面点之间的高程之差称为高差。地面点 A 与 B 之间的高差 h_{AB} 为

$$h_{AB} = H_B - H_A = H'_B - H'_A \tag{1.4}$$

由此可见两点间的高差与高程基准面无关。

1.5　常见的坐标系统和高程系统

1.5.1　1954 年北京坐标系

1954 年北京坐标系,是采用苏联克拉索夫斯基椭圆体,在 1954 年完成测定工作的。

在过去相当长的时期内,我国都是采用的 1954 年北京坐标系。它是由原苏联普尔科沃为原点的 1942 年坐标系的延伸。

1.5.2　1980 年西安坐标系

1980 年国家大地坐标系的大地原点设在我国中部的陕西省泾阳县永乐镇,位于西安市西北方向约 60 公里,简称 1980 年西安坐标系。该坐标系采用 1975 年国际大地测量与地球物理联合会第十六届大会推荐的椭球参数:

长半轴　$a = 6\ 378\ 140 \pm 5(\text{m})$

短半轴　$b = 6\ 356\ 755.288\ 2(\text{m})$

扁　率　$\alpha = 1/298.257$

第一偏心率平方 $= 0.006\ 694\ 384\ 999\ 59$

第二偏心率平方 $= 0.006\ 739\ 501\ 819\ 47$

1.5.3　2000 大地坐标系

2000 国家大地坐标系是全球地心坐标系在我国的具体体现,其原点为包括海洋和大气的整个地球的质量中心。Z 轴指向 BIH1984.0 定义的协议极地方向(BIH 国际时间),x 轴指向 BIH1984.0 定义的零子午面与协议赤道的交点,y 轴按右手坐标系确定。2000 国家大地坐标系采用的地球椭球参数如下:

长半轴　$a = 6\ 378\ 137$ m

扁率　$f = 1/298.257\ 222\ 101$

地心引力常数　$GM = 3.986\ 004\ 418 \times 10^{14}$ m$^3 \cdot$ s^{-2}

自转角速度　$\omega = 7.292\ 115 \times 10^{-5}$ rad $\cdot$ s^{-1}

2008 年 3 月,由国土资源部正式上报国务院《关于中国采用 2000 国家大地坐标系的请示》,并于 2008 年 4 月获得国务院批准。自 2008 年 7 月 1 日起,中国全面启用 2000 国家大地坐标系,国家测绘局受权组织实施。

1.5.4　WGS—84 坐标系

WGS—84 坐标系(World Geodetic System—1984 Coordinate System),一种国际上采用的地心坐标系。坐标原点为地球质心,其地心空间直角坐标系的 z 轴指向 BIH(国际时间)1984.0 定义的协议地球极(CTP)方向,x 轴指向 BIH 1984.0 的零子午面和 CTP 赤道的交点,y 轴与 z 轴、x 轴垂直构成右手坐标系,称为 1984 年世界大地坐标系统。

WGS—84 采用的椭球是国际大地测量与地球物理联合会第 17 届大会大地测量常数推荐值,其四个基本参数:

长半径　$a = 6\ 378\ 137 \pm 2$(m)

扁率　$f = 1/298.257\ 223\ 563$

地球引力和地球质量的乘积　$GM = 3\ 986\ 005 \times 10^8$ m$^3 \cdot$ s$^{-2} \pm 0.6 \times 10^8$ m$^3 \cdot$ s^{-2}

正常化二阶带谐系数　$C20 = -484.166\ 85 \times 10^{-6} \pm 1.3 \times 10^{-9}$

地球重力场二阶带球谐系数　$J2 = 108\ 263 \times 10^{-8}$

地球自转角速度　$\omega = 7\ 292\ 115 \times 10^{-11}$ rad $\cdot$ s$^{-1} \pm 0.150 \times 10^{-11}$ rad $\cdot$ s^{-1}

1.5.5　1956 年黄海高程系

我国于 1956 年规定以黄海(青岛)的多年平均海平面作为中国第一个国家高程系统,从而结束了过去高程系统繁杂的局面。1956 年 9 月 4 日,国务院批准试行《中华人民共和国大地测量法式(草案)》,首次建立国家高程基准。

国家水准原点对于我国的生产建设、国防建设和科学研究具有重要价值。该原点的"1956 年黄海高程系"高程为 72.289 米。

1.5.6　1985 年国家高程基准

根据青岛验潮站 1952 年到 1979 年的验潮数据确定的黄海平均海水面所定义的高程基

准,就是 1985 年国家高程基准。1985 年国家高程基准已于 1987 年 5 月开始启用,1956 年黄海高程系同时废止。

1985 国家高程系统的水准原点的高程是 72.260 m。1985 年国家高程基准高程和 1956 年黄海高程的关系为:1985 年国家高程基准高程 = 1956 年黄海高程 − 0.029 m。习惯说法是"新的比旧的低 0.029 m",黄海平均海平面是"新的比旧的高"。

复习与思考题

1. 从整体上看,地球是一个什么样的几何体? 怎样表示它的大小? 大地体与地球椭球有什么区别?

2. 什么叫大地水准面? 它有什么特性?

3. 水准面、大地水准面和水平面的区别和关系是什么?

4. 测量学中的基准线和基准面是什么?

5. 有几种确定地面点位的方法?

6. 某地位于高斯 6° 投影带的第 18 带内,试确定该带的中央子午线经度。若采用 3° 分带,该地位于多少带内?

7. 某点的坐标值为 $x = 6\,070$ km,$y = 19\,307$ km,试说明其坐标值的含义。

8. 什么叫绝对高程和相对高程?

9. 有 1 000 m 长、30 m 宽的矩形场地,其面积有多少亩? 合多少公顷?

10. 在半径 $R = 500$ m 的圆周上有一段 125 m 的圆弧,其所对的圆心角为多少弧度? 合多少度?

11. 有一小角为 24″,设半径为 120 m,其所对圆弧的弧长为多少米(算至 mm)?

第 2 章　水准测量

【学习目标】

序号	知识目标	能力目标	权重
1	能正确表述水准测量的原理		0.2
2	能够正确表述水准仪的安置步骤	能用熟练安置水准仪,并在标尺上读数	0.2
3	能够正确表述两次仪器高法水准测量的步骤	能用水准仪完成等外水准测量观测和计算	0.3
4	能够正确表述双面尺法水准测量的步骤	能用水准仪完成四等水准测量观测和计算	0.3
	总　　计		1.0

【教学准备】

水准仪、水准尺、尺垫、测量照片等。

【教学建议】

在测绘实训基地,采用集中讲授、动态教学、分组实训等方法教学。

【建议学时】

8 学时(其中实训 4 学时)

2.1　水准测量原理

2.1.1　水准测量的基本原理

水准测量是利用水准仪获得水平视线,并借助水准尺测定地面两点间的高差。

如图 2.1 所示,设地面上有 A、B 两点,已知 A 点的高程为 H_A,为求得 B 点的高程 H_B,先应测定出 A、B 点两点间的高差 h_{AB}。测定 h_{AB} 时,可在 A、B 两点上各竖立一根标尺,这种专用的尺子称为水准尺。在 A、B 两点之间安置一台能提供水平视线的水准仪。利用水准仪能提供水平视线的特性,分别在 A、B 两点的标尺上读数 a、b,则两点间的高差为

$$h_{AB} = a - b \tag{2.1}$$

按测量前进方向,水准仪后的点(如 A 点)称为后视点,后视点上竖立的标尺称为后视尺,后视尺上的读数 a 称为后视读数;水准仪前面的点(如 B 点)叫前视点,前视点上的标尺称为

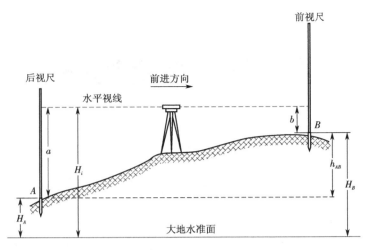

图 2.1　水准测量的原理

前视尺,前视尺上的读数 b 称前视读数。A、B 点间的高差就等于后视读数减去前视读数。高差 h_{AB} 有正负之分,当 a 大于 b 时,h_{AB} 为正,这说明 B 点高于 A 点;当 a 小于 b 时,h_{AB} 为负,说明 B 点低于 A 点。无论 h_{AB} 正负,式(2.1)始终成立。

有了高差,根据已知点的高程 H_A 和测定的高差 h_{AB},就可以算出 B 点的高程:

$$H_B = H_A + h_{AB} = H_A + (a - b) \tag{2.2}$$

另外还可以通过视线高法求未知点的高程。

视线高 $H_i = H_A + a$,则

$$H_B = H_i - b \tag{2.3}$$

当水准仪安置在一个地方,根据一个已知高程点,测定多个未知点时,应用式(2.3)比较方便。

2.1.2　连续水准测量

如果 A、B 两点间的距离较近,且高差较小时,安置一次仪器就可以测得两点间的高差 h_{AB}。但是当两点间较远或高差较大时,则不可能安置一次仪器就能测得两点间的高差。此时,在水准路线中加设若干临时的立尺点,称为转点。依次连续安置水准仪测定相邻点间的高差,最后取各个高差的代数和,可得到起、终两点间的高差,这种方法称为连续水准测量。

如图 2.2 所示,在 A、B 两个水准点之间,由于距离远或高差大,依次设置 4 个临时性的转点,连续地在相邻两点间安置水准仪和在点上竖水准尺,依次测定相邻点间的高差

$$h_1 = a_1 - b_1$$
$$h_2 = a_2 - b_2$$
$$\vdots$$
$$h_5 = a_5 - b_5$$

则 A、B 两个水准点之间高差为

$$h_{AB} = \sum_{i}^{n} h_i = \sum_{i}^{n} (a_i - b_i) \tag{2.4}$$

式中, n 为安置水准仪的测站数。

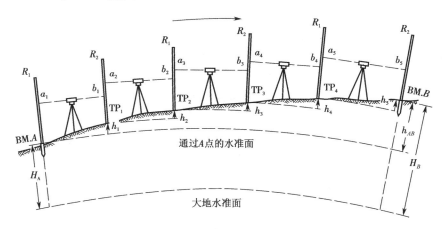

图 2.2 连续水准测量

由此可见,两水准点之间设置若干转点,起着高程传递的作用。为了保证高程传递的准确性,在两相邻测站过程中,必须使转点保持稳定(高程不变)。

2.2 水准仪的操作

水准测量所使用的仪器为水准仪,工具为水准尺和尺垫。

水准仪按精度分,有 $DS_{0.5}$、DS_1、DS_3、DS_{10} 等不同精度的水准仪。"D"和"S"分别是"大地"和"水准仪"的汉语拼音的第一个字母;其下标数字 0.5,1,3,10 表示仪器的精度,即每千米往、返测高差中数的偶然中误差(毫米数),数字越小,精度越高。一般多使用 DS_3 型水准仪进行水准测量,每千米往、返测高差中数的偶然中误差为 ± 3 mm。以下重点介绍这一类型的仪器。

2.2.1 自动安平水准仪的构造

根据水准测量的原理,水准仪的主要作用是提供一条水平视线,并能照准水准尺进行读数。因此,水准仪主要由望远镜、水准器和基座 3 部分构成。图 2.3 所示为我国生产的 DS_3 型自动安平水准仪。

1. 望远镜

望远镜是构成水平视线、瞄准目标并对水准尺进行读数的主要部件,主要由物镜、目镜、调焦透镜、十字丝分划板等组成,内部结构如图 2.4 所示。

2. 水准器

水准器是用来整平仪器、指示视准轴是否水平,供操作人员判断水准仪是否置平的重要部

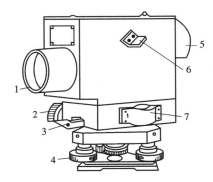

图 2.3　DS₃ 型自动安平水准仪

1—物镜;2—水平微动螺旋;3—制动螺旋;
4—脚螺旋;5—目镜;6—反光镜;7—圆水准器

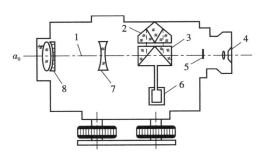

图 2.4　DS₃ 型自动安平水准仪望远镜内部结构

1—水平光线;2—固定屋脊棱镜;3—悬吊直角棱镜;4—目镜;
5—十字丝分划板;6—空气阻尼器;7—调焦透镜;8—物镜

件。自动安平水准仪的水准器只有圆水准器。微倾式水准仪的水准器有圆水准器和管水准器两种。

3.基座

基座的作用是支撑仪器上部并与三脚架连接。基座位于仪器的下部,主要由轴座、脚螺旋、底板和三角压板组成。仪器上部通过竖轴插入轴座内旋转,由基座承托。脚螺旋用于调节圆水准器气泡的居中。底板通过连接螺旋与三脚架连接。

2.2.2　水准尺和尺垫

1.水准尺

水准尺是水准测量时使用的标尺。其质量好坏直接影响水准测量的精度,因此,水准尺须用伸缩性小、不易变形的优质材料制成,如优质木材、玻璃钢、铝合金等。常用的水准尺有塔尺和双面尺两种,如图 2.5 所示。

1）塔尺

塔尺如图 2.5(a)所示，仅用于等外水准测量。一般由两节或三节套接而成，其长度有 3 m 和 5 m 两种。塔尺可以伸缩，尺的底部为零点。尺上黑白格相间，每格宽度为 1 cm，有的为 0.5 cm，每米和分米处皆注有数字。数字有正字和倒字两种。数字上加红点表示米数。

2）双面尺

双面尺如图 2.5(b)所示，多用于三四等水准测量，其长度为 3 m，两根尺为一对。尺的两面均有刻画，一面为红白相间，称为红面尺；另一面为黑白相间，称为黑面尺（也称主尺）。两面的最小刻画均为 1 cm，并在分米处注字。两根尺的黑面均由零开始；而红面一根尺由 4.687 m 开始至 7.687 m，另一根由 4.787 m 开始至 7.787 m。其目的是为了避免观测时的读数错误，以便校核读数；同时分别用红、黑面读数求得高差，可进行测站检核计算。

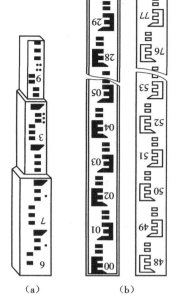

图 2.5 水准尺

2. 尺垫

尺垫是在转点处放置水准尺用的，如图 2.6 所示。尺垫用生铁铸成，一般为三角形，中间有一突起的半球体，下方有 3 个支脚。使用时将支脚牢固地踩入土中，以防下沉。上方突起的半球形顶点作为竖立水准尺和标志转点之用。

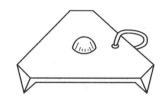

图 2.6 尺垫

2.2.3 自动安平水准仪的操作

所谓一测站测量工作是指安置一次仪器所进行的测量工作。使用微倾式水准仪的基本操作程序：安置仪器→粗略整平（粗平）→瞄准→精确整平（精平）→读数。微倾式水准仪每次读数时都要求符合水准器气泡居中，费时费力。自动安平水准仪用补偿器取代符合水准器，只需用圆水准器进行粗略整平，就可获得水平视线读数。这不仅加快了水准测量的速度，而且对于微小的震动、仪器的不规则下沉、风力和温度变化等外界影响引起的视线微小倾斜，也可以迅速得到调整，从而提高精度。因此自动安平水准仪具有速度快、精度高等优点，现阶段水准仪大多采用自动补偿装置。

自动安平水准仪操作简便，具体操作步骤如下。

1. 安置仪器

首先应选好测站点，要求测站点便于架设仪器，前后视距大致相等。打开三脚架，松开架腿的固定螺丝，调节架腿长短，使其高度适中，拧紧固定螺丝；使架头大致水平，用脚踩实架腿。然后取出水准仪，用连接螺旋将仪器固定在三脚架上。

2. 粗略整平

观测时，首先利用脚螺旋使圆水准器气泡居中，以达到仪器竖轴基本铅直、视准轴水平的目的。基本方法是：如图 2.7(a)所示，气泡未居中而位于 a 处，则先按图上箭头所指的方向用两手相对转动脚螺旋①和②,使气泡移动到 b 的位置,如图2.7(b)所示;再转动脚螺旋③,则可使气泡居中。在整平过程中,气泡移动方向与左手大拇指转动方向一致。

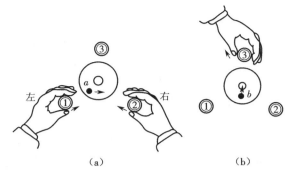

图2.7　圆水准器整平

3.检查补偿装置正确性

由于仪器补偿范围有限,为了检查补偿装置工作是否正常,有的自动安平水准仪安装了一个与补偿装置相连的检查按钮,通过这个按钮,可以检查补偿装置正确性。但现在很多仪器没有检查装置,这就要求经常检查圆水准器的正确性,即检查圆水准器的整平情况。

4.瞄准读数

1)瞄准水准尺

瞄准就是使望远镜对准水准尺,清晰地看到目标和十字丝成像,以便准确地进行水准尺读数。

首先进行目镜调焦,把望远镜对向明亮的背景,转动目镜调焦螺旋,使十字丝清晰。松开制动螺旋,转动望远镜,利用镜筒上的照门和准星连线对准水准尺,再拧紧制动螺旋。然后转动物镜的调焦螺旋,使水准尺成像清晰。再转动微动螺旋,使十字丝的纵丝对准水准尺像。

瞄准时应注意消除视差。当眼睛在目镜端上下微微移动时,若发现十字丝和水准尺成像有相对移动现象,说明有视差存在。所谓视差现象,就是当目镜、物镜对光不够精细时,目标的影像不在十字丝平面上,如图2.8,以致两者不能被同时看清。视差现象的存在会影响读数的正确性,必须检查并消除。消除视差的方法是仔细地进行目镜调焦和物镜调焦,直至眼睛上下移动时读数不变为止。

2)读数

读数时要按由小到大的方向,读取米、分米、厘米、毫米四位数字,最后一位毫米为估读数。如图2.9读数为1.337 m,但习惯上不读小数点,只念1 337四位数,即以毫米为单位。

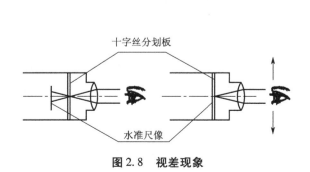

图2.8　视差现象

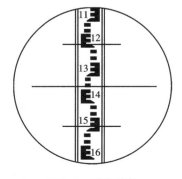

图2.9　瞄准读数

2.3　水准测量的外业观测与内业计算

2.3.1　埋设水准点

水准测量的主要目的是测出一系列点的高程。通常称这些点为水准点(Bench Mark),简记为 BM。采用分级布设、逐级控制的原则,分为一、二、三、四等水准测量。水准测量通常是从已知水准点引测到其他未知点的高程。

水准点有永久性和临时性两种。国家水准等级水准点一般用石料或钢筋混凝土制成,深埋到地面冻结线以下,在标石的顶面设有不锈钢或其他不易锈蚀的材料制成的半球状标志。半球状标志顶点表示水准点的点位,如图 2.10(a)所示。也有的用金属标志埋设于基础稳固的建筑物墙脚下,称为墙脚水准标志,如图 2.10(b)所示。

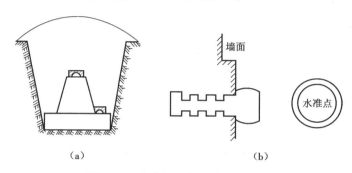

图 2.10　水准标石和墙脚水准标志

建筑工地上的永久性水准点一般用混凝土预制而成,顶面嵌入半球形的金属标志,如图 2.11(a)所示,表示该水准点的点位。临时性的水准点可选在地面突出的坚硬岩石或房屋勒脚、台阶上,用红漆作标记,也可用大木桩打入地下,桩顶上钉一半球形钉子作为标志,如图 2.11(b)所示。

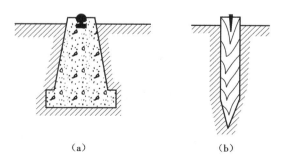

图 2.11　工地上的永久性和临时性水准点

选择埋设水准点的具体地点,应能保证标石稳定、安全、长期保存,而且又便于使用。埋设水准点后,为了便于寻找水准点,应绘出能标记水准点位置的草图(称点之记),图上要注明水准点的编号,与周围地物的位置关系。

2.3.2 拟定水准路线

在水准测量中,为了避免观测、记录和计算中发生人为粗差,并保证测量成果能达到一定的精度要求,必须布设某种形式的水准路线,利用一定的条件来检核所测结果的正确性。在一般的工程测量中,水准路线主要有如下 3 种形式。

1. 闭合水准路线

如图 2.12 所示,从水准点 BM3 出发,沿待定高程点 1、2、3、4 进行水准测量,最后回到原始出发点 BM3 的路线,称为闭合水准路线。从理论上讲,闭合水准路线上各点之间的高差代数和应等于零。

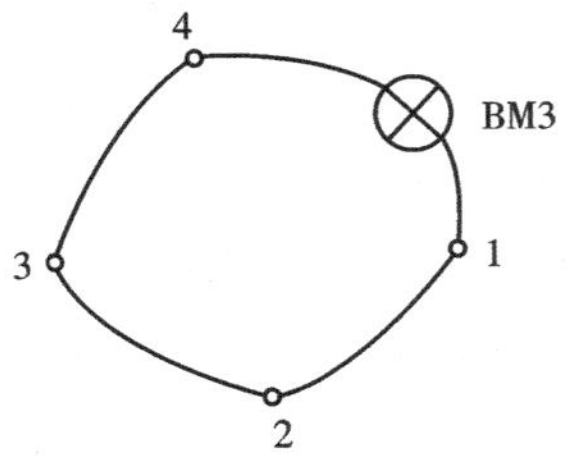

图 2.12　闭合水准路线

2. 附合水准路线

如图 2.13 所示,从开始水准点 BM1 出发,沿各个待定高程点 1、2、3 进行水准测量,最后附合到终止水准点 BM2 的路线,称为附合水准路线。从理论上讲,附合水准路线上各点间高差的代数和应等于始、终两个水准点的高程之差。

3. 支水准路线

如图 2.14 所示,从一已知水准点 BM1 出发,沿待定高程点 1、2 进行水准测量,既不闭合又不附合,这种水准路线称为支水准路线。支水准路线要进行往、返观测,以资检查核实。

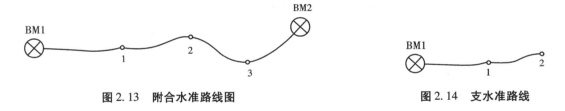

图 2.13　附合水准路线图　　　　　　　　　　图 2.14　支水准路线

2.3.3 观测记录和计算

1. 无测站检核的普通水准测量

水准点埋设完毕,即可按拟定的水准路线进行水准测量。现以图 2.15 为例,介绍水准测量的施测。图中 BMA 为已知高程的水准点,TP$_i$ 为转点,B 为拟测量高程的水准点。

将水准尺立于已知高程的水准点上作为后视,水准仪置于施测路线附近合适的位置,在施测路线的前进方向上取仪器至后视大致相等的距离放置尺垫,在尺垫上竖立水准尺作为前视。观测员将仪器用圆水准器气泡置中之后瞄准后视标尺,检查补偿装置,并用中丝读后视读数至毫米;转动望远镜瞄准前视标尺,再用中丝读前视读数。记录员根据观测员的读数在手簿中记录相应的数字,并立即计算高差。

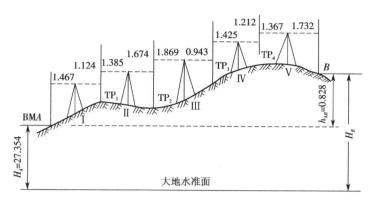

图 2.15 水准测量的施测

以上为第一个测站的全部工作。

第一站结束之后,记录员招呼后标尺员向前转移,并将仪器迁至第二测站。此时,第一测站的前视点便成为第二测站的后视点。按第一测站相同的工作程序进行第二测站的工作。依次沿水准路线方向施测,直至全部路线观测结束为止。

观测记录和计算见表 2.1 水准测量手簿。

表 2.1 水准测量手簿

日期:　　　　　　　　　仪器:　　　　　　　　　观测:

天气:　　　　　　　　　地点:　　　　　　　　　记录:

测站	点号	后视读数/m	前视读数/m	高差/m	高程/m	备注
1	BMA	1.467		+0.343	27.354	已知
	TP1		1.124			
2	TP1	1.385		−0.289		
	TP2		1.674			
3	TP2	1.869		+0.926		
	TP3		0.943			
4	TP3	1.425		+0.213		
	TP4		1.212			
5	TP4	1.367		−0.365		
	BMB		1.732		28.182	
计算检核		$\sum a = 7.513$	$\sum b = 6.685$	$\sum h = +0.828$	28.182 −27.354	
		$\sum a - \sum b = 7.513 - 6.685$ $= +0.828$			+0.828	

对于记录表中每一页所计算的高差和高程要进行计算检核。即后视读数总和减去前视读数总和、高差总和及 B 点高程与 A 点高程之差值,这 3 个数字应当相等,否则计算有误。例如表 2.1 中:

$$\sum a - \sum b = 7.513 - 6.685 = +0.828$$

$$\sum h = +0.828$$

$$H_B - H_A = 28.182 - 27.354 = +0.828$$

说明计算正确。

上述方法未进行测站检核,测站的观测粗差不能及时发现,只有当整个附合线路或闭合线路测完并完成计算后,才知实测量成果是否正确。如果出现错误,则须全部返工重测。因此,实际测量时并不常采用这种方法。

2. 有测站检核的普通水准测量

为了确保每站观测高差的正确性,提高水准测量的精度,水准测量必须进行测站检核。所谓的测站检核,就是每一站进行的检核。根据不同的测站检核方法,水准测量又分为两次仪器高法和双面尺法两种。

在四等及等外以上的水准测量中,为了提高测量精度,往往还要观测测站到前、后尺之间的视距。当前、后距离大致相当时,测量精度较高。如果工程对测量精度要求不高,可以不测前、后视距,直接测定高差即可,以减少工作量。

1)两次仪器高法

在同一测站上用两次不同的仪器高测定两次高差,即第一次高差测完后,重新安置仪器,要求两次仪器高相差超过 10 cm,再次测量高差。若两次所测高差之差不超过规定(对于等外不超过 6 mm),取两次测量高差的平均值作为本测站的最后高差,否则须重测。

如果用两次仪器高法进行四等及等外水准测量,其测量步骤如下:

(1)将水准仪大致安置在前后视中间,整平仪器,使圆水准器气泡居中;

(2)望远镜照准后视水准尺,转动微倾螺旋,使符合水准器气泡符合后,读取上、中、下丝读数;

(3)望远镜照准前视水准尺,转动微倾螺旋,使符合水准器气泡符合后,读取上、中、下丝读数;

(4)将仪器升高或降低至少 10 cm,重新安置仪器;

(5)望远镜照准后视水准尺,转动微倾螺旋,使符合水准器气泡居中后,读取中丝读数;

(6)望远镜照准前视水准尺,转动微倾螺旋,使符合水准器气泡居中后,读取中丝读数。

记录和计算方式如表 2.2 所示。

表 2.2　两次仪器高法水准测量记录手簿

观测：　　　　　　　　　　　记录：

测站		视距 /mm	后视读数 /mm	前视读数 /mm	高差/mm		高差中数 /m	高程 /mm	备注
					正	负			
1	A	56	1 890 1 992		0 745 0 741		+0.743	43.578	
	1	54		1 145 1 251					
2	1	72	2 515 2 401		1 102 1 100		+1.101		
	2	75		1 413 1 301					
3	2	98	2 001 2 114		0 850 0 854		+0.852		
	3	96		1 151 1 260					
4	3	41	1 012 1 142			0 601 0 603	−0.602		
	4	43		1 613 1 745					
5	4	79	1 318 1 421			0 906 0 904	−0.905		
	B	77		2 224 2 325				44.767	
计算校核		691	17 806	15 428					
		$\sum h = \dfrac{1}{2}(17.806 - 15.428)$ $= +1.189$					$\sum h = 1.189$	+1.189	

表 2.2 是两次仪器高法测量等外水准的记录格式。表中每一站有两次前视读数和两次后视读数,各算得两个高差值。对于四等水准测量,其差值不得大于 5 mm,为了校核一测段全部计算有无错误,先用后视读数总和减去前视总和,得总高差 $\sum h = +1.189$ m,然后再求所有高差中数的代数和 $\sum h = +1.189$ m,用两种方法计算的总高差结果应相同。

2)双面尺法

双面尺法是在同一测站上,仪器高度不变,利用双面水准尺黑面和红面各进行一次读数,若两次读数之差不超过相应规定,则取平均值计算高差作为本测站的最后高差,否则须重测。

如果用双面尺法进行四等及等外水准测量,其测量步骤如下:

(1)将水准仪大致安置在前后视中间,整平仪器,使圆水准器气泡居中;

（2）将望远镜照准后视水准尺的黑面,转动微倾螺旋,使符合水准器气泡居中后,读取上、中、下丝读数;

（3）照准后视水准尺红面,读取红面水准尺中丝读数;

（4）将望远镜转向前视水准尺的黑面,转动微倾螺旋,使符合水准器气泡居中后,读取上、中、下丝读数;

（5）照准前视水准尺红面,读取红面水准尺中丝读数。

记录和计算方式如表2.3所示。

表2.3 双面尺法水准测量记录手簿

自测至 年 月 日 始：时 分 终：时 分   天气：   成象：   观测者：   记簿者：

测站编号	后尺 下丝 上丝 后距 视距差 d	前尺 下丝 上丝 前距 ∑d	方向及尺号	标尺读数		K+黑 −红	高差中数	备 考
	(1)	(5)	后	(3)	(8)	(10)		
	(2)	(6)	前	(4)	(7)	(9)		
	(15)	(16)	后−前	(11)	(12)	(13)	(14)	
	(17)	(18)						
1	1 571	739	后 12	1 384	6 171	0		NO12—4787 NO13—4687
	1 197	363	前 13	551	5 239	−1		
	37.4	37.6	后−前	+833	932	+1	+8 325	
	−0.2	−0.2						
2	2 121	2 196	后 13	1 934	6 621	0		
	1 747	1 821	前 12	2 008	6 796	−1		
	37.4	37.5	后−前	−74	175	+1	−745	
	−0.1	−0.3						

测站编号	后尺 下丝 上丝	前尺 下丝 上丝	方向及尺号	标尺读数		K+黑 $-$红	高差中数	备 考
	后距	前距						
	视距差 d	$\sum d$						
3	1 914	2 055	后 12	1 726	6 513	0		
	1 539	1 678	前 13	1 866	6 554	-1		
	37.5	37.7	后$-$前	-140	41	$+1$	-1 405	
	-0.2	-0.5						
4	1 965	2 141	后 13	1 832	6 519	0		
	1 700	1 874	前 12	2 007	6 793	$+1$		NO12—4787
	26.5	26.7	后$-$前	-175	274	-1	-1 745	NO13—4687
	-0.2	-0.7						
5	565	2 792	后 12	356	5 144	-1		
	127	2 356	前 13	2 574	7 261	0		
	43.8	43.6	后$-$前	-2 218	2 117	-1	-2 218	
	$+0.2$	-0.5						

对于每站观测所得数据,应立即记录于水准测量观测手簿。表中(1)~(18)为记录计算顺序。其中(1)、(2)、(3)、(4)、(5)、(7)、(8)、(11)、(12)的数据由观测而得,其余由计算得出。

计算和检核方法如下。

Ⅰ.视距部分

后视距离(15) = [(1) − (2)] × 100

前视距离(16) = [(5) − (6)] × 100

前后视距差(17) = (15) − (16),该值在四等水准测量时不得大于 5 m。

前后视距累积差(18) = 前站(18) + 本站(17),该在四等水准测量时不得大于 10 m。

Ⅱ.高差部分

(10) = (3) + K − (8)

(9) = (4) + K − (7)

K 为标尺黑红面间之常数。

本例中标尺 12 之 K 为 4 787,标尺 13 之 K 为 4 687,(9)、(10)值四等水准测量不得大于 3 mm。

(11) = (3) − (4)

（12）＝（8）－（7）

（13）＝（11）－（12）±100，该值对于四等水准测量不得大于 5 mm，用公式（13）＝（10）－（9）检查计算的正确性。

Ⅲ. 观测结束后的检查和计算

高差中数（14）＝12[（11）＋（12）±100]

求出 $\sum$（15）、$\sum$（16）值，用 $\sum$（15）－ $\sum$（16）＝（18）（末站）校核，无误后算出所测路线之总视距 $\sum s = \sum$（15）＋ $\sum$（16）。

技能训练 1　水准仪操作和水准测量

1. 技能目标

（1）了解水准仪的构造，掌握水准仪的操作方法。

（2）了解水准测量的操作步骤，掌握普通水准测量的方法和技术要求。

（3）施测一闭合水准线路，并计算其闭合差。

2. 仪器工具

（1）由测量仪器室借领 DS₃ 自动安平水准仪 1 台，水准尺 1 对，尺垫 1 对。

（2）自备铅笔（HB 两支），记录板 1 块，记录纸数张。

3. 实习步骤

（1）由实习指导教师进行直观教学，讲解水准仪各部件的名称和作用。

（2）练习水准仪的操作，具体步骤：

安置仪器→粗略整平→检查补偿装置正确性→瞄准→读数。

（3）以小组为单位施测一闭合水准路线，其长度至少安置 5～6 测站。

（4）人员分工：4 人一组，两人司尺，一人记录，一人观测，每测一站后轮换工作。

（5）在每一站上的操作步骤：仪器安置在前后两标尺的中间位置，整平仪器→目镜对光→照准后视标尺→物镜对光→消除视差→检查补偿装置正确性→瞄准并读取中丝读数→记录员将读数记入表中。读完后视读数后，打开制动螺旋，瞄准前视标尺，按照同样的方法用中丝读取前视尺读数。记录员应在搬站前计算出本站所测高差之值 h_i。

（6）按（5）的方法依次完成本闭合线的水准测量。

（7）记录员在进行记录时，应回读观测者之读数，经默认后方可记入记录表中。

（8）观测结束后，应立即算出高差闭合差 $f_h = \sum h_i$，$f_允 = \pm 40\sqrt{L}$ mm 或 $f_允 = \pm 12\sqrt{n}$ mm，其中 L 和 n 分别为路线长（以 km 为单位）和测站数，当 $f_h < f_允$ 时观测成果合格，否则应重测。

4. 实训的基本要求

（1）安置仪器时三脚架的 3 个脚螺旋应旋紧，3 个脚腿不能叉得太开，并将仪器中心连接螺旋拧紧，以防止摔坏仪器。

（2）DS₃ 水准仪为精密光学仪器,在使用中要按操作规程作业,并正确使用每个螺旋。转动各螺旋时要稳、轻、慢,不能用力太大。螺旋旋到头时,切勿再继续旋转,否则将脱扣。

（3）标尺不要随便往树上、墙上、电线杆上靠,以防止滑倒摔断。标尺可平放在地面上,但决不允许把标尺当坐垫或用来抬东西,也不允许坐仪器箱。标尺由前视尺转为后视尺时,绝对不能碰动尺垫或弄错转点位置。

（4）仪器应安置在前后尺的中间位置,以此减小测量误差。

（5）扶尺者应面向仪器,双手将尺扶直,前司尺者应选好立尺点。

（6）中丝读数一律记四位数,从米至毫米的位上都要有数,并以毫米为单位。如:0 560,1 200,分别表示 0.56 m 和 1.2 m。

（7）记录者用铅笔按规定格式做好记录,不允许用钢笔、圆珠笔做记录,记录要工整;严禁涂改或转抄原始记录。

（8）由于初始测量时,观测者的测量速度较慢,故要求每位同学要有耐心,做到互谅互助,齐心协力完成本次技能训练。

5. 上交资料

每人上交合格记录成果一份。

复习与思考题

1. 水准测量的原理是什么?

2. 水准仪上圆水准器和水准管的作用有什么不同?

3. 在进行水准测量时为什么要把仪器安置在前、后水准尺中间?

4. 水准仪有哪几条轴线?各轴线之间应满足什么条件?

5. 水准仪应进行哪几项检验和校正?各怎样进行?

6. 水准测量时,转点和尺垫起什么作用?

7. 水准测量误差来源有哪些?

8. 计算和调整下列附合水准路线的闭合差(水准点 A 的高程为 46.215 m、水准点 B 的高程为 45.330 m)。

9. 完成水准支线测量成果表,并求 A 点的高差。

点号	后视读数	前视读数	高 差		高 程
长治1	1.664				44.313
1	0.746	1.224			

点号	后视读数	前视读数	高　差		高　程
2	0.574	1.524			
3	1.654	1.345			
A		2.221			

第 3 章　角度测量

【学习目标】

序号	知识目标	能力目标	权重
1	能正确表述水平角和垂直角的概念		0.2
2	能正确表述光学经纬仪的安置步骤	能够用光学对中的方法安置经纬仪或全站仪	0.2
3	能正确表述水平角测量的步骤	能用经纬仪或全站仪完成水平角的观测、记录和计算	0.3
4	能正确表述垂直角测量的步骤	能用经纬仪或全站仪完成垂直角的观测、记录和计算	0.3
	总　计		1.0

【教学准备】

经纬仪、全站仪、水平角观测记录表、垂直角观测记录表、测量照片等。

【教学建议】

在测绘实训基地,采用集中讲授、动态教学、分组实训等方法教学。

【建议学时】

10 学时(其中实训 4 学时)

3.1　角度测量原理

在确定地面点的位置时,常常要进行角度测量。角度测量最常用的仪器是经纬仪。

角度测量分为水平角测量和竖直角测量。水平角测量用于求算点的平面位置,竖直角测量用于测定高差或者将斜距换算为水平距离。

3.1.1　水平角观测原理

如图 3.1 所示,设 A、B、C 为地面上任意三点,将三点沿铅垂线方向投影到水平面 H 上,得到相应的三个投影点 A_1、B_1、C_1,则水平线 B_1A_1 与 B_1C_1 间的夹角 β 即为地面 BA 与 BC 两方向线间的水平角。由此可见,地面上任意两直线间的水平角为通过该两条直线所作的铅垂面间的二面角,或者说,任意两条直线间的水平角就是该两条直线在水平面上投影的夹角。

为了测定水平角值,可在角顶的铅垂线上安置一架经纬仪,仪器必须有一个能水平放置的刻度圆盘——水平度盘,度盘上有顺时针方向的0°~360°的刻度,度盘的中心能放置在 B 点的铅垂线上;另外经纬仪还必须有一个能瞄准远方目标的望远镜,望远镜不但可以在水平面内转动,而且还能在铅垂面内旋转。通过望远镜分别瞄准高低不同的目标 A 和 C,其在水平度盘上相应的读数为 a 和 c,则水平角 β 为两个读数之差,即

$$\beta = c - a$$

3.1.2 竖直角观测原理

竖直角是同一竖直面内视线与水平线的夹角 α(又称垂直角),其角值为0° ~ ±90°。视线与向上的铅垂线的夹角称为天顶距 z,其角值为0° ~180°。

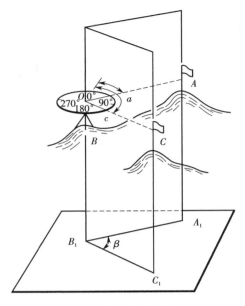

图3.1 水平角测量原理

目标视线在水平线以上的竖直角称为仰角,其角值为正;目标视线在水平线以下的称为俯角,其角值为负,如图3.2所示。为了测定垂直角,经纬仪还必须在铅垂面内装有一个刻度盘——垂直度盘(简称竖盘)。

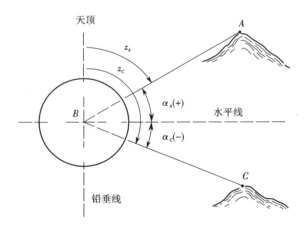

图3.2 竖直角测量原理

竖直角与水平角一样,其角值也是度盘上两个方向读数之差。不同的是竖直角的两个方向中必有一个是水平方向。任何类型的经纬仪,制作上都要求在视线水平的竖盘读数为某一固定值(0°、90°、180°、270°四个值中的一个)。因此,在观测竖直角时,只要观测目标点一个方向并读取竖盘读数便可算得该目标点的竖直角,而不必观测水平方向。

3.2　经纬仪的操作

3.2.1　光学经纬仪结构和读数

1. DJ$_6$级光学经纬仪

1）DJ$_6$级光学经纬仪的结构

图 3.3 所示为 DJ$_6$级光学经纬仪（南京光学仪器厂产品）的结构外形,其各部件的作用说明如下。

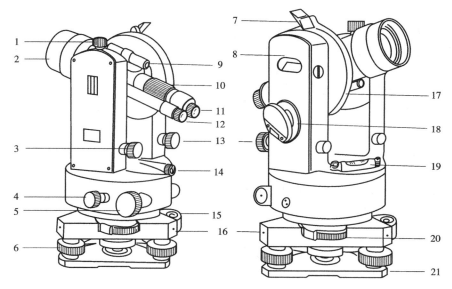

图 3.3　DJ$_6$级光学经纬仪的结构

1—望远镜制动螺旋;2—望远镜物镜;3—望远镜微动螺旋;4—水平制动螺旋;5—水平微动螺旋;6—脚螺旋;7—反光镜;8—竖度水准管;9—瞄准器;10—物镜调焦环;11—望远镜目镜;12—度盘读数显微镜;13—竖度水准管微动螺旋;14—光学对中器;15—圆水准器;16—基座;17—垂直度盘;18—度盘照明镜;19—水平度盘水准管;20—水平度盘位置变换轮;21—基座底板

Ⅰ.基座部分

基座用来支撑整个仪器,并借助中心螺旋使经纬仪和角架结合。基座上有 3 个脚螺旋,用来整平仪器,首先根据基座上的圆水准器粗平,然后根据照准部上的水准管精平。轴座连接螺旋拧紧后,可将照准部固定在基座上。使用仪器时,切勿松动该螺旋,以免照准部与基座分离而脱落。

Ⅱ.照准部部分

照准部的构件最多,其中有管水准器、光学对中器、支架、横轴、竖直度盘、望远镜、望远镜制动螺旋、望远镜微动螺旋、度盘读数显微镜等。

照准部的旋转轴插在竖轴轴套内旋转,其几何中心称为竖轴。照准部在水平方向转动,瞄准目标时,由水平制动螺旋和水平微动螺旋控制。

望远镜的旋转轴为横轴,瞄准目标时,由望远镜制动螺旋和望远镜微动螺旋控制。由于望远镜在竖直平面内转动,所以又称竖直制动螺旋和竖直微动螺旋。

Ⅲ.度盘部分

经纬仪的水平度盘和竖直度盘均由光学玻璃制成。水平度盘安装在纵轴轴套外围,其上面有0°～360°的顺时针分划刻度注记,用来测水平角。水平度盘不随照准部一起转动,但是可以通过转动水平度盘变换轮使其变动一个位置(在复测经纬仪上,水平度盘和照准部之间的连接是由复测器控制的)。竖直度盘以横轴为中心并与横轴固连,随望远镜一起在竖直面内转动,其上面也有0°～360°的顺时针或逆时针分划刻度注记用束测竖直角。

Ⅳ.度盘读数装置

光学经纬仪的度盘读数装置包括光路系统及测微器。水平度盘和竖直度盘上的分划线(度盘刻度)经照明后经过一系列棱镜和透镜,最后成像在望远镜旁的读数显微镜内。DJ$_6$级光学经纬仪有分微尺测微器和光平板玻璃测微器两种读数装置。

2)DJ$_6$级光学经纬仪的读数

Ⅰ.分微尺测微器及其读数方法

分微尺测微器的结构简单,读数方便,并具有一定的读数精度,故广泛应用于DJ$_6$级光学经纬仪。国产DJ$_6$级光学经纬仪均采用这种装置。这类仪器的度盘最小分划刻度值为1°,顺时针方向注记,其读数设备是由一系列光学零件所组成的光学系统。

图3.4所示是DJ$_6$级经纬仪的度盘读数光路图,外来的光线经反光镜1进入毛玻璃2后分为两路,一路经棱镜3转折90°通过聚光镜4及棱镜5后照亮水平度盘6,水平度盘分划刻度线经复合物镜7、8和棱镜9成像于平凸透镜10的平面上。另一路光线经棱镜14折射后照亮垂直度盘15,经棱镜16折射,垂直度盘分划线通过显微棱镜组17、18和棱镜20、21后也成像于平凸透镜10的平面上。在这个平面上,有两条测微尺,每条有60格,放大后,两个度盘分划刻度线的1°间隔正好等于相应测微尺60格的总长,因此,测微尺上的一小格代表1′。两个度盘分划刻度线的影像连同测微尺上的刻划一起经棱镜11折射后传到读数显微镜(12是读数显微镜的物镜,13是目镜)。经过这样的光学系统,度盘的像大

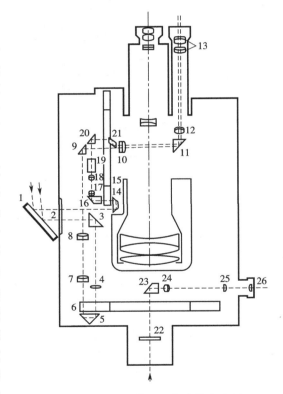

图3.4　DJ$_6$级经纬仪度盘读数光路图

1—反光镜;2—毛玻璃;3、5、9、11、14、16、20、21—棱镜;4—聚光镜;6—水平度盘;7、8—复合物镜;10—平凸透镜;12—读数显微镜物镜;13—读数显微镜目镜;15—垂直度盘;17、18—显微棱镜组;19—平板玻璃;22～26—光学对中器光路

约放大 65 倍,以便于精确读数。图中 22~26 为光学对中器的光路。

读数的主要设备是读数窗上的分微尺,如图 3.5 所示。上面的窗格是水平度盘及其分微尺的影像,下面的窗格是竖盘及其分微尺的影像。分微尺分成 60 等份,其最小格值为 1′,可估读到格值的 1/10,即 6″。读数时,以分微尺上的零刻度线为指标。度数由落在分微尺上的度盘分划刻度的注记读出,小于 1° 的数值由分微尺上读出,即分微尺零刻度线至该度盘刻度线间的角值。图 3.5 中,落在分微尺上的水平度盘刻划线的注记 73°,该刻划线在分微尺上的读数从分微尺的零刻划线算起为 04′30″,所以水平度盘的读数应为 73°04′30″。同理,竖直度盘的读数为 87°06′18″。

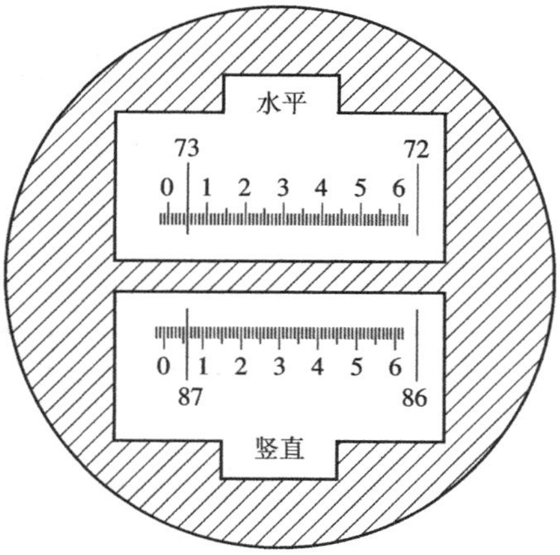

图 3.5　DJ$_6$ 级经纬仪的读数窗

Ⅱ. 单平板玻璃测微器及其读数方法

采用单平板玻璃测微器读数装置的光学经纬仪有瑞士 WildT1 型等。单平板玻璃测微器读数装置主要由平板玻璃、测微器、连接机构和测微轮组成。转动测微轮如图 3.6 中的 14,通过齿轮带动平板玻璃和与之固连的测微尺一起转动。如图 3.7(a) 所示,当平板玻璃底面垂直于度盘影像入射方向时,测微尺上单指标线指在 15′ 处,度盘上的双指标线处在 92° + a 的位置,度盘读数应为 92° + 15′ + a。转动测微轮,带动平板玻璃转动,度盘影像因此产生平移,当度盘影像平移量为 a 时,则 92° 分划线正好被夹在双指标线中间,如图 3.7(b) 所示。由于测微尺和平板玻璃同步转动,a 的大小可由测微尺的转动量表现出来,测微尺上单线指标所指读数即为 15′ + a。

如图 3.8 为单平板玻璃测微器读数窗的影像。下面的窗格为水平度盘影像,中间的窗格为竖直度盘影像,上面较小的窗格为测微尺影像,度盘分划值为 30′,测微尺的长度也为 30′,将其分为 90 格,即测微尺上的最小分划值为 20″,当度盘分化影像移动一个分划值(30′)时,测微尺也正好转动 30′。

读数时,转动测微轮,使度盘某一分划刻度线夹在双指标线中央,先读出该度盘分划刻度线的读数,再在测微尺上以指标线读出不足一分划值的余数,两者相加即为结果读数。如图 3.8(a) 中,竖盘读数为 92° + 17′30″ = 92°17′30″,图 3.8(b) 中水平度盘读数为 4°30′ + 11′50″ = 4°41′50″。

2. DJ$_2$ 级光学经纬仪

如图 3.9 所示为 DJ$_2$ -1 级光学经纬仪(苏州第一光学仪器厂产品)的结构外形,它属于 DJ$_2$ 级经纬仪。

J$_2$ 级光学经纬的观测精度高于 J$_6$ 级光学经纬仪。在结构上,除了望远镜的放大倍数较大,照准部水准管的灵敏度较高、度盘格值较小外,主要表现为读数设备的不同。J$_2$ 级光学经纬仪的读数设备有如下特点。

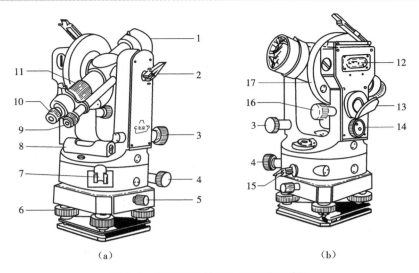

图 3.6 带测微轮的 DJ₆ 级光学经纬仪

1—望远镜物镜;2—望远镜制动螺旋;3—望远镜微动螺旋;4—水平微动螺旋;5—轴座连接螺旋;6—脚螺旋;7—复测器扳手;8—照准部水准器;9—读数显微镜;10—望远镜目镜;11—物镜对光螺旋;12—竖盘指标水准管;13—反光镜;14—测微轮;15—水平制动螺旋;16—竖盘指标水准管微动螺旋;17—竖盘外壳

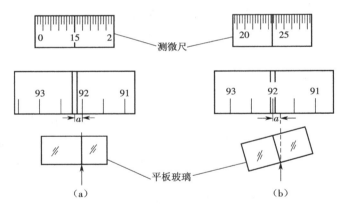

图 3.7 单平板玻璃测微器读数示例

(1)J_2 级光学经纬仪采用对径重合读数法,相当于利用度盘上相差 180° 的两个指标读数并取其平均值,可消除度盘偏心的影响。而 J_6 级光学经纬仪采用单指标读数,易受度盘偏心影响。

(2)J_2 级光学经纬仪在读数显微镜中只能看到水平度盘或竖直度盘中的一种,读数时,可通过转动换像手轮选择所需的度盘影像。

苏州第一光学仪器厂生产的 J_2 级及蔡司 The010 等相应级别的经纬仪采用的是双光楔光学测微器。光楔测微的原理是利用光楔的直线运动,通过它的度盘分划刻度影像产生位移,位移量与光楔运动量成正比,以此测微。

在光路上设置一个固定光楔组和一个活动光楔组,活动光楔组与测微尺相连。度盘对径

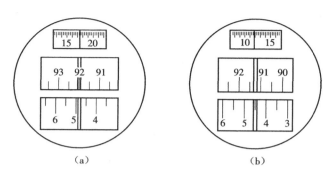

（a）　　　　　　　　　　　　（b）

图 3.8　单平板玻璃测微器读数窗影像

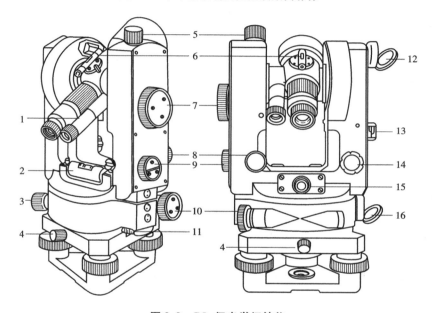

图 3.9　DJ₂级光学经纬仪

1—读数显微镜；2—照准部水准管；3—水平制动螺旋；4—轴座连接螺旋；5—望远镜制动螺旋；6—瞄准器；7—测微轮；8—望远镜微动螺旋；9—换像手轮；10—水平微动螺旋；11—水平度盘位置变换手轮；12—竖盘照明反光镜；13—竖盘指标水准管；14—竖盘指标水准管微动螺旋；15—光学对点器；16—水平度盘照明反光镜

影像通过此光楔组反映到读数显微镜中，使度盘对径分划刻度线成像在同一个平面上，并被一横线分开，成正字像（简称正像）和倒字像（简称倒像），如图 3.10 所示。该度盘分划值为 20′，图中左小窗口为测微尺影像，从 0′刻到 10′，最小分划值为 1″。当转动测微轮 7（图 3.9）使测微尺由 0′转到 10′时，读盘的正、倒像分划刻度线向相反的方向各移动半格（相当于 10′），上、下影像相对移动量则是一格。其读数方法如下。

转动测微轮，使度盘对径影响相对移动，直至上下分划刻度线精确重合，度数应按正像在左、倒像在右且相距最近的一对注有度数的对径分划线进行。正像分划刻度线所注度数即为所要读出的度数，正像分划刻度线和对径的倒像分划刻度线间的格数乘以度盘分划值的一半

39

即为应读的 10′数,不足 10′的余数则在分微尺上读取。如图 3.10 所示读数应按 163°和 343° 这对分划线进行,读盘读数应为

度数	163°	}读自度盘
10′数	$2 \times 10' = 20'$	
分秒数	07′32.5″	读自测微器

全部读数为　163°27′32.5″

苏州第一光学仪器厂生产的新型 J_2 光学经纬仪采用了数字化读数,即度盘正、倒像分划线重合后,10′数由中间的小窗直接显示,其他不变,如图 3.11 读数为 74°47′16.0″。

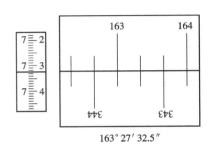

163°27′32.5″

图 3.10　读数示例

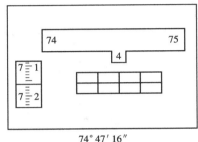

74°47′16″

图 3.11　数字化读数

瑞士 WildT2 光学经纬仪也是使用重合读数法,其测微机构采用双平板玻璃测微器,在转动测微轮时,两块平板玻璃反向转动,以使度盘正倒影像作反向移动,其原理、方法与双光楔测微器类似,读数以正像分划线为准。如图 3.12 水平度盘读数为 6°30′03.4″,竖直度盘读数为 0°09′48.5″。

新型的 WildT2 光学经纬仪也采用数字化读数。10′数由“▽”指出,如图 3.13 所示,读数为 94°12′44.2″。

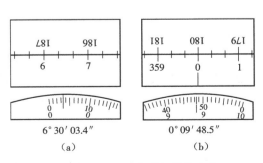

6°30′03.4″　　0°09′48.5″
（a）　　　　（b）

图 3.12　WildT2 光学经纬仪度盘

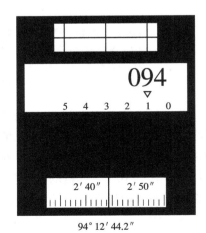

94°12′44.2″

图 3.13　新型 WildT2 光学经纬仪度盘

3.2.2　经纬仪的安置

经纬仪的安置包括对中和整平,具体操作方法如下。

1. 对中

对中的目的是把仪器的纵轴安置到测站的铅垂线上,具体的做法是:按观测者的身高调整好三脚架架腿的长度(一般取三脚架架腿伸开并在一起时架头的高度在肩膀和下颚之间),张开三脚架使三个脚尖的着地点大致与测站点等距离,使三脚架架头大致水平,如图 3.14 所示。从箱中取出经纬仪,放到三脚架架头上,一手握住经纬仪支架,一手将三脚架上的连接螺旋旋入基座底板。对中可采用垂球对中或光学对中器对中。

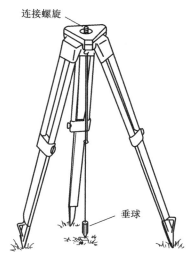

图 3.14　**垂球对中**

1)用垂球对中

把垂球挂在连接螺旋中心的挂钩上,调整垂球线的长度,使垂球尖离地面点的高度为 2 ~ 3 mm。如果偏差较大,可平移三脚架使垂球尖大约对准地面点,将三脚架的脚尖踩入土中(硬性地面也要用力踩一下),使三脚架稳定。当垂球尖与地面点偏差不大时,可稍旋松连接螺旋,在三脚架头上移动仪器,使垂球尖准确对准测站点,再将连接螺旋转紧。用垂球对中的误差一般应小于 3 mm。

2)用光学对中器对中

光学对中器是装在照准部的一个小望远镜,光路中装有直角棱镜,是通过仪器纵轴中心的光轴由铅垂方向折射成水平方向,便于观察对中情况,图 3.4 绘出了其光路。光学对中的步骤如下。

(1)使三脚架架头大致水平,目估初略对中。

(2)转动光学对中器目镜调焦螺旋,使对中标志(小圆圈或十字)清晰,转动物镜调焦螺旋(某些仪器为伸缩目镜),使地面清晰。

(3)旋转脚螺旋使地面点的像位于对中标志中心,此时基座上的圆水准气泡已经不居中。

(4)伸缩三脚架的相应架腿使圆水准气泡居中,再旋转脚螺旋使水准管在相互垂直的两个方向气泡都居中。

(5)从光学对中器中检查与地面点的对中情况,可略微松动连接螺旋作为小的平移,使对中误差小于 1 mm(如果需要作连续的平移,两次平移的方向必须互相平行或者垂直,否则就破坏整平)。

2. 整平

整平的目的是使经纬仪的竖轴竖直、水平度盘水平,从而使横轴水平、竖直度盘位于铅垂面内。

整平工作是利用基座上的三个脚螺旋,使照准部水准管在互相垂直的两个方向上的气泡分别居中,整平的步骤如下。

(1)先松开水平制动螺旋,转动照准部水准管使水准管大致平行于任意两个脚螺旋,如图3.15(a)所示,两手同时向内或向外转动脚螺旋使气泡居中。注意气泡移动方向与左手大拇指移动方向一致。

(2)将照准部水准管旋转90°,如图3.15(b)所示,旋转另外一个脚螺旋,使气泡居中。

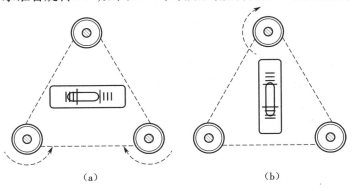

(a)   (b)

图3.15　仪器整平

(3)重新使水准管回到(1)的位置,检查水准管气泡是否居中,如果不居中,则按上述步骤重复进行,直至照准部水准管转至任意位置气泡皆居中为止。

如果水准管位置正确,仪器整平后,照准部水准管转至任何位置水准管气泡总是居中(容许偏差值为1格),这时,仪器的竖轴竖直,水平度盘水平。

3.3　水平角测量

水平角的观测方法,一般根据测量工作要求的精度、使用的仪器、观测目标的多少而定。常用的水平角观测方法有测回法和方向观测法两种。

1. 测回法

测回法主要用于单角观测,即观测两个方向之间的单角。如图3.16所示,B点为测站点,为了观测出BA、BC两个方向线之间的水平角β,在B点安置经纬仪,A、C设立观测标志后,按下列步骤进行观测。

(1)置望远镜于盘左位置(竖盘在望远镜的左边称盘左,又称正镜),精确瞄准左目标C,读取读数$c_左$。

(2)松开照准部制动螺旋,顺时针旋转望远镜,瞄准右目标A,读取读数$a_左$。于是完成了盘左半个测回的观测,又称上半测回。上半测回的角值为

$$\beta_左 = a_左 - c_左 \tag{3.1}$$

(3)倒转望远镜置望远镜于盘右位置(竖盘在望远镜的右边,又称倒镜),精确瞄准目标A,读取读数$a_右$。

（4）松开照准部制动螺旋，逆时针旋转望远镜，精确瞄准左目标 C，读取读数 $c_右$。于是完成了盘右半个测回的观测，又称下半测回。下半测回的角值为

$$\beta_右 = a_右 - c_右 \qquad (3.2)$$

图 3.16　水平角观测

用盘左、盘右两个盘位观测水平角，可以抵消仪器误差对测角的影响，同时还可以作为观测有无错误的检核。对于 DJ_6 级光学经纬仪，如果上、下半测回角度值（$\beta_右$，$\beta_左$）的差数不大于 $40''$，则取盘左、盘右角值的平均值作为一测回的观测结果

$$\beta = \frac{1}{2}(\beta_左 + \beta_右) \qquad (3.3)$$

表 3.1 为测回法观测记录。

表 3.1　测回法观测手簿

测站	测回数	竖盘位置	目标	水平度盘读数	半测回角值	一测回角值	各测回平均值	备 注
1	2	3	4	5	6	7	8	9
				° ′ ″	° ′ ″	° ′ ″	° ′ ″	
B	第一测回	左	C	00 12 00	91 33 00	91 33 15	91 33 12	草图或其他
			A	91 45 00				
		右	C	180 11 30	91 33 30			
			A	271 45 00				
B	第二测回	左	C	90 11 24	91 33 06	91 33 09		
			A	181 44 30				
		右	C	270 11 48	91 33 12			
			A	1 45 00				

当测角精度要求较高时，往往要观测几个测回，为了减少度盘分划刻度误差的影响，各测回间应根据测回数 n，按 $180°/n$ 变换水平度盘位置。如若观测 3 个测回，则第一测回的起始方向读数可安置在 0°附近略大于 0°处（用度盘变换轮或复测扳钮调节），第二测回起始方向读数应安置在略大于 $180°/3 = 60°$ 处，第三测回则略大于 120°位置。

2. 方向观测法

在三角测量或者导线测量中进行水平角观测时,在一个测站上往往需观测 2 个或 2 个以上的角度,此时,可采用方向观测法观测水平方向值,两个相邻方向的方向值之差即为该两个方向间的水平角值。

如果观测的方向数超过 3 个,则依次对每个目标观测水平方向值后,还应继续向前转到第一个目标进行第二次观测,这个过程称为"归零"。此时的方向观测法因为整整旋转了一个圆周,所以又称全圆方向法。

1)方向观测法的步骤

如图 3.17 所示,设在 C 点上需观测 A、B、D、E 4 个目标的水平方向值,用全圆方向法观测水平方向的步骤和方法如下。

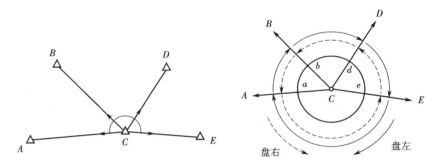

图 3.17　全圆方向观测法测水平角

(1)安置经纬仪于 C 点,先选定起始零方向 A(起始零方向的选择要求目标明亮,成像清晰、稳定),置望远镜于盘左位置,瞄准起始零方向目标 A,读取水平度盘读数 a_1。

(2)顺时针方向转动照准部,依次瞄准 B、D、E 得相应的水平度盘读数 b_1、d_1、e_1。

(3)为了校核,继续顺时针旋转照准部,再次瞄准起始目标 A,并读取水平度盘读数 a_1',此次观测称为"归零观测";读数 a_1 与 a_1' 之差的绝对值称为"半测回归零差"。对于 DJ6 级经纬仪,半测回归零差允许值为 18″。如在允许范围之内,则取 a_1 和 a_1' 的平均值作为起始零方向的方向值;如果超限则需重新观测。

(4)倒转望远镜成盘右位置。逆时针依次瞄准目标 A、E、D、B,得相应读数 a_2、e_2、d_2、b_2。

(5)逆时针继续旋转望远镜,再次瞄准目标 A 得读数 a_2',a_2 与 a_2' 之差为盘右半测回的归零差,其限差同盘左,若在允许范围之内,则取其平均值作为 A 方向的盘右读数。

以上完成了全圆方向法一个测回的观测,其观测记录如表 3.2 所示。

表 3.2　方向观测法观测记录手簿

测站	测回数	目标	读数		$2c=$左－ （右$\pm180°$）	平均读数$=\frac{1}{2}$ $[$左$+($右$\pm180°)]$	归零方向值	各测回归零 方向值平均值
			盘左	盘右				
			° ′ ″	° ′ ″	″	° ′ ″	° ′ ″	° ′ ″
C	第一测回	A	0　02 06	180 02 00	+6	(0　02　06) 0　02　03	0　00　00	
		B	51 15 42	231 15 30	+12	51　15　36	51 13　30	
		D	131 54 12	311 54 00	+12	131　54　06	131 52 00	
		E	182 02 24	2 02 24	0	182　02　24	182 00 18	
		A	0　02 12	180 02 06	+6	0　02　09		
	第二测回	A	90 03 30	270 03 24	+6	(90　03　32) 90　03　27	0　00　00	0 00 00
		B	141 17 00	321 16 54	+6	141　16　57	51 13　25	51 13 28
		D	221 55 42	41 55 30	+12	221　55　36	131 52 04	131 52 02
		E	272 04 00	92 03 54	+6	272　03　57	182 00 25	182 00 22
		A	90 03 36	270 03 36	0	90　03　36		

如果在一个测站上的水平方向需观测 n 个测回，则各测回间应将水平度盘的位置按照 $180°/n$ 进行变换。例如要观测 2 个测回，则每个测回起始零方向的水平度盘读数应分别在 $0°$ 和 $90°$ 附近；观测 3 个测回时，则分别在 $0°$、$60°$、$90°$ 附近。

2）方向观测法的计算

现就表 3.2 说明全圆方向法的计算过程。

（1）计算两倍照准误差（$2c$）值：

$$2c=盘左读数-（盘右读数\pm180°）$$

式中盘右读数大于 $180°$ 时取"－"号，小于 $180°$ 时取"＋"号（或以盘左为基准看盘右读数是否大于盘左，盘右读数大于盘左取"－"，否则取"＋"）。$2c$ 值是同一个方向盘左盘右水平方向值之差，它应为一常数，各方向的 $2c$ 值的变化是方向观测中偶然误差的反映。对于 DJ$_2$ 级经纬仪，规定 $2c$ 值的变化不应大于 $13''$，对于 DJ$_6$ 级经纬仪，规范没有此项规定。如果 $2c$ 值的变化没有超限，则取盘左、盘右的平均值作为该方向的方向值。如果超限，应在原度盘位置重测。

（2）计算各方向的平均读数：

$$平均读数=\frac{1}{2}\big[盘左读数+（盘右读数\pm180°）\big]$$

此项计算结果为方向值。对于起始方向有两个平均方向值，应将此两个数值再次平均，所得的值作为起始方向的方向值，并用括号加以区别。

（3）计算归零后的方向值：将各方向的平均读数减去起始方向的平均读数（括号内），即得各方向的归零方向值。起始方向的归零方向值为零。

（4）计算各个测回归零后方向值的平均值：取各测回同一方向归零后的方向值的平均值作为该方向的最后结果。在计算平均值以前，应计算各测回同一方向归零后的方向值之间的差数有无超限，如果超限，则应重测。

（5）计算各个目标间水平角值：将相邻的两个方向值相减即可求得各个目标间水平角值。

全圆方向法观测水平方向的各项限差规定列于表3.3。

表3.3　全圆方向观测法的各项限差

经纬仪级别	半测回归零差(″)	2c 值变化范围(″)	同一方向各测回互差(″)
DJ_2	8	13	9
DJ_6	18	—	24

3.4　垂直角测量

3.4.1　垂直角计算公式

垂直度盘（简称竖盘）注记形式不同，则根据垂直度盘读数计算垂直角的公式也不同。如图3.18所示为常见的天顶式顺时针注记，盘左时，视线水平的垂直度盘读数为 $L_0 = 90°$；盘右时，视线水平的垂直度盘读数为 $R_0 = 270°$。

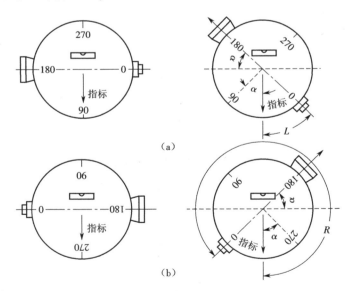

（a）

（b）

图3.18　顺时针注记垂直度盘

当望远镜向上（或者向下）瞄准目标时，垂直度盘也随之一起转动了同样的角度，因此，瞄准目标时的垂直度盘读数与视线水平时的垂直度盘读数之差就是所求的垂直角。

设盘左的垂直角为$\delta_左$,瞄准目标时的竖盘读数为L;盘右垂直角为$\delta_右$,瞄准目标时的竖盘读数为R,则垂直角的计算公式为

$$\left.\begin{array}{l}\delta_左 = 90° - L = \delta_L \\ \delta_右 = R - 270° = \delta_R\end{array}\right\} \tag{3.4}$$

由于存在测量误差,通常情况下δ_L和δ_R不相等,取一测回的角值作为最终的结果。一测回的角值为

$$\delta = \frac{1}{2}(\delta_L + \delta_R) \tag{3.5}$$

同理,当竖盘刻划为天顶式逆时针注记时,垂直角的计算公式为

$$\left.\begin{array}{l}\delta_左 = L - 90° = \delta_L \\ \delta_右 = 270 - R = \delta_R\end{array}\right\} \tag{3.6}$$

从上面的分析可以看出,竖盘的注记形式不同,垂直角的计算公式也不一样。但是不管任何类型的经纬仪,也不管何种注记形式,都可以在观测垂直角以前建立适合该仪器的垂直角计算公式。

首先,安置好仪器并使望远镜大致水平,看竖盘的读数接近于哪一个90°的整数倍,就认为视线水平时竖盘的读数是该90°的整数倍,然后慢慢上仰望远镜,看竖盘读数是增大还是减小。

当望远镜上仰时,若竖盘读数增大,则垂直角的公式为

$$\delta = 瞄准目标时的读数 - 视线水平时的读数 \tag{3.7}$$

当望远镜上仰时,若竖盘读数减小,则垂直角的公式为

$$\delta = 视线水平时的读数 - 瞄准目标时的读数 \tag{3.8}$$

以上规定,无论何种注记形式,也不论是盘左或盘右均是适用的,但要注意如果盘左是式(3.7),则盘右必是式(3.8)。

3.4.2 竖盘指标差

从以上介绍竖盘构造和垂直角计算公式中,可以知道:理想情况下,当望远镜的视线水平时,垂直角为零,竖盘读数应为0°或90°的整数倍。但是由于竖盘水准管与竖盘读数指标的关系不正确,使视线水平时竖盘读数与应有读数(90°的整数倍)有一个小的角度差x,称为指标差,如图3.19所示。由于指标差x的存在,则垂直角的计算公式应改为

$$盘左 \quad \delta = (90° + x) - L \tag{3.9}$$
$$盘右 \quad \delta = R - (270° + x) \tag{3.10}$$

将式(3.4)中的两个公式分别带入式(3.9)和(3.10),得

$$\delta = \delta_L + x \tag{3.11}$$
$$\delta = \delta_R - x \tag{3.12}$$

此时δ_L和δ_R已不再是正确的垂直角。

将式(3.11)和式(3.12)相加并除以2,得

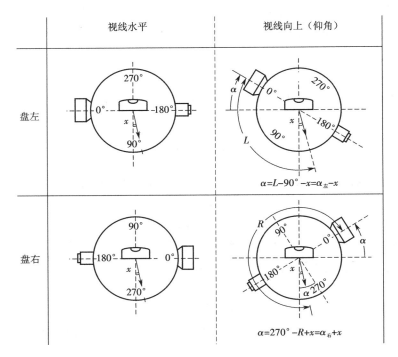

图 3.19 竖盘指标差

$$\delta = \frac{1}{2}(\delta_L + \delta_R) \tag{3.13}$$

此式与式(3.5)完全相同。可见在垂直角观测中,用正、倒镜观测取其平均值可以消除竖盘指标差的影响,提高观测质量。

将式(3.11)和式(3.12)相减,可得

$$x = \frac{1}{2}(\delta_R - \delta_L) \tag{3.14}$$

对于顺时针的竖盘注记形式,将式(3.4)带入上式即得

$$x = \frac{1}{2}(R + L - 360°) \tag{3.15}$$

指标差 x 可用来检查垂直角观测质量,同一个测站上观测不同目标时,指标差的变动范围,对于 J_6 级经纬仪来说不应超过 $25''$。另外,在精度要求不高时或纵转望远镜不便时,可先测定 x 值,以后只作正镜观测,按照式(3.11)计算垂直角。

3.4.3 垂直角观测

垂直角观测前应看清竖盘的注记形式,先确定垂直角的计算公式。

垂直角观测时,要利用十字丝横丝切准目标的特定部位,例如标杆的顶部或标尺上的某一明显部位。其具体观测方法如下。

(1)仪器安置于测站点上,用钢卷尺量出仪器的高度(地面桩顶到望远镜旋转轴的高度)。

（2）置望远镜于盘左位置,用十字丝横丝精确地切准目标的某一明显部位,调节竖盘指标水准管微动螺旋,使水准管气泡居中,读取竖盘读数 L,记入观测手簿。

（3）旋转望远镜置于盘右位置,再次瞄准该目标的同一明显部位,并调节竖盘指标水准管气泡居中,读取竖盘读数 R,记入观测手簿。

（4）计算垂直角。垂直角 δ 是水平始读数与观测目标的读数之差。但是哪个是减数,哪个是被减数,应按竖盘注记的形式来确定。为此,观测前必须建立适当的垂直角公式。表 3.4 是垂直角的观测计算实例。

表 3.4　垂直角观测计算实例

测站	目标	竖盘位置	竖盘读数	半测回垂直角	竖盘指标差	一测回垂直角	备　　注
			° ′ ″	° ′ ″	″	° ′ ″	
P	A	左	81 18 42	+ 8　41 18	+6	+ 8 41 24	盘左
		右	278 41 30	+ 8　41 30			
	B	左	124 03 30	− 34 03 30	+12	− 34 03 18	
		右	235 56 54	− 34 03 06			

对于同一目标,盘左、盘右测得垂直角之差为两倍指标差。用同一台仪器在某一时间段内连续观测,竖盘指标差应该为固定值,但由于观测误差的存在,使两倍指标差有所变化,计算时,需计算出该数值,以检查观测成果的质量。

观测垂直角时,只有当竖盘指标水准管气泡居中时,指标才处于正确位置,否则,读数就有误差。近年来,一些经纬仪的竖盘指标采用自动归零补偿装置代替水准管结构,以简化操作程序。当经纬仪的安置稍有倾斜时,这种装置会自动调整光路,使能读得相当于水准管气泡居中时的竖盘读数。

技能训练 2　经纬仪角度测量

1. 技能目标

（1）能熟练操作光学经纬仪;

（2）会使用测回法进行水平角观测;

（3）会使用测回法进行垂直角观测;

（4）能进行角度数据的计算与处理。

2. 仪器和工具

DJ_6 级光学经纬仪、三角架、标尺等。

3. 内容和步骤

（1）架设光学经纬仪;

（2）安置光学经纬仪；

（3）测回法观测水平角并记录观测数据；

（4）测回法观测垂直角并记录观测数据；

（5）观测数据的整理与检核。

4. 提交成果

（1）测回法观测水平角数据记录手簿；

（2）测回法观测垂直角数据记录手簿；

（3）角度测量实训报告。

复习与思考题

1. 角度测量中包括哪些内容？角度测量的主要作用是什么？

2. 水平角观测的基本原理和主要步骤有哪些？

3. 为什么垂直角可以在一个观测方向上获得？简述垂直角一个测回观测的记录和计算方法。

4. 经纬仪结构的主要轴线有哪些？它们之间应当满足哪些条件？

5. 为什么要对经纬仪进行定期的检验与校正？常规的检验与校正项目有哪些？

6. 电子经纬仪有何特点？其结构与光学经纬仪有何不同？

7. 经纬仪整平和对中的目的是什么？简述经纬仪光学对中器的使用方法。

8. 通过实验操作，完成经纬仪的整平和对中练习，并且进行技能考核。其中：

（1）优秀，操作时间小于 3 min，脚螺旋位于中部，长气泡偏离小于 1 格，仪器安置稳固；

（2）良好，操作时间小于 5 min，脚螺旋基本位于中部，长气泡偏离小于 1 格，仪器安置稳固；

（3）合格，操作时间小于 8 min，脚螺旋基本位于中部，长气泡偏离小于 1 格，仪器安置基本稳固。

9. 练习水平角与垂直角观测，要求字迹工整、清楚，并且不超过表格的 2/3，记录与计算正确，成果合格。并提交实验报告。

10. 练习经纬仪检验与校正，要求检验方法正确，记录与计算准确，校正练习必须在指导教师的指导下进行。并提交实验报告。

第4章 距离测量

【学习目标】

序号	知识目标	能力目标	权重
1	能够陈述距离测量的方法分类		0.2
2	能够陈述钢尺量距的方法	能够用钢尺进行距离丈量,并记录和计算	0.2
3	能够陈述光电测距的方法	能够用全站仪测量平距、斜距,并记录和计算	0.3
4	能正确表述钢尺量距和光电测距所需加的改正数种类	能用钢尺量距和用全站仪测距,并能够正确地加改正数进行计算	0.3
	总　计		1.0

【教学准备】

钢尺、全站仪、距离测量记录表、测量照片等。

【教学建议】

在测绘实训基地,采用集中讲授、动态教学、分组实训等方法教学。

【建议学时】

8学时(其中实训4学时)

距离测量是确定地面点位置的基本测量工作之一。常用的距离测量方法有钢尺量距、视距测量、电磁波测距和GPS距离测量等。钢尺量距是用可以卷起来的钢尺沿地面丈量,属于直接量距。视距测量是利用经纬仪或水准仪望远镜中的视距丝及视距标尺按几何光学原理测量距离。电磁波测距是用仪器发射及接收光波(红外光、激光)或微波,按其传播速度和时间测定距离,属于物理测距,后两者属于间接测距。GPS距离测量主要是利用两台GPS接收机接收空间轨道上定位卫星发射的信号,通过距离空间交会的方法解算出两台接收机之间的距离。这里重点介绍前三种常规的距离测量方法。

钢尺量距工具简单,但易受地形限制,适用于平坦地区的测距,丈量较长距离时,工作繁重;皮尺也可用于量距,携带和使用都很方便,但其精度不高,可酌情使用。视距测量充分利用测量望远镜的性能,能克服地形障碍,工作方便,但其测距精度一般低于直接丈量,且随距离的增大而降低,适合于低精度的近距离(200 m以内)测量。电磁波测距仪器先进,工作简便,测距精度高,测程远,但近年来也正在向近距离的细部测量普及,例如有很轻便的手持激光测距仪等用于近距离室内测量。因此,各种测距方法适合于不同的现场具体情况和不同的测距精度要求。

4.1　钢尺量距

4.1.1　量距工具

1.钢尺

钢尺是用钢制成的带状尺,尺的宽度 10～15 mm,厚度约 0.4 mm,长度有 30 m、50 m 等数种,钢尺可以卷放在圆形的尺壳内,也有的卷在金属的尺架上,如图 4.1(a)所示。

钢尺的基本分划为厘米,每分米及每米处刻有数字注记,全长都刻有毫米分划,如图 4.1(b)所示。

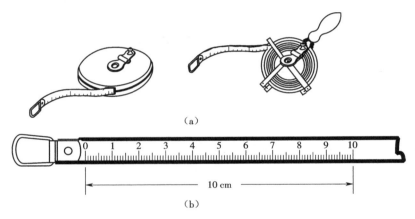

(a)

(b)

图 4.1　钢尺

2.辅助工具

丈量的辅助工具有标杆、测钎、垂球等。精密量距时,还需要弹簧秤和温度计。标杆用于定直线;测钎用于标定尺段;垂球用于不平坦地面将尺的端点投影到地面;弹簧秤用于对钢尺施加一定的拉力;温度计用于测定钢尺丈量时的温度,以便对钢尺的长度进行校正。

4.1.2　直线定线

当地面上两点之间距离较远时,用卷尺一次(一尺段)不能量完,这时,就须在直线方向上标定若干点,使各个点在同一直线上,这项工作称为直线定线。一般情况下,可用标杆目测定线,对于较远距离,须用经纬仪定线。直线定线还包括延长某一直线。

1.通视两点间定线

如图 4.2 所示,设 A、B 两点互相通视,若在 A、B 两点间的直线上标出 1、2 等点,先在 A、B 点上竖立标杆,甲站在 A 点标杆后约 1 m 处,指挥乙左右移动标杆,直到甲从 A 点沿标杆的同

一侧看到 A、2、B 三支标杆在一条直线上为止。同法可以定出直线上的其他点。在两点间目测定线,一般应由远到近,即先定 1 点,再定 2 点。定线时,乙所持标杆应竖直,利用食指和拇指夹住标杆的上部,稍微提起,利用重心在手指下使标杆自然竖直。此外,为了不挡住甲的视线,乙持标杆站立在直线方向的左侧或右侧。

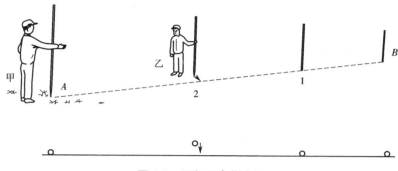

图 4.2　通视两点间定线

2. 不通视两点向定线

如图 4.3 所示,设 A、B 两点在高地的两侧,互不通视,这时可以采用逐渐趋近法定线。先在 A、B 两点竖立标杆,甲、乙两人各持标杆分别站在 C_1 和 D_1 处,甲要站在可以看到 B 点处,乙要站在可以看到 A 点处。先由站在 C_1 处的甲指挥乙移动至 BC_1 直线上的 D_1 处,然后由站在 D_1 处的乙指挥甲移动至 AD_1 直线上的 C_2 处,接着再由站在 C_2 处的甲指挥乙移动至 D_2,这样逐渐趋近,直到 C、D、B 在一直线上,同时 A、C、D 也在一直线上,则说明 A、C、D、B 在同一直线。

这种方法也可用于分别位于两座建筑物上的 A、B 两点间的定线。

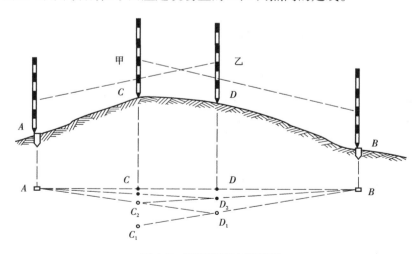

图 4.3　不通视两点间定线

3. 用经纬仪定线

1）用经纬仪在两点间定线

A、B 两点互相通视，安置经纬仪于 A 点，经过对中、整平后，用望远镜纵丝瞄准 B 点，制动照准部，望远镜可以上下转动，指挥在两点间某一点上的助手，左右移动标杆，直至标杆像被纵丝所平分。精密定线时，标杆可以用直径更小的测钎或垂球线所代替。

2）用经纬仪延长直线定线

如图 4.4 所示，如果需要将 AB 直线延长至 C 点，置经纬仪于 B 点，经对中、整平后，望远镜用盘左位置以纵丝瞄准 A 点，制动照准部，旋松望远镜制动螺旋，倒转望远镜，用纵丝定出 C' 点。望远镜以盘右位置再瞄准 A 点，制动照准部，再倒转望远镜定出 C'' 点。取 C' 与 C'' 的中点，即为精确位于 AB 直线延长线上的 C 点。这种延长直线的方法称为经纬仪正倒镜分中法。采用正倒镜分中法，可以抵消经纬仪中可能存在的视准轴误差与横轴误差对延长直线的影响。

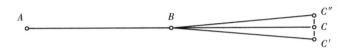

图 4.4　用经纬仪延长直线定线

4.1.3　距离丈量

用钢尺或皮尺进行距离丈量的方法基本上是相同的，以下介绍用钢尺丈量距离的方法。

钢尺量距一般需要三人，分别担任前尺手、后尺手及记录工作。在地势起伏较大地区或行人、车辆众多地区丈量时，还应增加辅助人员。丈量的方法随地面情况而有所不同。

1. 平坦地面的丈量方法

如图 4.5 所示，丈量前，先在直线两端点 A、B 处竖立标杆，丈量时，后尺手（甲）拿着钢尺的末端站立在起点 A，前尺手（乙）拿着钢尺零点一端和一束测钎沿直线方向前进，到一尺段（钢尺的长度）时，两人都蹲下，甲指挥乙将钢尺拉在 AB 直线上，不使钢尺扭曲，乙拉紧钢尺后喊"预备"，甲把尺的末端分划对准起点 A 并喊"好"，乙在听到"好"的同时，把测钎对准钢尺零点刻划垂直地插入地面（如果地面插不下测钎，也可用测钎或铅笔在地面上画线作记号），这样就完成了第一尺段的丈量。甲、乙两人抬起前进，甲到达测钎或画记号处停住，两人再蹲下，重复上述操作。量完第二段，甲拔起地上的测钎，依次前进，直到 AB 直线的最后一段，该段距离不会刚好是整尺段的长度，称为余长，丈量余长时，乙将尺的零点刻划对准 B 点，甲在钢尺上读取余长值，则 A、B 两点间的水平距离为

$$D_{AB} = n \times 尺段长 + 余长 \qquad (4.1)$$

式中：n——整尺段数。

在平坦地面，钢尺沿地面丈量的结果就是水平距离。

为了防止错误和提高丈量精度，应往返丈量。把往返丈量所得距离的差数除以该距离的概值，称为丈量的相对精度，或称相对误差。

例如，AB 的往测距离为 174.89 m，返测距离为 174.84 m，则丈量的相对精度为

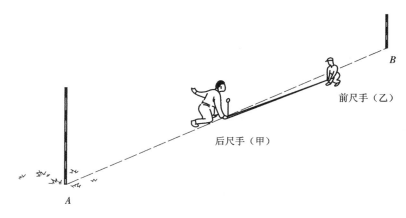

图 4.5　平坦地面距离丈量

$$\frac{往测 - 返测}{距离概值} = \frac{174.89 - 174.84}{175} = \frac{0.05}{175} = \frac{1}{3\ 500}$$

在计算相对精度时,往、返差数取其绝对值,并化成分子为 1 的分式。相对精度的分母越大,说明量距的精度越高。钢尺量距的相对精度一般不应低于 1/3 000。量距的相对精度没有超过规定,可取往、返结果的平均值作为两点间的水平距离 D。距离丈量的记录和计算见表 4.1。

表 4.1　钢尺量距记录、计算表

线段	往测		返测		往返差 /m	相对精度	往返平均 /m
	分段长 /m	总长 /m	分段长 /m	总长 /m			
AB	150		150				
	24.890	174.890	24.840	174.840	0.050	$\frac{1}{3\ 500}$	174.865
BC	120		120				
	18.886	138.886	18.904	138.904	-0.018	$\frac{1}{7\ 700}$	138.895

2. 倾斜地面的丈量方法

1）平量法

沿倾斜地面丈量距离,当地势起伏不大时,可将钢尺拉平丈量。如图 4.6(a)所示,由 A 点向 B 点丈量,甲立于 A 点,指挥乙将尺拉在 AB 方向线上。甲将尺的零端对准 A 点,乙将钢尺抬高,并且目估使钢尺水平,然后用垂球尖将尺段的末端投影到地面上,插上测钎。若地面倾斜较大,将钢尺抬平有困难时,可将一个尺段分成几个小段来平量,如图中的 ij 段。将量得各段平距相加,即得 AB 间的水平距离。

2)斜量法

如果 A、B 两点间有较大的高差,但地面坡度均匀,大致成一倾斜面,如图 4.6(b)所示,可沿地面丈量倾斜距长 S,用水准仪测定两点间的高差 h,或测量出地面倾斜角 α,再按以下列两式中的任一公式计算水平距离 D

$$D = \sqrt{S^2 - h^2} \tag{4.2}$$

$$D = S \times \cos \alpha \tag{4.3}$$

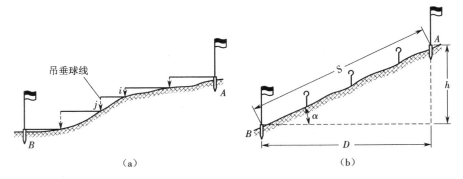

图 4.6　倾斜地面的距离丈量

3.高低不平地面的丈量方法

当地面高低不平时,为了能量得水平距离,前、后尺手同时抬高并拉紧尺子,使成悬空,并保持大致水平(如为整尺段,则中间应有一人将尺托平),用垂球把尺子端点投影到地面上,用测钎等作出标记,如图 4.7(a)所示。分别量得各段水平距离 d_i,然后取总和,得到 A、B 两点间的水平距离 D。这种方法称为水平钢尺法。

当地面高低不平并向一个方向倾斜时,可只抬高尺子的一端,用垂球投影,如图 4.7(b)所示。

4.1.4　钢尺长度检定

钢尺两端点刻划线间的标准长度称为钢尺的实际长度,尺面刻注的长度称为名义长度,其实际长度往往不等于名义长度,用这样的尺子去量距离,每丈量一整段尺长,就会使量得的结果包含一定的差值,而且这种差值是具累积性的。因此,为了要量得准确的距离,除了要掌握好量距的方法外,还必须进行钢尺检定,以求出其尺长改正值。

1.尺长方程式

钢尺受到不同的拉力,会使尺长有微小变化,故检定钢尺长度或精密量距时,拉伸尺子要用一定的拉力。一般规定:对 30 m 钢尺用 10 kg 拉力,对 50 m 钢尺用 15 kg 拉力。另外,在不同温度下,由于钢尺会热胀冷缩,其尺长也会有变化。因此,在一定的拉力下,用以温度为自变量的函数来表示尺长 l,这就是尺长方程式(简称尺方程式)

$$l = l_0 + \Delta K + \alpha \times l_0 \times (t - t_0) \tag{4.4}$$

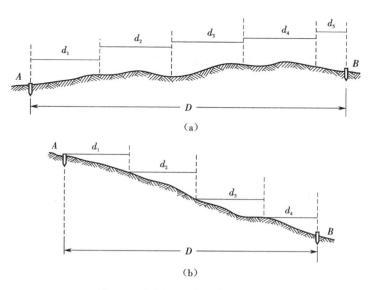

图 4.7　高低不平地面的丈量方法

式中:l_0——钢尺名义长度,m;

ΔK——尺长改正值,mm;

α——钢的膨胀系数,其值为 0.011 5 ~ 0.012 5 mm/(m·℃);

t_0——标准温度,℃,一般取 20 ℃;

t——丈量时温度,℃。

每把钢尺都应该有尺长方程式,才能得到实际长度。尺长方程式中的尺长改正值 ΔK 要经过钢尺检定,与标准长度相比较而求得。

2. 尺长检定方法

在经过人工整平后的地面上,相距 120 m(或 150 m)的直线两端点埋设固定标志,用高精度的尺子量得两标志间的精确长度作为标准长度,这种专供各种钢尺检定长度的场地称为钢尺检定场,或称比尺场。在两端点标志之间的每一尺段处,地面埋设有金属板,标明直线方向,在用钢尺丈量时,可以用铅笔按尺上端点分划画线。

钢尺检定时用弹簧秤(图 4.8)施加一定拉力,用画线法在比尺场上逐尺段丈量画线,最后一尺段读取余长。一次往返丈量称为一测回,共丈量 3 个测回。每一测回中用温度计量取地面温度,一般用水银温度计缚一材质与钢尺相同的钢片,如图 4.9,放在比尺场的地面上。

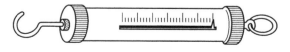

图 4.8　弹簧秤

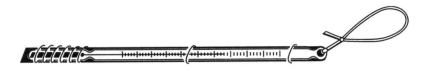

图 4.9　温度计

钢尺检定的计算见表 4.2。根据规定,钢尺检定的相对精度不应低于 1/100 000。

表 4.2　钢尺鉴定计算表

尺号:015　　　　　　　　　　钢尺名义长度:30 m　　　　　　　　钢尺的膨胀系数:0.012

测回	程序	丈量时间	温度 $t/℃$	$t-20/℃$	量得长度 /m	改正数 $\Delta t/mm$	量得长度 /m
1	往返	9:50	29.3	+9.3	119.973	+13.4	119.986 4
			29.5	+9.5	119.973	+13.7	119.986 7
2	往返		30.4	+10.4	119.970	+15.0	119.985 0
			30.5	+10.5	119.970	+15.1	119.985 1
3	往返	10:40	30.2	+10.2	119.972	+14.7	119.986 7
			31.1	+11.1	119.973	+16.0	119.989 0
平均量得长度/m	$L' = 119.986\ 5$						
标准长度/m	$L = 119.979\ 3$						
每米尺长改正	$\dfrac{L-L'}{L} = \dfrac{-7.2\ mm}{120\ m} = -0.06\ mm/m$						
30 米尺长改正	$30\ m \times (-0.06\ mm/m) = -1.8\ mm$						
尺长方程式	$l = 30\ m - 1.8\ mm + 0.36(t-20\ ℃)\ mm$						

4.1.5　钢尺量距的成果整理

钢卷尺量距的成果整理一般应包括计算每段距离(边长)的量得长度、尺长改正、温度改正和高差改正,最后算得的为经过各项改正后的水平距离。

如果距离丈量的相对精度要求不低于 1/3 000(属于较低要求)时,在下列情况下,必须进行有关项目改正:

(1)尺长改正值大于尺长的 1/10 000 时,应加尺长改正;

(2)量距时温度与标准温度相差 ±10 ℃时,应加温度改正;

(3)沿地面丈量的地面坡度大于 1% 时,应加高差改正。

现将量距成果整理时的各项计算分述如下。

1. 计算量得长度

用卷尺丈量距离时,一般为前尺手持卷尺零分划一端。因此,每丈量一次,其长度 d 应为后尺读数 a 减前尺读数 b,即

$$d = a - b \tag{4.5}$$

一般情况为丈量整尺段,后尺手将尺上末端分划对准地面标志,前尺手按尺上零分划在地面作出标志。因此其丈量长度即为卷尺的名义长度。不是整尺段丈量(例如量余长),则必须按前、后尺读数用式(4.5)计算该尺段的长度。

在一段距离(例如导线的一条边长)丈量若干尺段所得到的总长称为量得长度,按下式计算:

$$D' = \sum d_i = \sum (a_i - b_i) \tag{4.6}$$

2.尺长改正

按尺长方程式中的尺长改正值 ΔK 除以卷尺的名义长度10,可得每米尺长改正值,再乘以量得长度 D',可得该段距离的尺长改正:

$$\Delta D_K = D' \frac{\Delta K}{l_0} \tag{4.7}$$

3.温度改正

用丈量时的平均温度 t 与标准温度 t_0 之差乘以取自尺长方程式中的钢的膨胀系数 $\alpha [\alpha = 0.011\,5 \sim 0.012\,5 \ \text{mm/(m} \cdot \text{℃)}]$,再乘以量得长度 D',即得到该段距离的温度改正:

$$\Delta D_t = D' \times \alpha \times (t - t_0) \tag{4.8}$$

4.倾斜改正

在倾斜地面沿地面丈量时,用水准仪测得两端点的高差 h,则按式(4.2)可算得该段距离的倾斜改正,得到水平距离。如果沿线的地面倾斜不是同一坡度,应分段测定高差,分段进行改正。

经过各项改正后的水平距离为

$$D = D' + \Delta D_K + \Delta D_t + \Delta D_h \tag{4.9}$$

例　使用一长为30 m的钢卷尺,用标准的10 kg拉力,沿地面往返丈量 AB 边的长度。该钢尺的尺方程式为:$l = 30 \ \text{m} - 1.8 \ \text{mm} + 0.36 \times (t - 20) \ \text{mm}$。

AB 两点间的地面倾斜,用水准仪测得两端点高差 $h = 2.54 \ \text{m}$,往测丈量时的平均温度 $t = 27.4 \ \text{℃}$,返测时,$t = 27.9 \ \text{℃}$。往返丈量的量得长度及各项改正按式(4.6),式(4.7),式(4.8)计算,最后按式(4.9)计算经过各项改正后的往、返丈量的水平距离(见表4.3)。

表4.3　钢尺量距的改正计算

线段 (端点号)	量得长度 D' /m	丈量时温度 t (℃)	两端点高差 h /m	尺长改正 ΔD_K /m	温度改正 ΔD_t /m	高差改正 ΔD_h /m	改正后平距 D /m
$A-B$	234.943	27.4	2.54	-0.014 1	+0.020 9	-0.013 7	234.936
$B-A$	234.932	27.9	2.54	-0.014 1	+0.022 3	-0.013 7	234.926

根据改正后的水平距离计算往返丈量的相对精度为

$$\frac{234.936 \ \text{m} - 234.926 \ \text{m}}{235 \ \text{m}} = \frac{1}{23\,500}$$

4.1.6 钢尺量距的误差分析及注意事项

1. 量距误差分析

钢尺量距的主要误差来源有下列几种。

1）尺长误差

如果钢尺的名义长度和实际长度不符,则产生尺长误差。尺长误差是累积的,所量距离越长,误差越大。因此,新购置的钢尺必须经过检定,以求得尺长改正值。

2）温度误差

钢尺的长度随温度而变化,当丈量温度和标准温度不一致时,将产生温度误差。按照钢的膨胀系数计算,温度每变化 1 ℃,其影响长度约为 1/80 000。一般量距时,当温度变化小于 10 ℃时,可以不加改正,但在精密量距时,必须加温度改正。

3）尺子倾斜和垂曲误差

当地面高低不平而按水平钢尺法丈量距离时,若尺子没有处于水平位置或中间下垂而成曲线,将使量得的长度比实际要大。因此,丈量时,必须注意尺子水平,整尺段悬空时,中间应有人托一下尺子,否则会产生不容忽视的垂曲误差。

4）定线误差

由于丈量时尺子没有准确地放在所量距离的直线方向上,使所量距离不是直线而是一组折线,因而总是使丈量结果偏大,这种误差称为定线误差。一般丈量时,要求定线偏差不大于 0.1 m,可以用标杆目测定线。当直线较长或精度要求较高时,应利用仪器定线。

5）拉力误差

钢尺在丈量时所受拉力应与检定时拉力相同。若拉力变化 7 kg,尺长将改变 1/10 000,故在一般丈量中,只要保持力均匀即可。而对较精密的丈量工作,则需使用弹簧秤。

6）丈量误差

丈量时,若用测钎在地面上标志尺端点位置时插测钎不准,或前、后尺手配合不佳,或余长读数不准,都会引起丈量误差,这种误差对丈量结果的影响可正可负,大小不定。故在丈量中应尽力做到对点准确,配合协调。

2. 钢尺的维护

钢尺的维护主要有以下几方面:

(1) 钢尺易生锈,工作结束后,用软布擦去尺上的泥和水,涂上机油,以防生锈;

(2) 钢尺易折断,如果钢尺出现卷曲,切不可用力硬拉;

(3) 在行人和车辆多的地区量距时,中间要有专人保护,严防尺被车辆压过而折断;

(4) 不准将尺子沿地面拖拉,以免磨损尺面刻划;

(5) 收卷钢尺时,应按顺时针方向转动钢尺摇柄,切不可逆转,以免折断钢尺。

4.2 视距测量

视距测量是根据几何光学原理,利用安设在望远镜内的视距装置同时测定两点间的水平距离和高差的一种测量方法。视距测量具有操作方便、速度快、不受地面高低起伏限制等优点,但其测距精度较低。实验资料分析证明,一般视距测量的相对误差约为 1/200 ～ 1/300。因此,如测距精度要求较低时,可采用视距测量。

在一般测量仪器(经纬仪、水准仪等)的望远镜内都有视距装置。这种装置较为简单,就是在十字丝分划板上,刻有上、下对称的两条短横线,称为视距丝。

视距测量中有专用的视距标尺,也可用水准尺代替。为了能测较远的距离,经常采用的是 5 m 塔尺。为便于测远距离时读数方便,还可采用 2 cm 分划的标尺。

4.2.1　视距测量原理

1. 视准轴水平时的视距测量公式

如图 4.10 所示,欲测定 A、B 两点间的水平距离 S 及高差 h,在 A 点安置仪器,B 点竖立视距标尺。望远镜视准轴水平时,照准 B 点时的视距标尺视线与标尺垂直交于 Q 点。若尺上 M、N 两点成像在十字丝分划板上的两根视距丝 M、N 处,则标尺上 MN 长度可由上、下视距丝读数之差求得。上、下视距丝读数之差称为尺间隔。

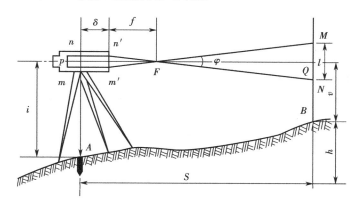

图 4.10　视准轴水平时的视距测量

在图 4.10 中,l 为尺间隔,p 为视距丝间距,f 为物镜焦距,δ 为物镜到仪器中心的距离。由相似三角形 $m'n'F$ 与 MNF 得

$$\frac{FQ}{l} = \frac{f}{p}$$

即

$$FQ = \frac{f}{p} \cdot l$$

由图看出

$$S = FQ + f + \delta$$

令

$$\frac{f}{p} = K$$

$$f + \delta = c$$

则

$$S = Kl + c \tag{4.10}$$

式中:K——乘常数;

c——加常数。

目前测量常用的望远镜,在设计制造时,已使 $K=100$。对于常用的内对光测量望远镜来说,若适当地选择透镜的半径、透镜间的距离以及物镜到十字丝平面的距离,就可以使 c 趋近于零。因此式(4.10)可写成

$$S = Kl = 100l \qquad (4.11)$$

因目前常用的测量仪器上的望远镜都是内对光的,故在以后有关的视距问题讨论中,都是以 $c=0$ 为前提来分析的。

由图 4.10 还可写出求高差公式为

$$h = i - v \qquad (4.12)$$

式中:i——仪器高,即由地面点标志顶至仪器横轴的铅垂距离;

v——目标高,即为望远镜十字丝在标尺上的中丝(横丝)读数。

由图可以看出

$$\tan \frac{\varphi}{2} = \frac{\frac{p}{2}}{f} = \frac{1}{2\frac{f}{p}} = \frac{1}{2K} = \frac{1}{200}$$

所以 $\varphi = 0°34'22.6''$。

由于仪器制造时 φ 值已定,因此,这种用定角 φ 来测定距离的方法又称定角视距。

2. 视准轴倾斜时的视距测量公式

在地面起伏较大的地区进行视距测量时,必须使视准轴处于倾斜状态才能在标尺上读数,如图 4.11 所示。

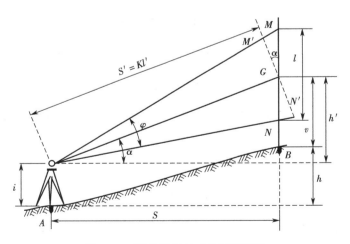

图 4.11 视准轴倾斜时的视距测量

由于标尺立在 B 点,它与视线不垂直,故不能用式(4.11)计算距离。设想将标尺绕 G 点旋转一个角度 α(等于视线的倾角),则视线与视距标尺的尺面垂直。于是,即可依式(4.11)求出斜距 S',即

$$S' = Kl'$$

式中的 $M'N' = l'$ 无法测得,但由图 4.11 中可以看出 $MN = l$,与 l' 存在着一定的关系,即

$$\angle MGM' = \angle NGN' = \alpha$$

$$\angle MM'G = 90° + \frac{\varphi}{2}$$

$$\angle NN'G = 90° - \frac{\varphi}{2}$$

式中,$\varphi/2 = 0°17'11.3''$,角值很小,故可近似地认为 $\angle MM'G$ 和 $\angle NN'G$ 是直角。
于是

$$M'G = MG \times \cos \alpha$$

即　$\frac{1}{2}l' = \frac{1}{2}l\cos \alpha$

$$N'G = NG \times \cos \alpha$$

即　$\frac{1}{2}l' = \frac{1}{2}l\cos \alpha$

$$l' = l\cos \alpha$$

代入公式(4.11)得

$$S = S'\cos \alpha = Kl \cos^2 \alpha \tag{4.13}$$

由图 4.11 可以看出,A、B 的高差为

$$h = h' + i - v$$

h' 称初算高差,可由下式计算

$$h' = S' \times \sin \alpha = K \times l \times \cos \alpha \times \sin \alpha = \frac{1}{2}K \times l \times \sin 2\alpha$$

而

$$h = \frac{1}{2}K \times l \times \sin 2\alpha + i - v \tag{4.14}$$

在视距测量实际工作中,一般尽可能使目标高 v 等于仪器高 i,以简化高差 h 的计算。

式(4.13)和式(4.14)为视距测量的普遍公式,当视线水平、竖直角 $\alpha = 0$ 时,即为式(4.11)和式(4.12)。

4.2.2　测定视距乘常数的方法

用内对光望远镜进行视距测量,计算距离和高差时都要用到乘常数 K,因此,K 值正确与否,直接影响测量精度。虽然 K 值在仪器设计制造时已定为 100,但在仪器使用或修理过程中,K 值可能发生变动。因此,在进行视距测量之前,必须对视距乘常数进行测定。

K 值的测定方法,如图 4.12 所示。在平坦地区选择一段直线 AB,在 A 点打一木桩,并在该点上安置仪器。从 A 点起沿 AB 直线方向,用钢尺精确量出 50 m、100 m、150 m、200 m 的距离,得 P_1、P_2、P_3、P_4 点并在各点以木桩标出点位。在木桩上竖立标尺,每次以望远镜水平视线,用视距丝读出尺间隔 l。通常用望远镜盘左、盘右两个位置各测两次取其平均值,这样就测得四组尺间隔,分别取其平均值,得 l_1、l_2、l_3 和 l_4。然后依公式 $K = S/l$ 求出按不同距离所测定

的 K 值,即

$$K_1 = \frac{50}{l_1}, \quad K_2 = \frac{100}{l_2}, \quad K_3 = \frac{150}{l_3}, \quad K_4 = \frac{200}{l_4}$$

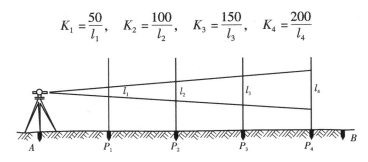

图 4.12　测定视距乘常数

最后用下式计算各 K 值平均值,即为测定的视距乘常数

$$K = \frac{K_1 + K_2 + K_3 + K_4}{4}$$

视距乘常数测定记录和计算列于表4.4。

表 4.4　视距乘常数测定记录和计算

距离 S_i			50	100	150	200
盘 左	1	下	1.751	2.002	2.251	2.505
		上	1.250	1.000	0.750	0.500
		下－上	0.501	1.002	1.501	2.005
	2	下	1.751	2.000	2.252	2.506
		上	1.249	1.000	0.749	0.499
		下－上	0.502	1.000	1.503	2.007
盘 右	3	下	1.753	2.005	2.255	2.510
		上	1.252	1.004	0.755	0.508
		下－上	0.501	1.001	1.500	2.002
	4	下	1.753	2.005	2.257	2.512
		上	1.253	1.004	0.755	0.507
		下－上	0.500	1.001	1.502	2.005
尺间隔平均值 K_i			0.501 0	1.001 0	1.501 5	2.004 8
			99.80	99.90	99.90	99.76
视距乘常数 K 的平均值　$K = 99.84$						

若测定的 K 值不等于100,在1:5 000 比例尺测图时,其差数不应超过 ± 0.15;在1:1 000、1:2 000 比例尺测图时,不应超过 ± 0.1。若在允许范围内仍可将 K 当100,否则可用测定的 K 值代替100来计算水平距离和高差之值。这在目前广泛使用电子计算器的条件下,也是方便的。另外,还可编制改正数表进行改正计算。

4.3　光电测距

电磁波测距是用电磁波(光波或微波)作为载波传输测距信号以测量两点间距离的一种方法。与传统的量距工具和方法相比,电磁波测距具有精度高、作业快、几乎不受地形限制等优点。

电磁波测距的仪器按其所采用的载波可分为:①用微波段的无线电波作为载波的微波测距仪;②用激光作为载波的激光测距仪;③用红外光作为载波的红外光测距仪(通称红外测距仪)。后两者又总称为光电测距仪。微波测距仪和激光测距仪多用于长程测距,测程可达数十千米,一般用于大地测量。红外测距仪用于中、短程测距,一般用于小地区控制测量、地形测量、房地产测量和建筑施工测量。也有轻便的激光测距仪,用于较短距离测量,如室内量距。

目前,电磁波测距仪已经与电子经纬仪合并为一体,称为全站型电子速测仪,简称全站仪,它能同时完成测角和测距任务。

下面主要介绍红外测距仪的基本工作原理和用全站仪测量距离的方法。

4.3.1　光电测距仪的工作原理

光电测距仪的工作原理是利用已知光速 C,测定它在两点间的传播时间 t,用以计算距离。如图 4.13 所示,欲测定 A、B 两点间的距离时,将一台发射和接收光波的测距仪主机放在一端 A 点,另一端点 B 放反射棱镜,则其距离 S 可按下式计算:

$$S = \frac{1}{2}Ct \tag{4.15}$$

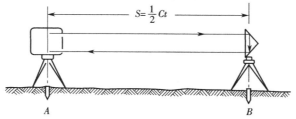

图 4.13　光电测距仪的工作原理

A、B 二点一般并不同高,光电测距测定的为斜距 S。再通过垂直角观测,将斜距归算为平距 D 和高差 h。光在真空中的传播速度(光速)是一个重要的物理量,通过近代的科学实验,迄今所知的光速的精确数值为 $C_0 = (299\ 792\ 458 \pm 1.2)\,\mathrm{m/s}$。光在大气中的传播速度为

$$C = \frac{C_0}{n} \tag{4.16}$$

式中:n——大气折射率。

n 是光的波长 λ_g、大气温度 t 和大气气压 p 等的函数,即

$$n = f(\lambda_g, t, p) \tag{4.17}$$

红外测距仪采用砷化镓(GaAs)发光二极管发出的红外光作为光源,其波长 $\lambda_g = 0.82 \sim$ 0.93 μm(作为一架具体的红外测距仪,则为一定值)。由于影响光速的大气折射率随大气的温度、气压而变,因此,在光电测距作业中,必须测定现场的大气温度和气压,对所测距离作气象改正。

光速是接近于 3×10^8 m/s 的已知数,其相对误差甚小,测距的精度决定于测定时间 t 的精度。例如,利用先进的电子脉冲计数,能精确测定到 $\pm 10^{-8}$ s,但由此引起的测距误差为 ± 1.5 m。为了进一步提高光电测距的精度,必须采用精度更高的间接测时手段——相位法测时,据此测定距离称为相位式测距。相位式光电测距的原理为:采用周期为 T 的高频电振荡对测距仪的发射光源(红外测距仪则采作砷化镓发光二极管)进行连续的振幅调制,使光强随电振荡的频率周期地明暗变化(每周相位 φ 的变化为 $0 \sim 2\pi$),如图 4.14 所示。调制光波(调制信号)在待测距离上往返传播,使在同一瞬时发射光与接收光产生相位移(相位差)φ,如图 4.15 所示。根据相位差间接计算出传播时间,从而计算距离。

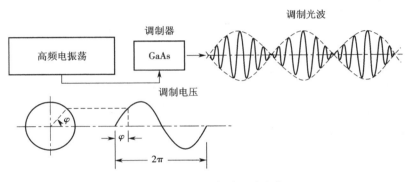

图 4.14　频率周期地明暗变化

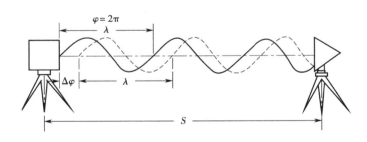

图 4.15　相位差

设调制信号的频率为 f(每秒振荡次数),则其周期 $T = 1/f$(每振荡一次的时间,s),则调制光的波长为

$$\lambda = C \times T = \frac{C}{f} \tag{4.18}$$

因此

$$C = \lambda f = \frac{\lambda}{T} \tag{4.19}$$

调制光波在往返传播时间内，调制信号的相位变化了 N 个整周（NT）及不足一个整周的尾数 ΔT，即

$$t = N \times T + \Delta T$$

由于一个周期中相位差的变化为 2π，不足一整周的相位差尾数为 $\Delta\varphi$，因此

$$\Delta T = \frac{\Delta\varphi}{2\pi} \times T \qquad\qquad (4.20)$$

$$t = T\left(N + \frac{\Delta\varphi}{2\pi}\right) \qquad\qquad (4.21)$$

将式（4.19）、式（4.21）代入式（4.15），得到相位式光电测距的基本公式

$$S = \frac{\lambda}{2}\left(N + \frac{\Delta\varphi}{2\pi}\right) \qquad\qquad (4.22)$$

由此可见，相位式光电测距的原理和钢卷尺量距相仿，相当于用一支长度为 $\lambda/2$ 的"光尺"来丈量距离，N 为整尺段数，$\frac{\lambda}{2} \times \frac{\Delta\varphi}{2\pi}$ 为余长。

由于对于某种光源的波长 λ_g，在标准气象状态下（一般取气温 $t = 15$ ℃，气压 $p = 101.3$ kPa）的光速可以算得（参看式（4.18）、式（4.19）），因此，调制光的光尺长度可以由调制信号的频率 f 来决定。如，近似地取光速 $C = 3 \times 10^8$ m/s，则调制频率 f 与调制光光尺长度 $\lambda/2$ 的关系如表 4.5 所示。

表 4.5　调制频率 f 与调制光光尺长度 $\lambda/2$ 的关系

调制频率 f	15 MHz	7.5 MHz	1.5 MHz	150 kHz	75 kHz
光尺长度 $\dfrac{\lambda}{2}$	10 m	20 m	100 m	1 km	2 km

由此可见，调制频率决定光尺长度。当仪器在使用过程中，由于电子组件老化等原因，实际的调制频率与设计的标准频率有微小变化时，有如尺长误差会影响所测距离，其影响与距离的长度成正比。经过测距仪的检定，可以得到改正距离用的比例数，称为测距仪的乘常数 R。必要时，在测距计算时加以改正。

在测距仪的构件中，用相位计按相位比较的方法只能测定往返调制光波相位差的尾数 $\Delta\varphi$，而无法测定整周数 N，因此，使式（4.22）产生多值解，只有当待测距离小于光尺长度时，才能有确定的数值。另外，用相位计一般也只能测定 4 位有效数值。因而在相位式测距仪中有两种调制频率、两种光尺长度。如 $f_1 = 15$ kHz。$\lambda_1/2 = 10$ m（称为精尺），可以测定距离尾数的米、分米、厘米、毫米数；$f_2 = 150$ kHz，$\lambda_2/2 = 1\,000$ m（称为粗尺）可以定百米、十米、米数。这两种尺子联合使用，可以测定 1 km 以内的距离值。

由于电子信号在仪器内部线路中通过也需要一定的时间，这就相当于附加了一段距离。因此，测距仪内部还设置了内光路，借活动的内光路棱镜使发射信号经过光导管，直接在仪器内部回到接收系统。通过相位计比相，可以测定仪器内部线路的长度，称为内光路距离。所要测定的两点间距离应为外光路距离与内光路距离之差。经过计算，显示两点间距离的数值。

由于电子组件的老化和反射棱镜的更换等原因,往往使仪器显示距离与实际距离不一致,而存在一个与所测距离长短无关的常数差,称为测距仪的加常数 C。通过测距仪的检定,可以求得加常数 C,必要时,在测距计算中加以改正。

4.3.2 全站仪的距离测量方法

图 4.16 所示为拓普康 GTS – 336 全站仪外形,该仪器能自动进行水平和垂直倾斜改正,补偿范围为 $\pm 3'$,其最小读数为 $1''$,测角精度为 $6''$。测距最小读数为 1 mm,测距精度为 $\pm(2\ \text{mm} + 2 \times 10^{-6} \times D)$,单棱镜测程为 3 000 m。

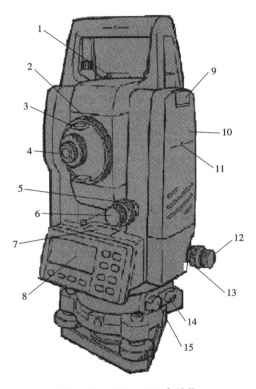

图 4.16 GTS – 336 全站仪

1—粗瞄准器;2—望远镜调焦螺旋;3—望远镜把手;4—目镜;5—垂直自动螺旋;
6—垂直微动螺旋;7—管水准器;8—显示屏;9—电池锁紧杆;10—机载电池 BT –
52QA;11—仪器中心标志;12—水平微动螺旋;13—水平自动螺旋;14—外接电源
接口;15—串行信号接口

全站仪测距时还需要配备棱镜、气压表、温度计等(见图 4.17)。棱镜用于反射电磁波,气压表测得的气压和温度计测得的温度用于对测量的距离加入气象改正数。全站仪均有两面操作按键及显示窗,图 4.18 为 GTS – 336 显示屏及按键,各按键名称与功能见表 4.6。其距离(斜距、平距、高差)测量如表 4.7 所示。

下面仅对距离测量功能的基本操作予以介绍。

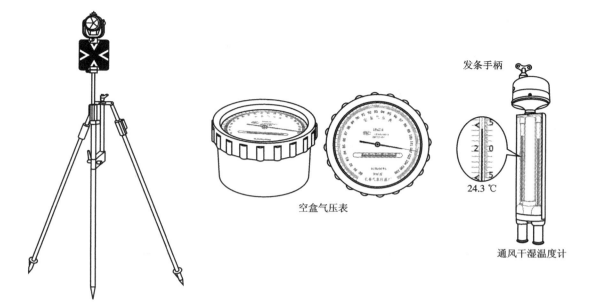

发条手柄

空盒气压表

24.3 ℃

通风干湿温度计

图 4.17 棱镜、气压表、温度计

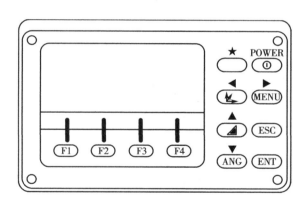

图 4.18 GTS - 336 全站仪显示屏

表 4.6 GTS - 336 型全站仪按键名称与功能

键	名 称	功 能
★	星键	星键模式用于如下项目的设置或显示:①显示屏对比度;②十字丝照明;③背景光;④倾斜改正;⑤定线点指示器(仅适用于有定线点指示器类型);⑥设置音响模式
📈	坐标测量键	坐标测量模式
📐	距离测量键	距离测量模式
ANG	角度测量键	角度测量模式

键	名　　称	功　　能
POWER	电源键	电源开关
MENU	菜单键	在菜单模式和正常测量模式之间切换,在菜单模式下可设置应用测量与照明调节、仪器系统误差改正
ESC	退出键	返回测量模式或上一层模式 从正常测量模式直接进入数据采集模式或放样模式 也可用作为正常测量模式下的记录键
ENT	确认输入键	在输入值末尾按此键
F1 ~ F4	软键(功能键)	对应于显示的软键功能信息

表 4.7　距离测量模式

页数	软键	显示符号	功　　能
1	F1	测量	启动测量
	F2	模式	设置测距模式:精测/粗测/跟踪
	F3	S/A	设置音响模式、设置棱镜常、设置大气改正值等
	F4	P1	显示第2页软键功能
2	F1	偏心	偏心测量模式
	F2	放样	放样测量模式
	F3	m/f/i	米、英尺或者英尺、英寸单位的变换
	F4	P2	显示第1页软键功能

当全站仪在开机状态(以 GTS－336 型全站仪为例),按██键后即进入距离测量模式,其显示屏如图4.19,距离测量的步骤如下。

HR:	120°	30′	40″
HD *			65.432 m
VD:			12.345 m
测量	模式	S/A	P1↓

图 4.19　全站仪距离测量显示内容

1)设置棱镜常数

测距前必须将所要使用的棱镜常数输入仪器中,仪器会自动对所测距离进行改正。可按 F3 键(S/A)后进行棱镜常数的设置。

2)设置大气改正值或气温、气压值

光在大气中的传播速度会随大气的温度和气压而变化,15 ℃和 760 mmHg 是仪器设置的一个标准值,此时的大气改正为 0。实测时,可输入温度和气压值,全站仪会自动计算大气改正值(也可直接输入大气改正值),并对测距结果进行改正。大气改正值或气温、气压值的设置同样按 F3 键(S/A)后进行设置操作。

3）测量距离

照准目标棱镜中心，按 F1（测量）键，距离测量开始，测距完成时可显示斜距（SD）、平距（HD＊）、高差（VD）。

全站仪的测距模式有精测模式、跟踪模式、粗测模式三种。精测模式是最常用的测距模式，测量时间约 2.5 s，最小显示单位 1 mm；跟踪模式常用于跟踪移动目标或放样时连续测距，最小显示一般为 1 cm，每次测距时间约 0.3 s；粗测模式测量时间约 0.7 s，最小显示单位 1 cm 或 1 mm。在距离测量或坐标测量时，可按 F2（模式）键选择不同的测距模式。

应注意，在全站仪中没有设定仪器高和棱镜高时，显示的高差值是全站仪横轴中心与棱镜中心的高差。只有当量完仪器高、棱镜高且将其输入全站仪后，测量所显示的高差才是测站点和棱镜点的真正高差。

4.3.3 光电测距成果整理

测距时所得一测回或几测回的距离读数平均值 S' 为野外测得的斜距，还必须经过改正，才能得到两点间正确的水平距离。

1. 测距仪常数改正

将测距仪在若干条标准长度上（如六段法）进行鉴定，可以获得测距仪的乘常数 R 和加常数 C。

距离的乘常数改正与所测距离的长度成正比，乘常数改正的单位取 mm/km。距离的乘常数改正值为

$$\Delta S_R = RS' \tag{4.23}$$

例如，测得斜距 $S' = 816.350$ m，$R = +6.3$ mm/km，则 $\Delta S_R = 6.3 \times 0.816 = +5$ mm。

距离的加常数改正值 ΔS_C 与距离的长短无关，即

$$\Delta S_C = C \tag{4.24}$$

例如，$C = -8.2$ mm，则 $\Delta S_C = -8$ mm。

2. 气象改正

影响光速的大气折射率 n 为光的波长 λ_g、气温 t 和气压 p 的函数。对于某一型号的测距仪，采用一定的光源，λ_g 为一定值。因此，根据距离测量时测定的气温及气压，可以计算距离的气象改正。距离的气象改正与距离的长度成正比，因此，仪器的气象改正参数 A 也相当于一个乘常数，其单位取 mm/km，在仪器说明书中给出 A 的计算式。

例如 REDmini2 测距仪以 $t = 15$ ℃，$p = 101.3$ kPa（1 mmHg = 133.322 Pa，1 Pa = 1 N/m²）为标准状态，此时，$A = 0$，在一般大气状态下，则有

$$A = \left(278.96 - \frac{2.904p}{1 + 0.003\,661t}\right) \text{mm/km} \tag{4.25}$$

由于 1 kPa = 7.5 mmHg，因此，如果汞高为气压 p 的单位时，则

$$A = \left(278.96 - \frac{0.387\,2p}{1 + 0.003\,661t}\right) \text{mm/km} \tag{4.26}$$

距离的气象改正值为

$$\Delta S_A = AS' \tag{4.27}$$

例如,观测时,$t = 30$ ℃,$p = 98.67$ kPa,则 $A = +21$ mm/km,对于斜距 $S' = 816.350$ m,则

$$S' = +21 \text{ mm/km} \times 0.186 \text{ km} = +17 \text{ mm}$$

3.改正后的斜距和平距、高差计算

斜距观测值 S' 经过乘常数改正、加常数改正和气象改正后,得到改正后的斜距

$$S = S' + \Delta S_R + \Delta S_C + \Delta S_A \tag{4.28}$$

两点间的平距 D 和两点间测距仪和棱镜的高差 h' 是斜距在水平和垂直方向的分量,由经纬仪测定斜距方向的垂直角为 α,因此

$$D = S \cdot \cos \alpha \tag{4.29}$$

$$h' = s \cdot \sin \alpha \tag{4.30}$$

4.3.4 光电测距的精度分析和注意事项

1.光电测距的误差来源

1)调制频率误差

由式(4.18)和式(4.22)可得

$$S = \frac{C}{2f}\left(N + \frac{\Delta\varphi}{2\pi}\right) \tag{4.31}$$

对上式中的距离 S 及仪器的调制频率 f 进行微分,可得

$$\frac{dS}{S} = -\frac{df}{f} \tag{4.32}$$

上式说明频率的相对误差使测定的距离产生相同的相对误差,因而距离误差的大小与距离的长度成正比。由于仪器使用中电子组件的老化,会使原来设计的标准频率发生变化,因此,通过测距仪鉴定、测定乘常数 R,对距离进行改正,主要就是为了消除或减小仪器的调制频率误差。测距时,是否需要进行这项改正,视测距所需要的精度及乘常数的大小而定。

2)气象参数误差

测距时测定的气象参数为大气温度 t 及气压 p。根据式(4.25)或式(4.26),可以计算出:测定气温的每 1 ℃ 的误差或测定气压时每 0.4 kPa 或 3 mmHg 的误差,对于 1 km 的距离,将产生 1 mm 的误差。因此,气象参数的测定并进行改正只有在参数与标准状态相差很大时才有必要。大气温度不容易测得很准确,因此,在精密测距时,成为不容忽视的误差来源。

3)仪器对中误差

光电测距是测定测距仪中心至棱镜中心的距离,因此,仪器和棱镜的对中误差有多大,测距的影响也有多大。对中误差的大小与距离的长短无关,因此,对于短距离的情况,尤其应注意仪器及棱镜的对中精度,一般要求用光学对中器对中,使此项误差不大于 2 mm。

4)测相误差

从相位式测距的原理及其基本公式(4.22)中知道,无论距离长短,均从测定参考信号和测距信号的相位差中间接推算出距离,而测定相位差是有一定的误差的。测相误差包括自动

数字测相系统的误差和测距信号在大气传输中的信噪比误差等(信噪比为接收到的测距信号强度与大气中杂散光的强度之比)。前者决定于测距仪的性能和精度,后者决定于测距时的自然环境,例如空气的透明程度、干扰因素的多少、视线离地面及障碍物的远近等。测相误差对测距的影响与距离的长短基本无关。

2. 光电测距的精度

根据以上对光电测距误差来源的分析,知道有一部分误差(例如测相误差等)对测距的影响与距离的长短无关,称为常误差(固定误差),表示为 a;而另一部分误差(例如气象参数测定误差等)对测距的影响与斜距的长度 s 成正比,称为比例误差,其比例系数为 b。因此,光电测距的中误差为 m_s(又称测距仪的标称精度),以下式表示

$$m_s = \pm(a + bs) \tag{4.33}$$

式中,比例系数 b 一般以百万分率表示,即 b 的单位为 mm/km。例如,表 4.7 中所列举的各种测距仪的测距中误差为 $\pm(5\ \text{mm} + 5 \times 10^{-6})$,即相当于上式中 $a = 5$ mm,$b = 5$ mm/km,此时,s 的单位为 km。

3. 光电测距的注意事项

(1)光电测距仪属于贵重仪器,在其运输、携带、装卸、操作过程中,都必须十分注意。在运输和携带中,要防震、防潮;在装卸和操作中,要连接牢固,电源插接正确,严格按操作程序使用仪器;搬站时,仪器必须装箱。

(2)在有阳光的天气,必须撑伞保护仪器;在通电作业时,严防阳光及其他强光直射接收物镜,避免损坏接收系统中的光敏二极管。

(3)设置测站时,要避免强电磁场的干扰,例如,不宜在变压器、高压线附近设站。

(4)气象条件对光电测距有较大的影响。在强烈的阳光下而视线又靠近地面时,往往使望远镜中成像晃动剧烈,此时,应停止观测。在高温(35 ℃以上)天气下连续作业对仪器有损害。微风的阴天是观测的良好时机。

复习与思考题

1. 距离测量的主要作用是什么?

2. 直线定线的主要方法和步骤是什么?

3. 视距测量的基本原理是什么?

4. 三角高程测量的基本原理是什么?

5. 三角高程测量的外业观测步骤有哪些?

6. 钢尺量边的步骤有哪些?

7. 完成下列计算:已知尺长方程:$S_t = 50 - 0.007\ 9 + 0.000\ 012\ 5 \times 50(t - 20\ ℃)$,量距斜长 46.563 m,倾角 20°23′12″,量距时的温度 26 ℃,求测段实际长度。

8. 影响三角高程测量精度的因素有哪些?

第5章 全站仪的使用

【学习目标】

序号	知识目标	能力目标	权重
1	能够正确陈述全站仪的测量内容		0.1
2	能够正确陈述全站仪角度测量的方法	能够操作全站仪进行角度测量	0.3
3	能够正确陈述全站仪距离测量的方法	能够操作全站仪进行距离测量	0.3
4	能够基本正确陈述全站仪的其他测量功能	能够操作全站仪进行悬高测量、对边测量、偏测量、面积测量等	0.3
总　　计			1.0

【教学准备】

全站仪、角度记录表、距离记录表、测量照片等。

【教学建议】

在测绘实训基地,采用集中讲授、动态教学、分组实训等方法教学。

【建议学时】

8学时(其中实训4学时)

5.1 TOPCON GPT-3100N 全站仪简介

5.1.1 TOPCON GPT-3102 全站仪简介

由于具有较好的性价比,TOPCON(拓普康)全站仪深受广大测绘工作者的喜爱。其中,TOPCOH GPT-3102全站仪可灵活应用在城市测量、森林测量、采石场测量、矿山测量等方面。

GPT-3102N全站仪机身小,画面大,全中文显示,具有定线点引导功能。内置道路测设软件,操作便捷。防尘等级为IP66级,装备长效电池(BT-52QA),作业时间约10 h。

5.1.2 技术指标

TOPCON GPT-3102全站仪是新近上市的全站仪,其外形如图5.1所示,其组成如图5.2所示。其主要技术指标为如下。

图 5.1　TOPCON GPT – 3102 全站仪外形

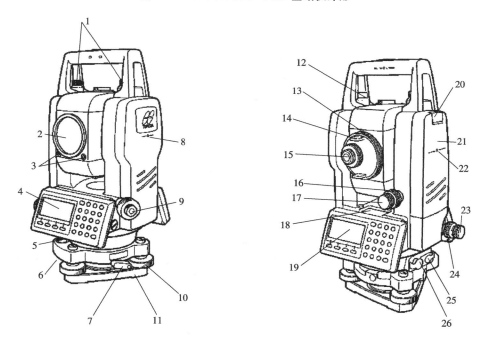

图 5.2　TOPCON GPT – 3102 全站仪组成

1—提手固定螺旋;2—物镜,激光指示器,激光孔径;3—定线点指示器;4—显示屏(GPT – 3102N/3103N/3105N);5—圆水准器;6—圆水准器校正螺旋;7—基座固定钮;8—仪器中心标志;9—光学对中器;10—整平脚螺旋;11—底板;12—粗瞄准器;13—望远镜调焦螺旋;14—望远镜把手;15—目镜;16—垂直制动螺旋;17—垂直微动螺旋;18—管水准器;19—显示屏;20—电池锁紧杆;21—机载电池 BT – 52QA;22—仪器中心标志;23—水平微动螺旋;24—水平制动螺旋;25—外接电源接口;26—串行信号接口

　　注:光学对中器 9 仅适用于光学对中类型。

测角精度:2 s,最小计数 1 s。

测距精度:2 mm ± 2×10^{-6} · D。

测程:单棱镜 3 000 m,双棱镜 350 m。

键盘:双面全中文数字键。

内存:24 000 个测量点的存储容量。

5.1.3 TOPCON GPT – 3102 全站仪面板

TOPCON GPT – 3102 全站仪面板如图 5.3 所示,按键名称与功能如表 5.1 所示。

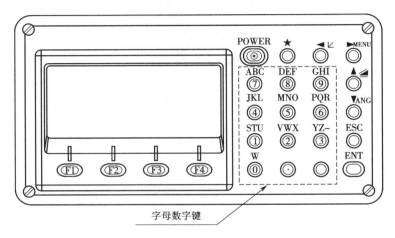

图 5.3 TOPCON GPT – 3102 全站仪面板

表 5.1 TOPCON GPT – 3102 全站仪按键名称及功能

键	名 称	功 能
★	星键	星键模式用于如下项目的设置或显示:①显示屏对比度;②十字丝照明;③背景光;④倾斜改正;⑤定线点指示器(仅适用于有定线点指示器类型);⑥设置音响模式
↗	坐标测量键	坐标测量模式
◢	距离测量键	距离测量模式
ANG	角度测量键	角度测量模式
POWER	电源键	电源开关
MENU	菜单键	在菜单模式和正常测量模式之间切换,在菜单模式下可设置应用测量与照明调节,仪器系统误差改正

键	名　称	功　能
ESC	退出键	·返回测量模式或上一层模式 ·从正常测量模式直接进入数据采集模式或放样模式 ·也可用作正常测量模式下的记录键 设置退出键功能的方法参见"选择模式"
ENT	确认输入键	在输入值之后按此键
F1～F4	软键(功能键)	对应于显示的软键功能信息

5.1.4　TOPCON GPT - 3102 全站仪显示符号及其内容

TOPCON GPT - 3102 全站仪显示符号及其内容如表5.2所示。

表 5.2　TOPCON GPT - 3102 显示符号及其内容

显　示	内　容	显　示	内　容
V%	垂直角(坡度显示)	E	东向坐标
HR	水平角(右角)	Z	高程
HL	水平角(左角)	*	EDM(电子测距)正在进行
HD	水平距离	m	以米为单位
VD	高差	f	以英尺/英尺与英寸为单位
SD	倾斜距离	NP	切换棱镜/无棱镜模式
N	北向坐标	⊞	激光发射标志

5.1.5　星键模式

全站仪"★"键模式在全站仪操作过程中,按下"★"键后面板如图5.4,可以进行以下设置:

(1)调节显示屏的对比度(0～9级);

(2)调节十字丝照明亮度(1～9级);

(3)显示屏照明开关;

(4)选择是否采用免棱镜模式;

(5)选择激光指示灯的打开/闪烁/关闭;

(6)选择激光对中器的开/关;

(7)设置倾斜改正;

(8)定线点提示灯开关(可用于放样);

图 5.4　TOPCON GPT - 3102

(9)设置音响模式。

其中,各设置项的按键、显示符号和功能如表5.3。

表5.3 TOPCON GPT-3102"★"键模式

键	显示符号	功　能
F1	⊗	显示屏背景光开/关
F2	NP/P	无棱镜/棱镜模式切换
F3	⊞	激光指示器打开/闪烁/关闭
F4	 ◀⋮⋮⋮	激光指示器开/关(仅适用于有激光对中器的类型)
F1	⋯	—
F2	 ⬭⊗	设置倾斜改正,若设置为开,则显示倾斜改正值
F3	●●	定线点指示器开/关
F4	 ⤳PPM	显示 EDM 回光信号强度(信号)、大气改正值(PPM)和棱镜常数值
▲或▼	◖⇕	调节显示屏对比度(0~9级)
◀或▶	●◖	调节十字丝照明亮度(1~9级) 十字丝照明开关和显示屏背景光开关是联通的

5.2 全站仪角度测量

5.2.1 角度测量按键操作

角度测量按键功能如表5.4所示。

表5.4 角度测量按键功能

页　码	软　键	显示符号	功　能
P1	F1	置零	水平角置为0°00′00″
	F2	锁定	水平角读数锁定
	F3	置盘	通过键盘输入数字设置水平角
	F4	P1	显示第2页软键功能
P2	F1	倾斜	设置倾斜改正开或关,若选择开,则显示改正值
	F2	复测	角度重复测量模式
	F3	V%	垂直角百分比坡度(%)显示
	F4	P2	显示第3页软键功能

续表

页　码	软　键	显示符号	功　能
P3	F1	H – 蜂鸣	仪器每转动水平角 90°是否发出蜂鸣声的设置
	F2	R/L	水平角右/左计数方向的转换
	F3	竖角	垂直角显示格式(高度角/天顶距)的切换
	F4	P3	显示第 1 页软键功能

5.2.2　TOPCON GPT – 3102 全站仪的角度测量模式

TOPCON GPT – 3102 全站仪的角度测量模式显示内容如图 5.5 所示。

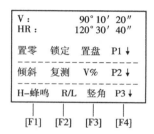

图 5.5　TOPCON GPT – 3102 全站仪角度测量模式显示内容

5.3　全站仪距离测量

5.3.1　距离测量按键操作

距离测量按键功能如表 5.5 所示。

表 5.5　距离测量按键功能

页　码	按　键	显示符号	功　能
P1	F1	测量	启动距离测量
	F2	模式	设置测距模式:精测/粗测/跟踪
	F3	NP/P	无/有棱镜模式功能
	F4	P1	显示第 2 页软键功能
P2	F1	偏心	偏心测量模式
	F2	放样	放样测量模式
	F3	S/A	设置音响模式
	F4	P2	显示第 3 页软键功能
P3	F2	m/f/i	米、英尺或者英尺、英寸单位的变换
	F4	P3	显示第 1 页软键功能

5.3.2　TOPCON GPT – 3102 全站仪的距离测量模式

TOPCON GPT – 3102 全站仪的距离测量模式显示内容如图 5.6 所示。

图 5.6　TOPCON GPT – 3102 全站仪距离测量模式显示内容

5.4　全站仪坐标测量

5.4.1　坐标测量按键操作

坐标测量按键功能如表 5.6 所示。

表 5.6　坐标测量按键功能

页　码	软　键	显示符号	功　能
P1	F1	测量	开始测量
	F2	模式	设置测量模式,精测/粗测/跟踪
	F3	NP/P	无/有棱镜模式切换
	F4	P1	显示第 2 页软键功能
P2	F1	镜高	输入棱镜高
	F2	仪高	输入仪器高
	F3	测站	输入测站点(仪器站)坐标
	F4	P2	显示第 3 页软键功能
P3	F1	偏心	偏心测量模式
	F2	m/f/i	米、英尺或者英尺、英寸单位的变换
	F3	S/A	设置音响模式
	F4	P3	显示第 1 页软键功能

5.4.2　TOPCON GPT-3102 全站仪的坐标测量模式

TOPCON GPT-3102 全站仪的坐标测量模式显示内容如图 5.7 所示。

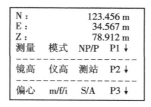

```
N :              123.456 m
E :               34.567 m
Z :               78.912 m
测量    模式   NP/P   P1 ↓
------------------------------
镜高    仪高   测站   P2 ↓
------------------------------
偏心    m/f/i  S/A    P3 ↓
```

图 5.7　TOPCON GPT-3102 全站仪坐标测量模式显示内容

5.4.3　拓普康 GTS 全站仪测站设置

进行数据采集之前,应该进行全站仪的有关参数设置。常见参数有温度、气压、气象改正数,仪器的加常数、乘常数、棱镜常数、测距模式等。对地形测量来说,则主要注意棱镜常数、测距模式、气象改正等方面的设置,其步骤如图 5.8 所示。

同时,还应检查全站仪的内存空间大小,删除无用的文件。如全部文件无用,可将内存初始化。

对于已有的控制点(GPS 点、图根点)成果,应提前导入全站仪中,以供采集数据时调用。

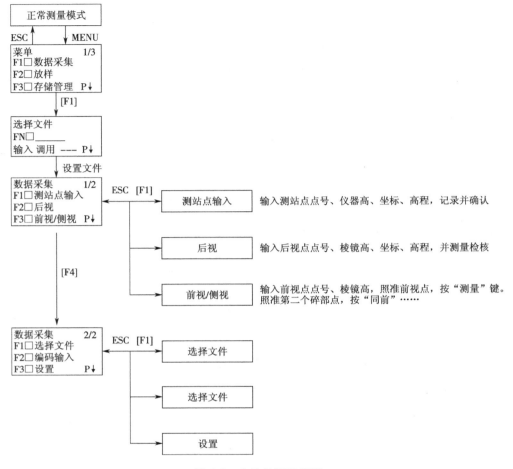

图 5.8　全站仪测站设置

1. 安置仪器

根据测图需要,选择一已知点作为测站点,选择另一已知点作为后视点。在测站点上安置全站仪(对中、整平),并用小钢卷尺量仪器高 I,并进行记录。

(1)输入采集数据文件名。

(2)在 TOPCON GPT - 3102 全站仪的正常测量模式下,按 MENU 键进行入"菜单"。

(3)按 F1 键选择"数据采集"。

(4)按 F1 键"输入"新文件名(或"调用"已有文件)后回车,如输入文件名为"20130615"。

2. 输入测站点坐标、高程

测站点的坐标、高程数据可由两种方法设定:一是直接由键盘输入,二是利用内存中的坐标数据来设定。

(1)在"数据采集"菜单中,按 F1 键选择"测站点输入"。

(2)依次输入测站点"点号"、"标示符"(可省略不输入)、"仪器高"。

（3）按 F4 键（"测站"）输入"坐标"，或调用已知坐标成果文件中的某点。

（4）按 F3 键"记录"测站点的相关输入信息（点号、仪器高、坐标等）。

3. 输入后视点坐标高程

后视点数据可按如下三种方法设定：一是直接键入后视点坐标，二是利用内存中的坐标数据设定，三是直接键入定向方向角。

（1）在"数据采集"菜单中，按 F2 键选择"后视"。

（2）依次输入后视点"点号"、"编码"、"棱镜高"。

（3）按 F4 键（"测站"）输入后视点"坐标"，或调用已知坐标成果文件中的某点。

（4）按 F3 键"测量"，测量测站至后视点的方位、距离或后视点的坐标，以实现定向与检核。此步骤不可缺少，它可以尽早发现测站点或后视点的输入错误。

4. 测量碎部点

（1）用全站仪望远镜照准前视碎部点处的棱镜，在"数据采集"菜单中，按 F3 键选择"前视/侧视"。

（2）按 F1 键或上下光标键输入立镜点的点号（如 0001）、编码、觇标高。

（3）按 F3 键"测量"，选择采集数据的类型（坐标、角度、距离），一般采集碎部点的坐标高程，按"测量"4）键保存后，屏幕显示下一立镜点的点号（点号顺序增加，如 0002）。

瞄准下一立镜点，并按 F4（"同前"）或 F3 键（"测量"），即完成了对第 2 立镜点的观测，屏幕显示下一立镜点的点号。

依次测量第 3 点、第 4 点……

5.5　偏心测量

所谓偏心测量就是反射棱镜不能安置在待测点的中心，而是安置在与中心相关的某处，间接地测定中心点的位置，即待测点与测站点通视，但其上无法安置反射棱镜的情况。如在地形测量中要测量罐体的中心、烟囱的中心、水池的中心、树木的中心等时，就可以采用全站仪偏心测量。

偏心测量有四种模式：角度偏心测量、距离偏心测量、平面偏心测量、圆柱偏心测量。下面仅介绍角度偏心测量，其他偏心测量类此进行。

5.5.1　角度偏心测量的测量原理

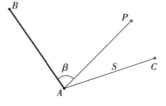

如图 5.9 所示，A 为测站点（已知点），B 为后视点（已知点），P 为待测点（未知点，无法安置棱镜），C 为偏心点（立镜点）。要求 AC 的距离等于 AP 间的距离。其计算公式为

$$x_P = x_A + S\cos\delta\cos(\alpha_{AB} + \beta)$$
$$y_P = y_A + S\cos\delta\sin(\alpha_{AB} + \beta)$$

(5.1)

图 5.9　全站仪偏心测量

式中：S——测量出的测站点 A 至偏心点 C（棱镜）之间的斜距；

δ——测量出的测站点 A 至偏心点 C(棱镜)之间的竖直角；

α_{AB}——已知边 AB 的坐标方位角；

β——未知边 AP 与已知边 AB 的水平夹角,当 AP 在 AB 左侧时,取"$-\beta$"。

5.5.2　在全站仪上的操作步骤

在全站仪上的操作步骤如下。

(1)在测距模式下按 F4 键翻页。

(2)按 F1 键启用偏心测量。

(3)按 F1 键选择角度偏心。

(4)用望远镜照准棱镜 C(仅水平转动望远镜),按 F1 键测量,显示仪器至棱镜之间的水平距离。

(5)按 F1 键(下步),并转动望远镜照准 P 点。

(6)按 F1 键(下步),显示 P 点的平距(或斜距、高差)。

(7)按 F1 键(下步),显示 P 点的 N 坐标(X 坐标)。

(8)重复按键盘上的坐标键,再显示 P 点 E 坐标(Y 坐标)和 P 点 Z 坐标(高程)。

应该说明的是,偏心测量前的测站设置主要需解决测站点 A 和后视点 B 的坐标高程输入问题以及仪器高和棱镜高的设置问题。如果上述第4步仅水平转动望远镜,则可设棱镜高为0。

5.6　悬高测量

5.6.1　悬高测量(REM)测量原理

在测量过程中,常有一些测量人员不能到达的悬空点(如输电线)无法安置棱镜,这时就可以在该悬空点的下方安置棱镜,间接地测量悬空点的高程,这就是悬空测量的方法。

如图 5.10 所示,A 为测站点,P 为待测点(无法安置棱镜),B 为 P 点下方铅垂线上的点(可安置棱镜),现要求出 B 点与 P 点的高差 h,公式为

$$h = S\cos \delta_1 \tan \delta_2 - S\sin \delta_1 + V \quad (5.2)$$

式中:S——测量出的仪器至棱镜的斜距;

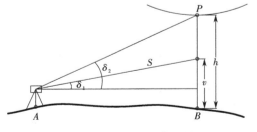

图 5.10　全站仪悬高测量

δ_1——测量出的仪器至棱镜的倾角;

δ_2——仪器至待测点 P 的倾角;

v——棱镜高。

在求出了高差 h 之后,如果知道 B 点的高程,就可以求出 P 点的高差。

9255555255515555555

5.6.2　悬高测量操作步骤

悬高测量在全站仪上的操作步骤如下：

（1）按 MENU 键，按 F4 键翻页；

（2）按 F1 键选择程序后，再按 F1 启用悬高测量；

（3）按 F1 键选择棱镜高 v；

（4）用望远镜照准 B 点处的棱镜，测量仪器至棱镜之间的水平距离 HD（即图中 $S\cos\delta_1$）；

（5）转动望远镜照准 P 点，则显示的 VD 即为所求高差 h（图中 h）。

5.7　对边测量

5.7.1　对边测量（MLM）测量原理

对边测量主要用于测量不通视两点间的距离问题。如图 5.11 所示，欲求出 P_1 点与 P_2 点之间的平距、斜距和高差，但在 P_1 或 P_2 点不便安置仪器直接测量，故在任意点 A 上安置全站仪，间接地测算出 P_1 点和 P_2 点之间的距离和高差，公式为

$$D_{12} = \sqrt{S_1^2 \cos^2 \delta_1 + S_2^2 \cos^2 \delta_2 - 2S_1 S_2 \cos \delta_1 \cos \delta_2 \cos \beta}$$
$$h = S_2 \sin \delta_2 - S_1 \sin \delta_1 \qquad\qquad (5.3)$$

式中：S_1，δ_1——测量出的仪器至 P_1 点处棱镜的斜距和倾角；

　　　S_2，δ_2——测量出的仪器至 P_2 点处棱镜的斜距和倾角；

　　　β——AP_1 与 AP_2 之间的水平夹角；

　　　D_{12}——P_1 与 P_2 之间的水平距离；

　　　h_{12}——P_1 与 P_2 之间的高差。

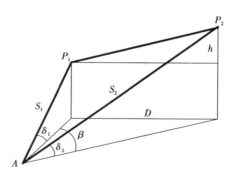

图 5.11　全站仪对边测量

5.7.2　对边测量操作步骤

对边测量在全站仪上的操作步骤如下：

（1）按 MENU 键,按 F4 键翻页;

（2）按 F1 键选择程序后,再按 F2 启用对边测量;

（3）按 F2 键选择不使用坐标文件;

（4）按 F1 键选择 MLM $-1(A\text{-}B,A\text{-}C)$;

（5）用望远镜照准 P_1 点处的棱镜,测量仪器至棱镜之间的水平距离 HD;

（6）转动望远镜照准 P_2 点处的棱镜,测量仪器至棱镜之间的水平距离 HD;

（7）测量完毕,显示 P_1 和 P_2 点间的平距(dHD)、高差(dVD)或斜距、高差;

（8）接着再照准 P_3 点的棱镜,可以连续测量 P_1 点和 P_3 点、P_1 点和其他点的距离和高差。

5.8 全站仪面积测量

5.8.1 面积测量的原理

全站仪面积测量的原理是,通过观测多边形各顶点的水平角、竖直角及斜距,从而由全站仪自动计算出各顶点在测站坐标系的坐标(x_i、y_i),再按坐标解析法面积计算公式(5.4)计算出面积,并显示到屏幕上。

$$P = \frac{1}{2} \sum_{i=1}^{n} x_i(y_{i+1} - y_{i-1})$$

$$(5.4)$$

$$P = \frac{1}{2} \sum_{i=1}^{n} y_i(x_{i-1} - x_{i+1})$$

式中:x_i、y_i——各顶点坐标。

如图 5.12 所示,1234 为任意四边形,欲测量其面积,可以在适当位置 O 点安置全站仪,在全站仪上选定面积测量模式,按顺时针方向分别在 1、2、3、4 点上立反射棱镜,并进行观测。观测完毕仪器就能实时地显示出该四边形的面积值。测量时,有三个点即可求出图形的面积,以后每增加一个顶点,就会显示一个面积值。

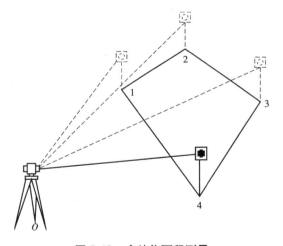

图 5.12 全站仪面积测量

5.8.2 面积测量操作步骤

用全站仪进行面积测量的操作步骤如下:

（1）在适当位置安置全站仪;

（2）按 MENU 键,按 F4 键翻页;

（3）按 F1 键选择"面积"测量程序,再按 F2 选择"测量";

（4）按 F1 或 F2 键选择是否使用格网因子;

（5）用望远镜照准 P_1 点处的棱镜,按 F1 键测量;

（6）照准 P_2 点的棱镜,再按 F1 键测量;

（7）照准 P_3 点的棱镜,再按 F1 键测量,当测量了 3 个点以上时,这些点包围成的图形面积被计算,并显示在屏幕上;

（8）依次再测量 P_4、P_5 点······

技能训练 3　全站仪测量

1. 技能目标

（1）掌握 TOPCON 等全站仪上各构件的名称和功能。

（2）掌握全站仪的角度测量和距离测量的方法和步骤。

2. 仪器设备

学生每 4~5 人一组,每组 1 台全站仪(配备棱镜杆、棱镜、三角架、钢卷尺)。

3. 内容和步骤

（1）在测站点 A 上安置全站仪,进行精确的对中和整平。

（2）全站仪各部件的认识操作,搞清楚各基本模式按键的作用和各软键的使用方法。

（3）用盘左和盘右测量 AB 和 AC 两边构成的水平角。

（4）分别用盘左和盘右测量 AB、AC 两条边的水平边长、倾斜边长、B 点和 C 点与测站点之间的高差。

（5）记录人员在表格上完成记录和计算。

4. 提交成果

每人上交观测记录计算资料 1 份,训练报告 1 份。

复习与思考题

1. 全站仪有哪些常见的测量功能?

2. 请叙述用 TOPCON 全站仪进行角度测量的操作步骤。

3. 请叙述用 TOPCON 全站仪进行距离测量和高差测量的操作步骤。

4. 请叙述用 TOPCON 全站仪进行坐标测量的操作步骤。

5. 请叙述用 TOPCON 全站仪进行悬高测量的操作步骤。

6. 请叙述用 TOPCON 全站仪进行对边测量的操作步骤。

7. 请叙述用 TOPCON 全站仪进行面积测量的操作步骤。

8. 全站仪测得的边长都要加哪些改正数?

第6章　测量误差

序号	知识目标	能力目标	权重
1	能够正确陈述测量误差产生的原因及误差分类	能够掌握误差的分类方法和确定消除或减少各类误差的方法	0.3
2	能够正确陈述观测量的精度评定标准		0.3
3	能够基本正确陈述如何评定观测值的精度	能够对观测值进行精度评定	0.4
总　计			1.0

【教学准备】

　　角度测量统计表、距离测量统计表等。

【教学建议】

　　采用集中讲授、动态教学、分组讨论等方法教学。

【建议学时】

　　4 学时

6.1　误差的概念和分类

6.1.1　测量误差产生的原因

　　测量工作的实践表明,对于某一客观存在的量,如地面某两点之间的距离或高差、某三点之间构成的水平角等,尽管采用的是合格的测量仪器和合理的观测方法,而且测量人员的工作态度也是认真负责的,但是多次重复测量的结果总是有差异。这说明观测值中存在测量误差,或者说,测量误差是不可避免的。产生测量误差的原因,概括起来有以下三个方面。

　　1. 仪器的原因

　　测量工作是需要用测量仪器进行的,而每一种测量仪器只具有一定的精确度,因此,测量结果受到一定的影响。例如,用 J_6 级经纬仪,它的水平度盘分划误差可能达到 $3''$,由此使所测的水平角产生误差。另外,仪器结构的不完善,如水准仪的视准轴不平行于水准管轴,也会使观测的高差产生误差。

2. 人为的原因

由于观测者的感觉器官的鉴别能力存在局限性,所以,对中、整平、瞄准、读数等操作都会产生误差。例如,在厘米分划的水准尺上,由观测者估读毫米数,则厘米以下的数值是估读的,估读时 1 mm 以下的误差是完全有可能产生的。另外,观测者技术熟练程度也会给观测成果带来不同程度的影响。

3. 环境的影响

测量工作进行时所处的外界环境中的空气温度、风力、日光照射、大气折光、烟雾等客观情况时刻在变化,使测量结果产生误差。例如,湿度变化使钢尺产生伸缩,风吹和日光照射使仪器的安置不稳定,大气折光使望远镜的瞄准产生偏差等。

人、仪器和环境是测量工作得以进行的必要条件。但是,这些观测条件都有其本身的局限性和对测量的不利因素。因此,测量成果中的误差是不可避免的。观测条件相同的各次观测称为“等精度观测”,观测条件不相同的各次观测称为“不等精度观测”。

6.1.2　测量误差的定义和分类

测量误差是指在一定观测条件下,观测值与真值之间的差值。根据测量误差对测量成果的影响性质,可将误差分为系统误差、偶然误差和粗差三种。

1. 系统误差

在相同的观测条件下,对某量进行一系列观测,如果观测误差在数值大小和符号上保持不变,或按一定的规律变化,这种误差称为系统误差。例如,一根名义长为 30 m 的钢尺与标准尺相比较,实际长度为 30.005 m,使用该钢尺丈量一整尺的距离,就会产生 0.005 m 的误差,丈量的距离越长,产生的误差就越大,且保持同一符号。又如,水准仪的视准轴与水准管轴不平行造成的误差随着距离的增加而增大。

系统误差具有明显的累积性,对观测值的准确度影响较大。但这种误差有一定的规律可循,可以通过一定的方法给予处理,以消除或减少它对测量成果的影响。处理的方法通常有以下三种。

(1)检校仪器,把仪器的系统误差降低到最小程度。

(2)求改正数,对观测成果进行必要的改正。例如量距前先对钢尺进行比长鉴定,求出尺长改正,然后对量得的距离进行尺长改正。

(3)对称观测,使系统误差对观测成果的影响互为相反数,以便在成果计算中自行消除或削弱。例如,在水准测量中采用的中间法、测角过程中采用的盘左盘右观测等都是利用对称观测来达到削弱系统误差的目的。

2. 偶然误差

在相同的观测条件下,对某量进行一系列观测,如果误差在数值大小和符号上都不一致,表面上看不出任何规律性,这种误差称为偶然误差。例如,在水准测量中,在水准尺上估读毫米数,有时偏大有时偏小;测水平角瞄准目标时,有时偏左、有时偏右。这种误差都属于偶然误差。

偶然误差只有通过多次观测,取其平均值来减少。

3. 粗差

粗差是指在一定观测条件下超过规定限差值的误差。对于粗差,应当分析原因,并进行补测加以消除。

6.1.3 偶然误差的统计特性

测量误差理论主要讨论具有偶然误差的一系列观测值中如何求得最可靠的结果和评定观测成果的精度。为此,需要对偶然误差的性质作进一步的讨论。

设某一量的真值为 X,对此量进行 n 次观测,得到的观测值为 l_1、l_2、$\cdots$、l_n,在每次观测中产生的偶然误差(又称为"真误差")为 Δ_1、Δ_2、$\cdots$、Δ_n,则定义

$$\Delta_i = X - l_i \quad (i = 1, 2, \cdots, n) \tag{6.1}$$

从单个偶然误差来看,其符号的正负和数值的大小没任何规律性。但是,如果观测的次数很多,观察其大量的偶然误差,就能发现隐藏在偶然性下面的必然规律。进行统计的数量越大,规律性也越明显。下面,结合某观测实例,用统计方法进行分析。

在某一测区,在相同的观测条件下共观测了 358 个三角形的全部内角。由于每个三角形内角之和的真值(180°)为已知值,因此,可以按(6.1)式计算每个三角形内角之和的偶然误差 Δi(三角形闭合差)。将它们分为负误差、正误差和误差绝对值,按绝对值由小到大排列次序。以误差区间 $d\Delta = 3''$ 进行误差个数 k 的统计,并计算其相对个数 k/n($n = 358$),k/n 称为误差出现的频率。偶然误差的统计见表 6.1。

表 6.1 偶然误差的统计

误差区间 $d\Delta('')$	负误差		正误差		误差绝对值	
	k	k/n	k	k/n	k	k/n
0 ~ 3	45	0.126	46	0.128	91	0.254
3 ~ 6	40	0.112	41	0.115	81	0.226
6 ~ 9	33	0.092	33	0.092	66	0.184
9 ~ 12	23	0.064	21	0.059	44	0.123
12 ~ 15	17	0.047	16	0.045	33	0.092
15 ~ 18	13	0.036	13	0.036	26	0.073
18 ~ 21	6	0.017	5	0.014	11	0.031
21 ~ 24	4	0.011	2	0.006	6	0.017
24 以上	0	0	0	0	0	0
Σ	181	0.505	177	0.495	358	1.000

为了直观地表示偶然误差的正负和大小的分布情况,可以按表6.1的数据作图,如图6.1所示。图中以横坐标表示误差的正负和大小,以纵坐标表示误差出现于各区间的频率(k/n)除以区间($d\Delta$),每一区间按纵坐标作成矩形小条,则每一小条的面积代表误差出现于该区间的频率,而各小条的面积总和等于1。该图在统计学上称为"频率直方图"。从表6.1的统计中,可以归纳出偶然误差的统计特性如下:

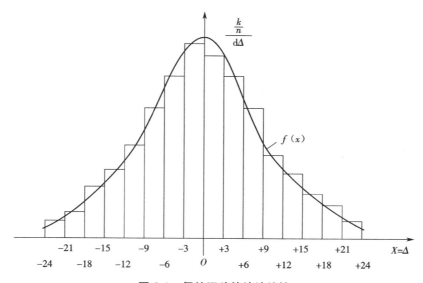

图6.1　偶然误差的统计特性

(1)在一定观测条件下的有限次观测中,偶然误差的绝对值不会超过一定的限值;

(2)绝对值较小的误差出现的频率大,绝对值较大的误差出现的频率小;

(3)绝对值相等的正、负误差具有大致相等的频率;

(4)当观测次数无限增大时,偶然误差的理论平均值趋于零,即偶然误差具有抵偿性。用公式表示为

$$\lim_{n\to\infty} \frac{\Delta_1 + \Delta_2 + \cdots + \Delta_n}{n} = \lim_{n\to\infty} \frac{[\Delta]}{n} = 0 \qquad (6.2)$$

式中"[ ]"表示取括号中数值的代数和。

以上根据358个三角形角度观测值的闭合差作出的误差出现频率直方图的基本图形,表现为中间高、两边低并向横轴逐渐逼近的对称图形,并不是一种特例,而是统计偶然误差时出现的普遍规律,并且可以用数学公式表示。

若误差的个数无限增大($n\to\infty$),同时又无限缩小误差的区间$d\Delta$,则图6.1中各小长条的顶边的折线就逐渐成为一条光滑的曲线。该曲线在概率论中称为正态分布曲线,它完整地表示了偶然误差出现的概率P。即当$n\to\infty$时,上述误差区间内误差出现的频率趋于稳定,称为误差出现概率。

正态分布曲线的数学方程式为

$$y = f(\Delta) = \frac{1}{\sqrt{2\pi}\sigma} e^{-\frac{\Delta^2}{2\sigma^2}} \tag{6.3}$$

式中，$\pi = 3.141\ 592\ 653$，为圆周率；$e = 2.718\ 3$，为自然对数的底；σ 为标准差，标准差的平方 σ^2 为方差。方差为偶然误差平方的理论平均值：

$$\sigma^2 = \underset{n \to \infty}{\text{Lim}} \frac{\Delta_1^2 + \Delta_2^2 + \cdots + \Delta_n^2}{n} = \underset{n \to \infty}{\lim} \frac{[\Delta^2]}{n} \tag{6.4}$$

标准差为

$$\sigma = \pm \underset{n \to \infty}{\text{Lim}} \sqrt{\frac{[\Delta^2]}{n}} = \pm \underset{n \to \infty}{\text{Lim}} \sqrt{\frac{[\Delta\Delta]}{n}} \tag{6.5}$$

由上式可知，标准差的大小决定于在一定条件下偶然误差出现的绝对值的大小。由于在计算标准差时取各个偶然误差的平方和，因此，当出现有较大绝对值的偶然误差时，在标准差的数值大小中会得到明显的反映。

6.2 衡量精度的指标

6.2.1 中误差

在相同的观测条件下，对一个未知量进行 n 次观测，其观测值分别为 $l_1, l_2, \cdots, l_n$，相应的真误差为 $\Delta_1, \Delta_2, \cdots, \Delta_n$，则中误差为

$$m = \pm \sqrt{\frac{[\Delta\Delta]}{n}} \tag{6.6}$$

式中：$[\Delta\Delta] = \Delta_1^2 + \Delta_2^2 + \cdots\cdots + \Delta_n^2$。

从式(6.6)可以看出，中误差不等于真误差，它仅是一组真误差的代表值。理论证明，按式(6.6)计算的中误差，约有 70% 的置信度代表着误差列的取值范围和观测列的离散程度。因此，用中误差作为评定精度的标准是科学的。中误差越小，精度越高；反之，精度越低。同时，还能够明显地反映出测量结果中较大误差的影响。

为了统一衡量在一定观测条件下观测结果的精度，取标准差 σ 作为依据是比较合适的。但是，在实际测量工作中，不可能对某一量作无穷多次观测，因此，定义按有限的几次观测的偶然误差求得的标准差为中误差 m，即

$$m = \pm \sqrt{\frac{\Delta_1^2 + \Delta_2^2 + \cdots + \Delta_n^2}{n}} \tag{6.7}$$

例如，对 10 个三角形的内角进行了两组观测，根据两组观测值中的偶然误差（三角形的角度闭合差——真误差），分别计算其中误差，列于表 6.2 中。

表 6.2　中误差计算表

次序	第 一 组 观 测			第 二 组 观 测		
	观测值 L	真误差 $\Delta(")$	Δ^2	观测值 L	真误差 $\Delta(")$	Δ^2
1	180°00′03″	−3	9	180°00′00″	0	0
2	180°00′02″	−2	4	179°59′59″	+1	1
3	179°59′58″	+2	4	180°00′07″	−7	49
4	179°59′56″	+4	16	180°00′02″	−2	4
5	180°00′01″	−1	1	180°00′01″	−1	1
6	180°00′00″	0	0	179°59′59″	+1	1
7	180°00′04″	−4	16	179°59′52″	+8	64
8	179°59′58″	+3	9	180°00′00″	0	0
9	179°59′58″	+2	4	179°59′57″	+3	9
10	180°00′03″	−3	9	180°00′01″	−1	1
Σ		24	72		24	130
中误差	$m_1 = \pm\sqrt{\dfrac{\sum \Delta^2}{10}} = \pm 2.7''$			$m_2 = \pm\sqrt{\dfrac{\sum \Delta^2}{10}} = \pm 3.6''$		

由此可见,第二组观测值的中误差 m_2 大于第一组观测值中误差 m_1。虽然这两组观测值的误差绝对值之和是相等的,可是在第二组观测值中出现了较大的误差($-7''$, $+8''$),因此,计算出来的中误差就较大,或者相对来说其精度较低。

6.2.2　相对中误差

在某些情况下,仅仅知道中误差还不能够完全反映出观测值精度的好坏。例如,丈量了两段距离,一段距离为 100 m,中误差 m_1 为 ±2 cm,另一段距离为 200 m,中误差 m_2 也为 ±2 cm。虽然两段距离的中误差相等,但不能说明两段距离丈量的精度相同,因为距离丈量的误差与距离的长短有关。为此,引入相对中误差作为评定精度的另一种标准。中误差的绝对值与观测值之比,并将分子化为1,分母取整数,称为相对中误差,即

$$K = \frac{|m|}{D} = \frac{1}{\dfrac{D}{|m|}} \tag{6.8}$$

在上例中,如按相对中误差来评定精度,则有:

$$K_1 = \frac{0.02}{100} = \frac{1}{5\ 000}$$

$$K_2 = \frac{0.02}{200} = \frac{1}{10\ 000}$$

$K_1 > K_2$,表明前者的精度低于后者,所以说相对误差能够确切表达距离丈量的精度。相

对中误差不能用于评定测角的精度,因为角度误差与角度大小无关。

在一般距离丈量中,为了计算方便,通常用往返各丈量一次,取往返丈量之差与往返丈量的距离平均值之比,将分子化为1,分母取整数来评定距离丈量的精度,称为相对误差。

对于真误差与极限误差,有时也用相对误差来表示。例如,经纬仪导线测量时,规范中所规定的相对闭合差不能超过 1/2 000,它就是相对极限误差;而在实测中所产生的相对闭合差,则是相对真误差。

与相对误差相对应,真误差、中误差、极限误差等均称为绝对误差。

6.2.3 极限误差

极限误差又称为允许误差,或最大误差。由偶然误差的第一个特性可知,在一定的观测条件下,偶然误差的绝对值不会超过一定的限值,如果在测量过程中某一量的观测值的误差超过了这个限值,我们就认为这次观测值不符合要求,应该舍去。测量上就把这个限值叫作极限误差。误差理论和测量实践表明:在一系列等精度的观测误差中,绝对值大于二倍中误差的偶然误差出现的个数约占总数的 5%;绝对值大于三倍中误差的偶然误差出现的个数仅占总数的 3‰。因此,在观测次数不多的情况下,可以认为大于三倍中误差的偶然误差实际上是不可能出现的。所以通常以三倍中误差作为偶然误差的极限误差,即

$$\Delta_限 = 3m \tag{6.9}$$

在实际工作中,有的测量规范规定以二倍中误差作为极限误差,即

$$\Delta_限 = 2m$$

超过极限误差的误差被认为是粗差,应舍去重测。

6.3 算术平均值及其改正值

6.3.1 算术平均值

研究误差的目的除了评定观测精度外,就是对带有误差的观测值给予适当的处理,以求其最或然值(最可靠值)。根据偶然误差的特性可取算术平均值作为最或然值。

设对某量进行 n 次等精度观测,观测值为 $l_1, l_2, \cdots, l_n$,则该量的算术平均值 x 为

$$x = \frac{l_1 + l_2 + \cdots + l_n}{n} = \frac{[l]}{n} \tag{6.10}$$

下面将说明算术平均值为什么是最或然值。

设该量的真值为 X,观测值为 l_i,则其真误差为

$$\Delta_1 = l_1 - X$$

$$\Delta_2 = l_2 - X$$

$$\cdots\cdots$$

$$\Delta_n = l_n - X$$

将上式求和并除以 n,得

$$\frac{[\Delta]}{n} = \frac{[l]}{n} - X$$

由偶然误差第四特性：

$$\lim_{n \to \infty} \frac{[\Delta]}{n} = 0$$

即可得出：

$$x \approx X$$

由此可知,当观测次数无限增多时算术平均值 x 趋近于真值 X。在实际工作中观测次数是有限的,所以算术平均值就不可视为所求量的真值。但是随着观测次数的增加,平均值 x 趋近于真值 X 的。在计算时,不论观测次数的多少均以算术平均值作为所求量的最或然值(接近于真值的值),这是误差理论中的一个公理。

应当指出,不同精度的观测值不能取算术平均值作为最或然值。

6.3.2　平差值

尽管用算术平均值作为观测值的最或然值,但算术平均值中依然存在有偶然误差,例如在闭合导线中,每个转角都是根据若干个测回的角值取平均值得来的,但仍然有角度闭合差。在闭合水准路线测量中,采用双仪高或双面尺法取平均高差作为测站高差,但整个水准路线中仍存在高差闭合差。为了消除闭合差,使得图形的几何条件得以满足,就必须对其进行研究,用合理的方法予以解决。按照误差理论,通常采用平差的方法消除闭合差。

用平差的方法消除闭合差主要分两个步骤。

1. 求改正数

外业观测结果经校核符合要求后,即可通过求改正数的方法以消除不符值(闭合差)。例如在闭合导线计算中,因导线转角的误差导致多边形内角和与理论上的应有值 $[(n-2) \times 180°]$ 存在不符值,如果不符值在规定允许范围内,便可通过求改正数以消除不符值,使之满足之理论条件。其改正数为

$$v = -\frac{w}{n} \tag{6.11}$$

式中：v——改正数；

　　n——多边形边数；

　　w——多边形闭合差。

导线测量中因边长误差引起的坐标增量闭合差也可通过求改正数的方法予以消除。

在水准测量中由于各测站的高差误差导致水准路线产生的高差闭合差,同样可通过求改正数的方法消除。

2. 求平差值

求改正数的目的是为了消除不符值,消除不符值的方法是对观测值加以改正求得平差值(改正值)。

改正后的观测值叫平差值(即平差值等于观测值加上改正数)。用平差值进行计算便能满足图形的几何条件,达到平差的目的。

例如,在闭合导线内业计算中,把角度闭合差按转角个数反号平均分配给各个角度,使得改正后的角度(平差值)之和满足多边形内角和条件[$(n-2)\times180°$];把坐标增量闭合差按导线边长成正比反号分配给各边的坐标增量,使得改正后的坐标增量之和为0,达到消除闭合差的目的。又如,在闭合水准路线内业计算中,把高差闭合差按测站数或按路线长度成正比反号分配给各测段高差,使得改正后的高差之和等于0,以满足理论上的要求。

6.4 观测值的精度评定

6.4.1 用真误差计算观测值的中误差

由式(6.1)可计算出观测值的真误差,根据一组同精度的真误差按式(6.6)便可计算出观测值的中误差。

例6.1 对同一量分组进行了10次观测,其真误差如下。

第一组:$+3''$、$-2''$、$-1''$、$-3''$、$-4''$、$+2''$、$+4''$、$+3''$、$+2''$、0;

第二组:$+1''$、0、$+1''$、$+2''$、$-1''$、0、$-7''$、$-1''$、$-8''$、$+3''$;

按式(6.6)有

$$m_1 = \pm\sqrt{\frac{3^2+(-2)^2+(-1)^2+(-3)^2+(-4)^2+2^2+4^2+3^2+2^2+0^2}{10}} = \pm2.7''$$

$$m_2 = \pm\sqrt{\frac{1^2+0^2+1^2+2^2+(-1)^2+0^2+(-7)^2+1^2+(-8)^2+3^2}{10}} = \pm3.6''$$

$m_1 < m_2$,表示第一组观测值的精度高于第二组。

用DJ$_6$级经纬仪对某三角形的三个内角观测了5个测回,其观测值见表6.2,试求单一观测值(一测回观测值)的中误差m。观测值中误差的计算如表6.2所示。

表6.2 观测值中误差计算

测 回 数	观 测 值	Δ	$\Delta\Delta$
1	180°00′16″	$+16''$	256
2	179°59′46″	$-14''$	196
3	180°00′10″	$+10''$	100
4	179°59′52″	$-8''$	64
5	179°59′58″	$-2''$	4
总 和			620

一测回观测值的中误差 $m = \pm\sqrt{\dfrac{[\Delta\Delta]}{n}} = \pm\sqrt{\dfrac{620}{5}} = \pm11.1''$

6.4.2　用最或然误差计算观测值中误差

1. 观测值中误差

在通常情况下,观测值的真值是不知道的,因此,也就无法根据真误差计算中误差。但是,我们可以根据算术平均值与观测值之差,即最或然误差 $v(v=x-l)$,按下式来计算观测值的中误差,即

$$m = \pm\sqrt{\frac{[vv]}{n-1}} \tag{6.12}$$

式(6.12)也称为白塞尔公式。

用最或然误差计算观测值中误差的步骤如下。

(1)检查外业观测记录,将观测值填入计算表格,见表6.3;

(2)按式(6.10)计算观测值的算术平均值;

(3)计算最或然误差 $v(v=x-l)$ 并用 $[v]=0$ 进行检查;

(4)将各个最或然误差 v 平方并求和;

(5)按式(6.11)计算观测值的中误差。

例 1.6.2　设对线段 AB 丈量 5 次,其结果列于表 6.3 中。试求每次丈量距离的中误差。

表 6.3　观测值中误差计算

观 测 次 数	观 测 值 l/m	最或然误差 v/mm	vv
1	121.361	−10	100
2	121.330	+21	441
3	121.344	+7	49
4	121.352	−1	1
5	121.368	−17	289
总　　和	$[l]=606.755$	$[v]=0$	$[vv]=880$

解:为使计算成果清晰,计算的全部数据列于表6.3中。

算术平均值　　$x = \dfrac{[l]}{n} = \dfrac{606.755}{5} = 121.351$ m

观测值中误差　　$m = \sqrt{\dfrac{[vv]}{n-1}} = \pm\sqrt{\dfrac{880}{5-1}} = \pm 14.8$ mm

2. 算术平均值的中误差

根据误差理论得知,算术平均值的中误差为

$$M = \frac{m}{\sqrt{n}} = \pm\sqrt{\frac{[vv]}{n(n-1)}} \tag{6.13}$$

例如,根据表6.3已经求得观测值的中误差 $m = \pm 14.8$ mm,现在用式(6.13)计算距离

AB 算术平均值的中误差为

$$M = \frac{m}{\sqrt{n}} = \pm \frac{14.8}{\sqrt{5}} = \pm 6.6 \text{ mm}$$

还可求出距离 AB 的算术平均值的相对误差为

$$K = \frac{M}{x} = \frac{0.0066}{121.351} \approx \frac{1}{18\,300}$$

从以上计算可以看出,算术平均值的中误差小于观测值的中误差,说明算术平均值的精度高于任一观测值的精度。从式 (6.13) 也可以看出平均值的中误差 M 比观测值中误差缩小了 $1/\sqrt{n}$ 倍,这表明平均值的精度提高了 $1/\sqrt{n}$ 倍。显然,增加观测次数 n 可以提高观测结果的精度,但是过多的增加观测次数会加大野外观测工作量。实验表明,当观测次数达到 20 次以上后精度提高的幅度很小。因此,靠增加观测次数来提高精度是不科学的,提高精度的关键是提高每次观测的质量。

复习与思考题

1. 偶然误差与系统误差有何区别? 偶然误差有哪些统计特性?

2. 下列误差中哪些是偶然误差? 哪些是系统误差? 哪些是粗差?

a. 尺长误差;b. 定线误差;c. 读数误差;d. 标尺倾斜引起的读数误差;e. 水准管居中误差;f. 水准管轴不垂直于仪器竖轴的误差;g. 照准误差;h. 对中误差;i. 地球曲率引起的高差误差;j. 计算尺段数的误差。

3. 何为中误差、相对误差和极限误差?

4. 为什么说等精度观测的算术平均值是最或然值?

5. 在相同的观测条件下,对某角观测 5 次,得观测值为 57°21′30″、57°21′48″、57°21′18″、57°21′36″、57°21′18″,试求观测值的算术平均值、观测值中误差及算术平均值中误差。

6. 在相同的观测条件下,对某一线段丈量 4 次的结果为:148.132 m、148.150 m、148.118 m、148.144 m。试求算术平均值、算术平均值的中误差及相对误差。

第7章 控制测量

【学习目标】

序号	知识目标	能力目标	权重
1	能正确表述坐标方位角、象限角的概念	能够正确完成坐标方位角的推算、坐标反算和坐标正算	0.25
2	能够正确陈述导线的布设方法	能够布设图根导线	0.25
3	能够陈述测量导线的基本步骤	能够用全站仪测量导线	0.25
4	能够陈述导线的平差计算方法	能够进行导线的简易平差	0.25
总　计			1.0

【教学准备】

水准仪、经纬仪、钢尺、全站仪、导线记录表、导线计算表、大比例尺地形图、断面图、土石方计算表、测量照片等。

【教学建议】

在测绘实训基地,采用集中讲授、动态教学、分组实训等方法教学。

【建议学时】

14学时(其中实训4学时)

7.1 控制测量概述

控制测量就是在测区范围内布设少量大致均匀分布的点(称为控制点),将其连成一定的几何图形(称为控制网),并用高精度的测量仪器和方法测定这些控制点的精确位置,包括平面位置(x,y)和高程H。无论是在测图还是在施工放样之前,都必须先进行控制测量。只有通过控制测量提供了控制点的精确位置,才能以控制点为站点来确定碎部点的位置或者是放样碎部点。控制测量所提供的控制点具有统一的坐标系统和高程系统,其成果具有通用性和共享性,使全国各局部地区的测量工作得以分期分批进行,所测地形图可以相互拼接共同使用。

控制测量是针对碎部测量而言的,测图时总是先测定地物、地貌特征点的平面坐标和高程,以此确定地物、地貌的空间分布和相互关系;测定地物、地貌特征点位置的测量工作就称为碎部测量。而建设工程中,在放样碎部点之前所做的控制测量工作称之为施工控制测量。

控制测量在国民经济建设中具有重要作用,它为地学科学研究、空间技术及宇宙航行以及测图和各项建设工程提供了控制基础。

控制测量分为平面控制测量和高程控制测量。平面控制测量的任务是在某地区或全国范围内布设平面控制网,精密测定控制点的平面位置。高程控制测量的任务是在某一地区或全国范围内布设高程控制网,精密测定点的高程位置。

7.1.1 平面控制测量

控制测量的基本原则是由高级到低级,从整体到局部,逐级控制。国家平面控制测量分为一、二、三、四等4个等级。我国国家平面控制网曾经使用三角网的建网方法,首先是建立一等天文大地锁网,在全国范围内大致沿经线和纬线方向布设成格网式(如图7.1),格网间距约200 km。在格网中部用二等连续网填充(如图7.2),构成全国范围内的全面控制网。然后,按地区需要测绘资料的轻重缓急,再用三、四等网逐步进行加密,其布网形式有三角网、导线网。三角网都以三角形为基本图形(如图7.3),导线网以多边形格网(如图7.4)、附合或闭合线路为基本图形。

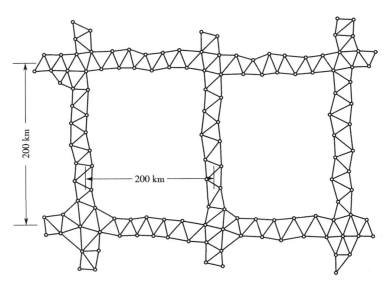

图7.1 国家一等天文大地锁网

20世纪90年代,我国又利用GPS卫星定位技术,建立了国家级的GPS控制网,为各级测绘工作提供高精度的三维基准。

我国幅员辽阔,行业众多,各行业为了本身的工业规划、勘测设计、工程建设、工程营运管理等方面工作的开展,都需要测绘大比例尺地形图,为此,需要先布设控制网。在国家网的控制下,工程测量平面控制网的建立方法有卫星定位测量、导线测量、三角网测量。其精度等级的划分各不相同,卫星定位测量控制网依次为二、三、四等和一、二级,导线及导线网依次为三、四等和一、二、三级,三角网依次为二、三、四等和一、二级。最后再布设直接为测绘大比例尺地形图服务的图根控制网。图根控制网可采用图根导线、极坐标法、边角交会法和GPS测量等。

按照我国《工程测量规范》的规定,平面控制测量的主要技术要求如表7.1~表7.3所示。

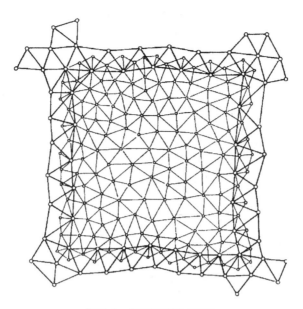

图7.2 国家二等加密网

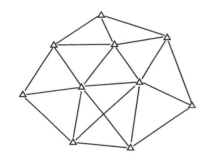

图7.3 三角网

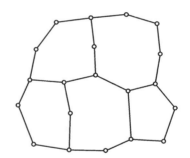

图7.4 导线网

表7.1 卫星定位测量控制网的主要技术要求

等级	平均边长/km	固定误差/mm	比例误差系数 B/(mm/km)	约束点间的边长相对中误差	约束平差后最弱边相对中误差
二等	9	≤10	≤2	≤1/250 000	≤1/120 000
三等	4.5	≤10	≤5	≤1/150 000	≤1/70 000
四等	2	≤10	≤10	≤1/100 000	≤1/40 000
一级	1	≤10	≤20	≤1/40 000	≤1/20 000
二级	0.5	≤10	≤40	≤1/20 000	≤1/10 000

表 7.2　导线的主要技术要求

等级	导线长度/km	平均边长/km	测角中误差(″)	测距中误差/mm	测距相对中误差	测回数 1″级仪器	测回数 2″级仪器	测回数 6″级仪器	方位角闭合差(″)	导线全长相对中误差
三等	14	3	1.8	20	1/150 000	6	10	—	$3.6\sqrt{n}$	≤1/55 000
四等	9	1.5	2.5	18	1/80 000	4	6	—	$5\sqrt{n}$	≤1/35 000
一级	4	0.5	5	15	1/30 000	—	2	4	$10\sqrt{n}$	≤1/15 000
二级	2.4	0.25	8	15	1/14 000	—	1	3	$16\sqrt{n}$	≤1/10 000
三级	1.2	0.1	12	15	1/7 000	—	1	2	$24\sqrt{n}$	≤1/5 000

注:1. 表中 n 为测站数。

　　2. 当测区测图的最大比例尺为 1:1 000 时,一、二、三级导线的导线长度、平均边长可适当放长,但最大长度不应大于表中规定相应长度的 2 倍。

表 7.3　图根导线测量的主要技术要求

导线长度/m	相对闭合差	测角中误差(″) 一般	测角中误差(″) 首级控制	方位角闭合差 一般	方位角闭合差 首级控制
≤$\alpha \times M$	≤1/(2 000×α)	30	20	$60\sqrt{n}$	$40\sqrt{n}$

注:1. α 为比例系数,取值宜为 1,当采用 1:500、1:1 000 比例尺测图时,其值可在 1~2 之间选用。

　　2. M 为测图比例尺的分母,但对于工矿现状图测量,不论测图比例尺大小,M 均为取值为 500。

　　3. 隐蔽或施测困难地区导线相对闭合差可放宽,但不应大于 1/(1 000×α)。

7.1.2　高程控制测量

　　国家高程控制测量也分成一、二、三、四等 4 个等级。高程控制网的建立主要用水准测量的方法,布设的原则类似于平面控制网,也是由高级到低级、从整体到局部。国家水准测量分为一、二、三、四等。一、二等水准测量称为精密水准测量,在全国范围内沿主要干道、河流等整体布设,然后用三、四等水准测量进行加密,作为全国各地的高程控制。

　　工程建设中高程控制测量的方法有水准测量、三角高程测量、GPS 高程测量。工程测量中高程控制测量按精度等级划分为二、三、四、五等,二、三等宜采用水准测量,四等及以下等级可采用电磁波测距三角高程测量,五等也可采用 GPS 拟合高程测量。

　　工程测量中二、三、四、五等水准测量的主要技术要求如表 7.4 所示。

表7.4 水准测量的主要技术要求

等级	每公里高差中误差/mm	路线长度/km	水准仪型号	水准尺	观测次数		附合路线或环线闭合差	
					与已知点联测	附合或环线	平地/mm	山地/mm
二等	±2	—	DS$_1$	因瓦	往返各一次	往返各一次	±4$\sqrt{L}$	—
三等	±6	≤50	DS$_1$	因瓦	往返各一次	往一次	±12$\sqrt{L}$	4$\sqrt{n}$
			DS$_3$	双面		往返各一次		
四等	±10	≤16	DS$_3$	双面	往返各一次	往一次	±20$\sqrt{L}$	6$\sqrt{n}$
五等	±15	—	DS$_3$	单面	往返各一次	往一次	±30$\sqrt{L}$	—

随着光电测距仪及电子全站仪的普及使用,三角高程测量可代替四等水准测量。电磁波测距三角高程测量的主要技术要求见表7.5中。

表7.5 电磁波测距三角高程测量的主要技术要求

等级	每公里高差全中误差/mm	边长/km	观测方式	对向观测高差较差/mm	附合或环线闭合差/mm
四等	10	≤1	对向观测	40$\sqrt{D}$	20$\sqrt{\sum D}$
五等	15	≤1	对向观测	60$\sqrt{D}$	30$\sqrt{\sum D}$

注:1. D 为测距边的长度,km。

2. 起讫点的精度等级,四等应起讫于不低于三等水准的高程点上,五等应起讫于不低于四等的高程点上。

3. 路线长度不应超过相应等级水准路线的长度限值。

7.2 坐标正算与坐标反算

7.2.1 直线坐标方位角的计算

1. 直线的坐标方位角

测量工作中,要将地面上的地物、地貌等内容的位置确定下来,其实就是确定点与点之间的相对位置关系,而要确定其相对位置关系,除需测定两点之间的距离外,还必须确定两点所连直线的方向。确定直线方向的工作称为直线定向。

如图7.5,要确定直线 AB 的方向,首先要选定一个标准方向线,作为确定直线方向的依据和标准,然后再根据该直线与标准方向线之间的夹角来确定其方向。因此,又可以说,确定一条直线与标准方向之间

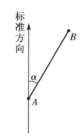

图7.5 直线定向

的夹角关系称为直线定向。在工程测量中,通常以坐标方位角来定义直线的方向。

在工程平面坐标系中,以平行于 x 轴的方向为标准方向,从标准方向的正向旋转至某边的水平角,称为该边的坐标方位角 α(也称方位角或方向角)。根据定义,方位角的值域为 $0°$ ~ $360°$。

如图 7.6 所示,直线 1—2 的方位角为 α_{12}。一条直线有正、反两个方向,其方位角也就有正、反方位角,对于直线 1—2 而言,正方位角为 α_{12},其反方位角为 α_{21},二者相差 $180°$,即

$$\alpha_{12} = \alpha_{21} \pm 180° \tag{7.1}$$

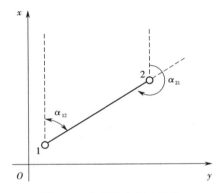

图 7.6　直线的坐标方位角

2. 直线的象限角

确定直线方向的方法除直线的方位角以外,有时也用小于 $90°$ 的角度(象限角)确定。即,从标准方向的北端或南端顺时针或逆时针旋转至某直线的水平锐角($0°$ ~ $90°$),称为该直线的象限角,用符号 R 表示,如图 7.7 所示。象限角和坐标方位角的关系列于表 7.6 中。

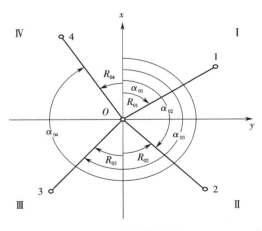

图 7.7　直线的象限角

表 7.6 方位角和象限角的关系

象限	关系	象限	关系
I	$\alpha = R$	III	$\alpha = 180° + R$
II	$\alpha = 180° - R$	IV	$\alpha = 360° - R$

3. 坐标方位角的计算

在测量工作中并不是每一条直线的方位角都是通过天文测量的方法或者陀螺仪测定的,而是在测定了直线与已知方位角边之间的夹角关系后通过计算得到的。如图 7.8 所示,已知直线 AB 的方位角为 α_{AB},观测得到直线 AB 与直线 B1 间的夹角 β_1,则直线 B1 的方位角 α_{B1} 可按下式求得:

$$\alpha_{B1} = \alpha_{AB} + \beta_1 - 180° \qquad (7.2)$$

同理可得直线 12 的方位角为

$$\alpha_{12} = \alpha_{B1} + \beta_2 - 180° \qquad (7.3)$$

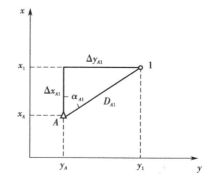

图 7.8 方位角推算

从图 7.8 中还可看出直线 23 的方位角可用下式计算:

$$\alpha_{23} = \alpha_{12} + \beta_3 + 180° \qquad (7.4)$$

综合以上几个根据已知直线方位角和两直线间的水平夹角计算未知方位角的计算式,可得出一般计算方位角的公式:

$$\alpha_{前} = \alpha_{后} + \beta_{左} \pm 180° \qquad (7.5)$$

式(7.5)可理解为:前一知边的方位角等于后一条边的方位角加上前后两条边的左夹角,再加(或减)180°,当前两项之和大于 180 时就减 180°,当前两项之和小于 180° 就加上 180°。

7.2.2 直线坐标方位角的计算

1. 坐标正算

在已知一条直线一个端点的平面坐标、直线的长度和方位角的情况下,求直线另一端点的平面坐标所进行的计算称为坐标正算。这种计算又被称为极坐标化为直角坐标的计算。如图 7.9 所示,已知 A 点坐标$(x_A y_A)$、直线 A1 的长度 D_{A1} 和坐标方位角 α_{A1},求未知点 1 的坐标$(x_1 y_1)$,按下式就可求得:

$$\left. \begin{array}{l} x_1 = x_A + \Delta x_{A1} \\ y_1 = y_A + \Delta y_{A1} \end{array} \right\} \qquad (7.6)$$

式中:Δx_{A1}——纵坐标增量;

Δy_{A1}——横坐标增量。

Δx_{A1},Δy_{A1} 可由下式计算:

$$\left. \begin{array}{l} \Delta x_{A1} = D_{A1} \cos \alpha_{A1} \\ \Delta y_{A1} = D_{A1} \sin \alpha_{A1} \end{array} \right\} \qquad (7.7)$$

图 7.9 坐标正算

式(7.7)也可表达成如下形式：

$$x_1 = x_A + D_{A1} \cos \alpha_{A1}$$
$$y_1 = y_A + D_{A1} \sin \alpha_{A1}$$

$$(7.8)$$

2. 坐标反算

根据一直线两个端点的平面坐标，求两点间的水平距离和坐标方位角所进行的计算称为坐标反算。这种计算又称为直角坐标化为极坐标的计算。

1）水平距离

如图 7.10 所示，已知 A、B 两点的平面坐标 (x_A, y_A)、(x_B, y_B)。从解析几何中知道，两点间的水平距离 D_{AB} 可用距离公式求得

$$D_{AB} = \sqrt{(x_B - x_A)^2 + (y_B - y_A)^2} \qquad (7.9)$$

根据式(7.7)演变以后，可有如下计算水平距离的公式

$$D_{AB} = \frac{\Delta x_{AB}}{\cos \alpha_{AB}} = \frac{\Delta y_{AB}}{\sin \alpha_{AB}} \qquad (7.10)$$

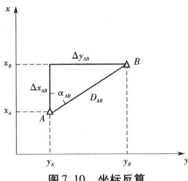

图 7.10　坐标反算

2）坐标方位角

从图 7.10 可见，坐标象限角与坐标增量间有如下关系：

$$\Delta x_{AB} = x_B - x_A$$
$$\Delta y_{AB} = y_B - y_A$$

$$R_{AB} = \arctan \left| \frac{\Delta y_{AB}}{\Delta x_{AB}} \right|$$

$$(7.11)$$

根据 AB 边的坐标增量判断出 AB 方向所在的象限，然后根据表 7.6 中的方位角与象限角的关系，计算出方位角值。

例 7.1　已知 A、B 两点的坐标为 $\begin{cases} x_A = 853.764 \text{ m} \\ y_A = 245.678 \text{ m} \end{cases}$，$\begin{cases} x_B = 483.696 \text{ m} \\ y_B = 586.658 \text{ m} \end{cases}$，求 A、B 两点间的水平距离和坐标方位角。

解：

$$D_{AB} = \sqrt{(483.696 - 853.764)^2 + (586.658 - 245.678)^2} = 503.207 \text{ m}$$

AB 的象限角为：$R_{AB} = \arctan \left| \dfrac{\Delta y_{AB}}{\Delta x_{AB}} \right| = \arctan \left| \dfrac{340.980}{-370.068} \right| = 42°39'26.7''$

AB 的坐标增量 $\Delta x_{AB} < 0$，$\Delta y_{AB} > 0$，故 AB 方向在第 II 象限，故有

$$\alpha_{AB} = 180° - R_{AB} = 137°20'33.3''$$

7.3　钢尺量距导线测量

7.3.1　导线的种类

随着光电测距技术在测绘领域的广泛应用，导线测量已经成为建立平面控制网的主要方

法之一。所谓导线就是由选定的若干个地面点，由直线连接相邻点成折线图形，每条直线叫导线边，点叫导线点。在导线点上，用仪器(经纬仪或全站仪)测定各转折角及各边边长，然后根据已知方向和已知点坐标，便可推算出各导线点的平面坐标。使用经纬仪和钢尺配合进行测量的导线，称为经纬仪钢尺量距导线。使用全站仪进行测角量边的导线称为全站仪导线。

导线测量只需要相邻导线点间互相通视，因其形式灵活，故特别适用于建筑物密集的城镇、工矿和森林隐蔽地区，也适用于狭长地带(如公路、铁路、隧道等)的测量控制。

单一导线通常可以布设成下面三种形式。

1. 闭合导线

如图 7.11 所示，A、B 为高级已知坐标点，从已知控制点 B 出发，经过选定的一系列导线点后，仍旧回到起始高级已知点上，形成一闭合的多边形，这样的导线布设形式叫闭合导线。从闭合导线的图形来看，因其起、闭于一点，另从几何条件上看内角和等于 $(n-2) \cdot 180°$，故这种导线从坐标和观测角上都具有一定的检核条件，是一种较常应用的导线形式。

2. 附合导线

如图 7.12 所示，在高级已知点 A、B、C、D 之间布设 P_2、P_3、P_4 点，以 AB 边的坐标方位角 α_{AB} 为起始边方位角，以 CD 边的坐标方位角 α_{CD} 为终结边方位角，起始边的坐标方位角和终结边的坐标方位角均为已知，即选定的未知点两端均有已知点和已知边控制的导线称为附合导线。这种导线，不仅有检核条件(坐标条件和方位角条件)，而且最弱点位于导线中部，两端已知点均可控制其精度，布设长度相应增大，故附合导线在生产中得到广泛应用。

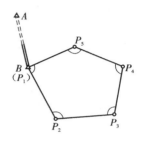

图 7.11 闭合导线

在附合导线的两端，如果各只有一个已知高级点，而缺少已知方位角，则这样的导线称为无定向附合导线(简称无定向导线)。在选定的未知点两端已知点较少的情况下可以采用这种形式。

3. 支导线

如图 7.13 所示，图中 A、B 为高级已知点。从一个高级已知点 B 和已知方位角边 AB 出发，布设若干待定点，形成自由伸展的折线形状，这种导线形式称为支导线。

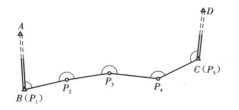

图 7.12 附合导线

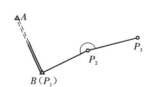

图 7.13 支导线

导线观测后，未知点坐标计算所必需的已知数据为：一个已知点的坐标 (x_B, y_B) 和一条边的已知方位角 (α_{AB})。从图 7.13 可见，支导线仅有必要的起算数据，且其图形既不闭合，也不附合，不具备检核条件，在生产中应尽量少用，因此，只限于在图根导线和地下工程导线中使用。对于图根导线,支导线未知点的点数一般不超过 3 个,还应限制支导线长度,并进行往返观测,以资检核。

7.3.2 钢尺量距导线测量的外业工作

导线测量的外业工作包括踏勘选点、建立标志、测角和测边。

1. 踏勘选点

在踏勘选点之前,应到有关部门收集测区已有的测量资料,如测区已有的地形图、高级控制点资料等。首先在已有的地形图上标定已知高级控制点的位置和测区范围,再根据测区地形情况和测量的具体要求规划设计好测量路线和导线点位置,然后按照规划路线到实地去踏勘落实导线点的位置。现场踏勘选点时,应注意下列各点。

(1)相邻导线点间通视良好,以便于角度观测和距离测量。

(2)点位应选在地质坚实和易于保存之处。

(3)在点位上,视野开阔,便于测绘周围的地物和地貌。

(4)导线边长应符合表 7.2 的有关规定,导线中不宜出现过长和过短的导线边,尤其要避免由长边立即转到短边的情况出现。

(5)为了减少大气折光的影响,视线应尽量避开水域、热体等,与地表和地物的距离不小于 0.5 m。

(6)导线点在测区内要布点均匀,便于控制整个测区。

2. 建立标志

导线点位选好以后,要在地面上标定下来,埋设图根导线点位标志的做法有如下几种。

1)埋设木桩

在泥土地面上,要在点位上打一木桩,桩顶上钉一小钉,作为测量时仪器对中的标志。木桩的长度为 30 cm 左右,横断面以 4 cm 见方为宜。在碎石或沥青路面上,可以用顶上凿有十字纹的大铁钉代替木桩。作为临时性导线点,打木桩是一种常用的埋设点位标志的做法。

2)埋设标石

若导线点需要长期保存,则在选定的点位上埋设混凝土导线点标石,如图 7.14 所示,顶面中心浇注入短钢筋,顶上凿字纹,作为导线点位中心的标志。

3)直接在地面凿点

在混凝土场地或路面上,可以用钢凿凿一十字纹,再涂上红漆使标志明显。

导线点应分等级统一编号,以便于测量资料的管理。对于闭合导线,习惯于逆时针方向编号,使内角自然成为导线的左角。导线点埋设以后,为了便于在观测和使用时寻找,可以在点位附近房角或电线杆等明显的地物上用红油漆标明指示导线点的位置。对于每一导线点的位置,还应画一草图,注明导线点与邻近明显地物的相对位置的距离尺寸,并写上地名、路名、导线点编号等,便于日后寻找。该图称为控制点的"点之记",如图 7.15 所示。

一、二、三级导线点和图根导线点一般不造永久觇标,观测时用花杆、觇牌或者棱镜代替。

3. 经纬仪观测水平角

水平角是由相邻两条导线边构成的,也就是导线点上的转折角。导线的转折角分为左角和右角,在导线前进方向左侧的水平角称为左角($\beta_{左}$),右侧的水平角称为右角($\beta_{右}$)。在导线

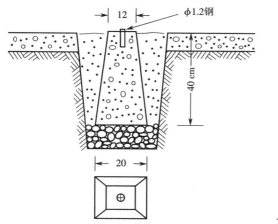

图 7.14 导线点标石

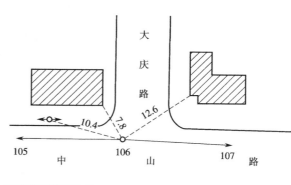

图 7.15 控制点"点之记"

水平角观测时,对于左角和右角并无差别,仅仅是计算上的差别,这是因为

$$\beta_左 + \beta_右 = 360° \tag{7.12}$$

导线测量过程中,水平角用经检验校正过的全站仪或经纬仪进行观测。当测站上只有两个方向时,采用测回法观测,当测站上有 3 个以上方向时,采用方向法观测。对于不同等级导线,测回数不同,测回间须改变水平度盘位置,以减少度盘刻划误差的影响。第一测回水平度盘位置习惯置于大于 0°附近,从第二测回起,每次增加 $\dfrac{180°}{n}$,n 为测回数。

观测前应严格对中整平,观测过程中应注意照准部的长水准器气泡偏移情况,当气泡偏离中心超过一格时,表示仪器竖轴倾斜,这时应停止观测,重新整置仪器,重新观测该测回。观测时,应仔细瞄准目标的几何中心线,并尽量照准目标底部,以减少照准误差和觇标对中误差的影响,读数时要仔细果断,记录时要回报(又叫唱记),以防听错、记错,记录时一定要在现场进行,并记在手簿上,严禁追记、补记和涂改记录,以保证记录的真实性和可靠性。

各级导线测量使用仪器的等级、测回数、测角中误差等技术要求见表7.2 和表7.3 中的规定,测量超限应重测。表7.7 为导线测量记录表示例。

4. 钢尺量测导线边长

目前,导线边长一般采用光电测距仪进行测量,但是在没有测距仪或者精度要求较低的情况下可使用钢尺量距。测距前,钢尺应进行比长鉴定。各等级控制网边长用普通钢尺量距的主要技术要求见表7.8。

钢尺量距导线,还应符合下列规定。

(1)对于首级控制,边长应进行往返丈量,其较差的相对误差不应大于1/4 000。

(2)量距时,当坡度大于 2%,温度超过钢尺检定温度范围 ± 10 ℃ 或尺长修正大于1/10 000 时,应分别进行坡度、温度和尺长的修正。

(3)当导线长度小于规定长度的1/3 时,其绝对闭合差不应大于图上 0.3 mm。

(4)对于测定细部坐标点的图根导线,当长度小于 200 m 时,其绝对闭合差不应大于13 cm。

表7.7 导线水平角观测量(测回法)及距离丈量记录

测站点号	目标点号	竖盘位置	水平角观测									距离测量		点号
			水平度盘读数			角值			平均角值			重复或分段观测值/m	总长或平均值/m	
			°	′	″	°	′	″	°	′	″			
A	1		0	08	24	112	22	30	112	22	24			A
	4		112	30	54									
	1		180	08	12	112	22	18				30		
	4		292	30	30							30	115.10	
1	2		0	02	18	97	03	06	97	03	00	30		1
	A		97	05	24							25.10		
	2		180	02	20	97	02	54				30		
	A		277	05	14							30	100.09	
2	3		0	18	32	105	17	12	105	17	06	30		2
	1		105	35	44							10.9		
	3		180	18	36	105	17	00				30		
	1		285	35	36							30	108.32	
3	4		60	54	12	101	46	26	101	46	24	30		3
	2		162	40	38							18.32		
	4		240	54	18	101	46	22				30		
	2		342	40	40							30	94.38	
4	A		60	24	06	123	30	10	123	30	06	25		4
	3		183	54	16							9.38		
	A		240	24	12	123	30	02				30		
	3		3	54	14							30	67.58	
												7.58		A

表 7.8 普通钢尺量距的主要技术要求

等级	边长量距较差相对误差	作业尺数	量距总次数	定线最大偏差/mm	尺段高差较差/mm	读定次数	估读值至/mm	温度读数值至(℃)	同尺各次或同段各尺的较差/mm
二级	1/20 000	1-2	2	50	≤10	3	0.5	0.5	≤2
三级	1/10 000	1-2	2	70	≤10	2	0.5	0.5	≤3

注:1. 量距边长应进行温度、坡度、尺长改正。

2. 当检定钢尺时,其相对误差不应大于1/100 000。

7.4 全站仪导线测量

全站仪导线测量的外业工作内容和步骤与经纬仪钢尺量距导线测量基本相同。不同之处表现在以下几个方面。

7.4.1 踏勘选点

现场踏勘选点时,除了要考虑经纬仪导线需要注意的事项外,还要考虑全站仪仪器安置和光电测距的特殊要求。

(1)测距边的长度宜在各等级控制网平均边长(1±30%)的范围内选择,并顾及所测测距仪的最佳测程。

(2)测线宜高出地面和离开障碍物1 m以上。

(3)测线应避免通过发热体(如烟囱等)的上空及附近。

(4)安置测距仪的测站应避开受电磁场干扰的地方,离开高压线宜大于5 m。

(5)应避免测距时的视线背景部分有反光物体。

7.4.2 全站仪观测导线边长

1. 检测全站仪

导线边长应采用全站仪进行光电测距,测距前应进行检测。全站仪导线边长测量的技术要求见表7.9、表7.10。

表7.9 测距仪测距的技术要求

控制网等级	测距仪等级	观测次数		总测回数	备注
		往	返		
四等	Ⅰ	1	1	2	1.测回数指照准目标一次读数4次
一级	Ⅱ	1	—	2	2.根据具体情况,可采用不同时段观测代替往返观测,时段是指上、下午或不同的白天
二、三级	Ⅱ	1	—	1	
图根导线	Ⅱ	1	—	1	

注:测距仪的等级划分:以 1 km 测距中误差($mD = a + bD$)划分为两级,Ⅰ级 $m_D \leq 5$ mm,Ⅱ级 5 mm < $m_D \leq 10$ mm。

式中:a——仪器标称精度中的固定误差,mm;

b——仪器标称精度中的比例误差,mm/km;

D——测距边边长,以公里为单位。

表7.10 光电测距各项较差的限值

项目 / 仪器等级	一测回读数较差/mm	单程测回间较差/mm	往返或不同时段的较差
Ⅰ级	5	7	$2(a+bD)$
Ⅱ级	10	15	

注:往返较差为斜距化算到同一水平面上后的平距后进行比较。

2.测定气象数据

光电测距时,要按要求测定气象数据。气象数据的测定应符合下列要求。

(1)气象仪表宜选用通风干湿温度表和空盒气压表。在测距时使用的温度表及气压表宜和测距仪检定时一致。

(2)到达测站后,应立刻打开装气压表的盒子,置平气压表,避免受日光曝晒。温度表应悬挂在与测距视线同高、不受日光辐射影响和通风良好的地方,待气压表和温度表与周围温度一致后,才能正式测记气象数据。气象数据的测定技术要求如表7.11。

表7.11 气象数据的测定要求

导线等级	最小读数		测定的时间间隔	气象为为数据的取用
	温度(℃)	气压		
一级起算边和边长	0.5	100 Pa(或 1 mmHg)	每边测定一次	观测一端的数据
二级起算边和边长,三级边长	0.5	100 Pa(或 1 mmHg)	一时段始末各测定一次	取平均值作为各边测量的气象数据

注:上午、下午和晚间各为一时段。

3. 测距边的倾斜改正

测距边的倾斜改正可用两端点的高差(用水准测量或用三角高程测定),也可用观测的垂角进行倾斜改正。

1)用测定两点间的高差计算

$$D = \sqrt{S^2 - h^2} \tag{7.13}$$

2)用观测垂直角计算

$$D = S\cos(\alpha + f) \tag{7.14}$$

$$f_\alpha = (1 - k)\rho'' \frac{s \cdot \cos \alpha}{2R_m} \tag{7.15}$$

式中:D——测距边两端点仪器与棱镜平均高程面上的水平距离;

S——经气象、加常数与乘常数等改正后的斜距;

α——垂直角观测值;

f_α——地球曲率与大气折光对垂直角的改正值,f_α 恒为正;

k——大气折光系数;

R_m——地球平均曲率半径。

垂直角观测测回数应符合表 7.12 的规定。

表 7.12　垂直角观测规定

测回数　精度　方法	$5'' \sim 10''$	$10'' \sim 30''$	
	DJ_2 级	DJ_2 级	DJ_6 级
对向观测　中丝法	2	1	2
单向观测　中丝法	3	2	3

7.4.3　全站仪导线测量记录示例

表 7.13　全站仪导线测量记录表

测站名称:3　　　　　观测者:　　　　　记录者:　　　　　测量日期:

水平角观测记录

测回	照准方向	盘位	水平角度盘读数 ° ′ ″	半测回角值 ° ′ ″	2c ″	一侧回角值 ° ′ ″	互差 ″	各测回平均值 ° ′ ″	备注
I	2	左	00 00 00	93 38 26	0	93 38 28	2	93 38 27	
	4		93 38 26						
	2	右	180 00 00	93 38 29	−3				
	4		273 38 29						
II	2	左	90 00 00	93 38 27	−3	93 38 26			
	4		183 38 27						
	2	右	270 00 03	93 38 26	−2				
	4		03 38 29						
		左							
		右							
		左							
		右							

水平距离测量记录

测站点气温:30 ℃　　　　　测站点气压:1 013 hPa

照准方向	盘位及测回	读数1 /m	读数2 /m	读数3 /m	互差 /mm	距离值 /m	均值 /m	备注
2	盘左1	53.788	.788	.788	0	53.788	53.788	
	盘左2	.788	.788	.788	0	.788		
4	盘左1	54.220	.220	.220	0	54.220	54.220	
	盘左2	.220	.220	.221	1	.220		

续表

照准方向	盘位及测回	读数1/m	读数2/m	读数3/m	互差/mm	距离值/m	均值/m	备注
	盘左1							
	盘左2							
	盘左1							
	盘左2							

7.5 导线简易平差计算

导线测量的内业计算的目的是计算导线点的平面坐标。在计算之前,应全面检查导线测量的外业记录手簿,有无遗漏,各项限差是否超限。然后绘制导线略图,在图上注明已知点(高级点)及导线点的点号、已知点坐标、已知边坐标方位角及导线经改正后的边长和水平角观测值。

进行导线计算时,应利用计算器,在规定的表格中进行(也可采用专用导线计算程序在计算机中进行)计算。各项数值计算中的取位规定是:角度值取至秒,长度和坐标值取至毫米。

下面就三种导线形式用计算器在规定的表格中的计算方法和步骤予以叙述。

7.5.1 闭合导线的计算

图7.16为一闭合导线略图,在野外对该导线的各内角和多边形各边进行了观测,导线点的坐标的计算过程是在专用的表格(见表7.13)中进行,下面将对闭合导线的平差计算方法及步骤予以介绍。

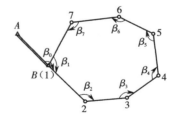

图7.16 闭合导线略图

1.角度闭合差的计算和角度平差

1)角度闭合差的计算

从平面几何学可知,闭合多边形的内角和理论上应等于$(n-2)\cdot 180°$,由于多边形内角在观测中有误差,故其内角和不一定等于$(n-2)\cdot 180°$,这样就使得多边形内角和的观测值与理论值不相符合,形成角度闭合差f_β为

$$f_\beta = \sum_1^n \beta - (n-2) \times 180° \qquad (7.16)$$

式中:β——闭合导线的内角;

n——多边形内角的个数。

注意:定向角 β（又称连接角）不是闭合多边形中的一个角度,故不应参与角度闭合差的计算。

角度闭合差必须有一定的限度,称为限差,一般以二倍中误差作为限差。若超限,表示观测值误差太大,观测成果不能采用,必须进行重测。规范中规定的角度(方位角)闭合差的限差为

$$f_{\beta限} = \pm 2m_\beta \sqrt{n} \tag{7.17}$$

角度(方位角)闭合差应满足

$$f_\beta \leq f_{\beta限} = \pm 2m_\beta \sqrt{n} \tag{7.18}$$

例如,一般图根导线的测角中误差 $m_\beta = \pm 30''$,图7.16 中 $n = 7$,由此计算出 $f_{\beta限} = \pm 2'39''$。则该导线最后计算出的角度闭合差应该满足

$$|f_\beta| \leq |f_{\beta限}| = 2'39''$$

若不满足上式,则导线水平角应该进行重新观测。

2)角度平差

当 $|f_\beta| \leq |f_{\beta限}|$ 时,则需对水平角 β_i 进行平差处理。平差的方法是:将角度闭合差反号平均分配给每一个观测角。也就是给闭合多边形中每一个水平角 β_i(内角)加上一个角度改正数 v_β,得到平差后的水平角度 $\hat{\beta}_i$,即

$$v_\beta = -\frac{f_\beta}{n} \tag{7.19}$$

$$\hat{\beta}_i = \beta_i + v_\beta \quad (i = 1,2,\cdots,n) \tag{7.20}$$

如果计算正确,经过角度改正后的多边形内角和就应该等于 $(n-2)\cdot 180°$,即

$$\sum_1^n \hat{\beta} = (n-2)\times 180°$$

以此作为角度平差计算正确与否的检核。

2. 导线边坐标方位角的推算

当多边形内角经过平差后,就可以根据式(7.5)推算导线中每一条边的坐标方位角,图7.16 中 B—2 边的坐标方位角根据已知 AB 边的坐标方位角 α_{AB} 和连接角 β_0 用下式计算:

$$\alpha_{B2} = \alpha_{AB} + \beta_0 \pm 180° \tag{7.21}$$

图7.16 中其余各边的坐标方位角用改正后的水平角 $\hat{\beta}_i$ 计算,即

$$\left.\begin{array}{l} \alpha_{23} = \alpha_{B2} + \hat{\beta}_2 \pm 180° \\ \cdots\cdots\cdots \\ \alpha_{71} = \alpha_{67} + \hat{\beta}_7 \pm 180° \end{array}\right\} \tag{7.22}$$

可见,导线各边的方位角由此便都可算出,为了检核计算的正确性,还要根据下式计算第

一条边的方位角为

$$\alpha_{12} = \alpha_{71} + \beta_1 \pm 180°$$

并与前面所算的 B—2 边方位角比较,若相等,说明计算无误,否则应查找错误,重新计算各导线的方位角。

3. 坐标增量的计算

各导线边方位角推算结束后,即可根据方位角和经尺长、温度和坡度等项改正后的导线边长计算坐标增量。根据式(7.7)可计算图 7.16 中各导线边的坐标增量为

$$\left. \begin{array}{l} \Delta x_{B2} = D_{B2} \cos \alpha_{B2} \\ \Delta x_{23} = D_{23} \cos \alpha_{23} \\ \cdots\cdots\cdots\cdots \\ \Delta x_{7B} = D_{7B} \cos \alpha_{7B} \end{array} \right\} \tag{7.23}$$

$$\left. \begin{array}{l} \Delta y_{B2} = D_{B2} \sin \alpha_{B2} \\ \Delta y_{23} = D_{23} \sin \alpha_{23} \\ \cdots\cdots\cdots\cdots \\ \Delta y_{7B} = D_{7B} \sin \alpha_{7B} \end{array} \right\} \tag{7.24}$$

4. 坐标增量闭合差的计算和坐标增量平差

1)坐标增量闭合差的计算

当计算出各边的坐标增量后,即可依照式(7.6)计算各导线点的坐标如下

$$\left. \begin{array}{l} x_2 = x_B + \Delta x_{B2} \\ x_3 = x_2 + \Delta x_{23} \\ \cdots\cdots\cdots\cdots \\ x_B = x_7 + \Delta x_{7B} \end{array} \right\} \tag{7.25}$$

$$\left. \begin{array}{l} y_2 = y_B + \Delta y_{B2} \\ y_3 = y_2 + \Delta y_{23} \\ \cdots\cdots\cdots\cdots \\ y_B = y_7 + \Delta y_{7B} \end{array} \right\} \tag{7.26}$$

将式(7.25)、式(7.26)中各式总和起来,则得

$$\left. \begin{array}{l} x_B = x_B + \sum \Delta x \\ y_B = y_B + \sum \Delta y \end{array} \right\} \tag{7.27}$$

由式(7.27)可见,如果测量中没有误差,则各边的同名坐标增量之和理论上应该等于零,即

$$\left. \begin{array}{l} \sum \Delta x_{理} = 0 \\ \sum \Delta y_{理} = 0 \end{array} \right\} \tag{7.28}$$

但是,测角和量边中总是存在测量误差的,根据坐标方位角和导线边计算的坐标增量也就

存在着误差,坐标增量计算值一般不等于其理论值,导线就会产生坐标增量闭合差,其计算式

$$
\left.\begin{array}{l}
f_x = \sum \Delta x_{计} - \sum \Delta x_{理} = \sum \Delta x_{计} - 0 \\
f_y = \sum \Delta y_{计} - \sum \Delta y_{理} = \sum \Delta y_{计} - 0
\end{array}\right\}
\tag{7.29}
$$

式(7.29)可表示为如下形式

$$
\left.\begin{array}{l}
f_x = \sum \Delta x_{计} \\
f_y = \sum \Delta y_{计}
\end{array}\right\}
\tag{7.30}
$$

式(7.30)就是闭合导线坐标增量闭合差的计算式。同角度闭合差一样,坐标增量闭合差不可能无限大,也应该有一定的限度,坐标增量闭合差的限度是用导线全长闭合差的相对误差来体现的。《工程测量规范》中规定,图根导线相对闭合差≤1/2 000α,当 $\alpha = 2$ 时,一般图根导线相对闭合差应该≤1/4 000。导线全长闭合差 f_s 的计算式为

$$
f_s = \sqrt{f_x^2 + f_y^2}
\tag{7.31}
$$

导线全长相对闭合差是导线全长闭合差与导线的总长度的比值,用符号 K 表示,一般计算分子为 1 的分数,即

$$
K = \frac{f_s}{\sum s} = \frac{1}{\sum s/f_s}
\tag{7.32}
$$

2)坐标增量的平差

当导线全长相对闭合差符合规范要求时,便要进行坐标增量的平差。其方法是,给每一个坐标增量加上一个改正数,使之消除坐标增量闭合差。坐标增量改正数为

$$
\left.\begin{array}{l}
v_{\Delta x_{ij}} = -\dfrac{f_x}{\sum D} D_{ij} \\
v_{\Delta y_{ij}} = -\dfrac{f_y}{\sum D} D_{ij}
\end{array}\right\}
\tag{7.33}
$$

为了检核坐标增量改正数计算的正确性,所计算出的坐标增量改正数之和应该等于反号后的坐标增量闭合差,即

$$
\left.\begin{array}{l}
-f_x = \sum v_{\Delta x} \\
-f_y = \sum v_{\Delta y}
\end{array}\right\}
\tag{7.34}
$$

然后计算出改正后的坐标增量

$$
\left.\begin{array}{l}
\hat{\Delta x}_{ij} = \Delta x_{ij} + v_{\Delta x_{ij}} \\
\hat{\Delta y}_{ij} = \Delta x_{ij} + v_{\Delta y_{ij}}
\end{array}\right\}
\tag{7.35}
$$

5.各导线点坐标的计算

利用坐标增量的平差值从已知点 B 开始,依次推算图(7.16)所示导线中各未知点的平面坐标,其坐标计算式

$$x_2 = x_B + \hat{\Delta x}_{12}$$
$$y_2 = y_B + \hat{\Delta y}_{12}$$

....

$$x_i = x_{i-1} + \hat{\Delta x}_{i-1,i}$$
$$y_i = y_{i-1} + \hat{\Delta y}_{i-1,i}$$

(7.36)

为了检核计算的正确性,还要算回至已知点 B,即

$$x_B = x_7 + \hat{\Delta x}_{7B}$$
$$y_B = y_7 + \hat{\Delta y}_{7B}$$

其推算坐标与已知坐标应相等,以此检核。

例 7.2 如图 7.16 所示的闭合导线,网中 A、B 为已知坐标点,其余为未知点,其计算过程都在表格中进行(见表 7.14)。

解:表格中的填写和计算过程如下。

第一步,填写已知数。将已知点的 A、B 的坐标填写 A、B 行与第 13、14 列的交叉位置,已知方位角 $\alpha_{AB} = 183°55'00''$ 也填写在表中第 5 列相应位置,观测的水平角和边长分别填写在表的第 2、6 列中。

第二步,进行角度闭合差的计算和角度平差。按式(7.16)计算出角度闭合差,按式(7.17)计算闭合差的限差,按式(7.19)计算角度改正数,填写于表中的第 3 列,再将第 2 列和第 3 列对应数据相加填写于第 4 列。这就完成了角度平差。

第三步,各边坐标方位角的推算。表中第 5 列中,AB 边的方位角 $\alpha_{AB} = 183°55'00''$ 为已知,然后根据式(7.5)用已知边的方位角和表中第 4 列角度平差值,依次推算出各导出线的方位角均填写在第 5 列中。要注意的是:根据已知边 AB 推算 $B2$ 边方位角时,是用连接角 β_0。当算出最后一条未知边 $7B$ 的方位角后,还要用 β_1 计算 $B2$ 边的方位角,进行检核。

第四步,用边长和方位角根据式(7.7)计算各边的纵、横坐标增量,分别填写在第 7、9 列中。

第五步,将第 7 列中数据求和,就是纵坐标增量闭合差 f_x,第 9 列求和就是横坐标增量闭合差 f_y。在求得全长相对闭合差并与允许误差比较符合要求后,便按式(7.33)计算纵、横坐标增量改正数,分别填写在第 8、10 列中。注意:同保坐标增量改正数之和应该等于同名闭合差的反号,以此作为检核。

第六步,各导线点坐标的计算。根据已知点 B 的坐标和改正后的坐标增量逐点计算坐标。注意:当计算完 7 点的坐标后,还要计算到 B 点的坐标再与原坐标比较看是否相等,以此作为检核。

表 7.14　闭合导线计算表

工程名称:图根导线　　　　　　　　　　　　　　　　　　　　　　　　　　　　　等级:±20″

点名	观测角度 (° ′ ″)	角度 改正数	角度 平差值 (° ′ ″)	方位角 (° ′ ″)	边长 观测值 (m)	坐标增量近似值				坐标增量平差值		坐标	
						ΔX(m)	改正数 (mm)	ΔY(m)	改正数 (mm)	ΔX(m)	ΔY(m)	X(m)	Y(m)
1	2	3	4	5	6	7	8	9	10	11	12	13	14
A				183 55 00								63 861.775	51 281.687
B(1)	259 14 00		259 14 00									63 829.540	51 279.480
				263 09 00	115.258	−13.747	+8	−114.435	−3	−13.739	114.438		
2	212 38 40	−11	123 39 30									63 815.801	51 165.042
				295 47 29	48.434	21.073	+3	−43.609	−1	21.076	−43.610		
3	123 39 41	−11	123 39 30									63 836.877	51 121.432
				239 26 59	53.544	−27.216	+3	−45.111	−2	−27.213	−46.113		
4	114 30 00	−11	114 29 49									63 809.664	51 075.319
				173 56 48	58.309	57.984	+4	6.149	−2	−57.980	6.147		
5	95 10 34	−11	95 10 23									63 751.684	51 081.466
				89 07 11	71.580	1.100	+5	71.572	−2	1.105	71.570		
6	177 26 37	−11	177 26 26									63 752.789	51 153.036
				86 33 37	97.934	5.876	+6	97.758	−3	5.882	97.755		
7	115 29 03	−11	115 28 52									63 758.671	51 250.791
				22 02 29	76.452	70.864	+5	28.691	−2	70.869	28.689		
B(1)	61 06 42	−11	61 06 31									63 829.540 (检核)	51 279.480 (检核)
				263 09 00 (检核)	∑D = 521.511								
备注	$f_\beta = +77″$　　　∑X = −0.034　　　$f_x = −34$ mm　　　f = 37 mm $f_{\beta限} = ±106″$　　　∑Y = 0.015　　　$f_y = 15$ mm　　　K ≈ 1/14 100												

7.5.2　附合导线的计算

附合导线的计算步骤为方法和闭合导线基本一样,仅角度闭合差和坐标增量闭合差的计算方法与闭合导线的计算有差异,下面仅就这两个步骤的计算予以叙述。

1. 角度闭合差的计算和水平角平差

1) 角度闭合差的计算

在图 7.17 中，MA 和 BN 为已知边，其已知方位角分别为 α_{MA}、α_{BN}，β_i 为导线前进方向的左角（水平角），现根据已知边 MA 的方位角 α_{MA} 及水平角推算未知边的方位角，直至最后一边（已知方位角边 BN）的方位角。若水平角观测时无误差，则 BN 边方位角的计算值应该等于其已知值。但是，角度观测不可能没有误差，这样就使得 BN 边方位角的计算值不等于其已知值，从而产生附合导线方位角闭合差 f_β（即角度闭合差）。根据方位角的推算公式，得最末边 BN 边方位角的计算值为

$$\alpha_{BN\text{计}} = \alpha_{MA} + \sum_1^n \beta_i - n \times 180°$$

附合导线方位角闭合差 f_β 用计算式表示如下

$$f_\beta = \alpha_{BN\text{计}} - \alpha_{BN} = \alpha_{MA} + \sum_1^n \beta_i - n \times 180° - \alpha_{BN} \tag{7.37}$$

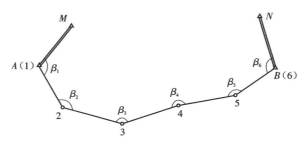

图 7.17　附合导线略图

2) 水平角平差

同闭合导线一样，角度（方位角）闭合差应满足

$$f_\beta \leqslant f_{\beta\text{限}} = \pm 2m_\beta \sqrt{n}$$

当其满足上式的要求以后，就要对水平角进行平差处理，即将角度（方位角）闭合差分配掉。分配的方法同闭合导线一样，将角度闭合差反号平均分配给每一个观测角。也就是给附合导线中每一个水平角 β_i（左角）加上一个角度改正数 v_β，得到平差后的水平角度 $\hat{\beta}_i$ 为

$$v_\beta = -\frac{f_\beta}{n} \qquad \hat{\beta}_i = \beta_i + v_\beta \quad (i = 1, 2, \cdots, n)$$

2. 坐标增量闭合差的计算和坐标增量平差

1) 坐标增量闭合差的计算

由图 7.18 所示，图中各边的纵坐标增量计算值求和应该等于 A、B 两点间的纵坐标之差 Δx_{AB}，同样，各边横坐标增量计算值求和也应该等于 A、B 两点间的横坐标之差 Δy_{AB}，但是各坐标增量是由观测角度和边长算出的，观测值是一定有误差的，故算出的坐标增量也就存在误差，从而使得各边的同名坐标增量之和不等于 A、B 两点间的同名坐标之差，而产生坐标增量

闭合差,即

$$
\left.\begin{array}{l}
f_x = \sum \Delta x_{\text{计}} - (x_B - x_A) \\
f_y = \sum \Delta y_{\text{计}} - (y_B - y_A)
\end{array}\right\}
$$

(7.38)

2)坐标增量平差

同闭合导线一样,当附合导线全长闭合差的相对误差在限差范围之内时,也要对坐标增量进行平差,即将对坐标增量加上一个改正数求出其平差后的坐标增量。其平差计算用式(7.33)、式(7.35)。

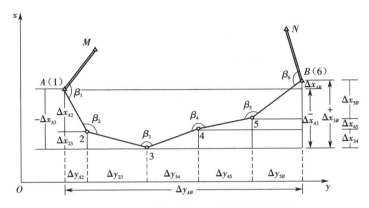

图 7.18　附合导线坐标计算增量图

例 7.3　如图 7.17 所示的附合导线,网中 M、A、B、N 为已知坐标点,其余为未知点,其计算过程都在表格(见表 7.15)中进行,其填写方法同闭合导线计算表 7.14。

表 7.15　附合导线计算表

工程名称:图根导线 等级:±20″

点名	观测角度 (° ′ ″)	角度改正数	角度平差值 (° ′ ″)	方位角 (° ′ ″)	边长观测值 (m)	坐标增量近似值				坐标增量平差值		坐标	
						ΔX(m)	改正数 (mm)	ΔY(m)	改正数 (mm)	ΔX(m)	ΔY(m)	X(m)	Y(m)
1	2	3	4	5	6	7	8	9	10	11	12	13	14
M				237 59 30									
A(1)	99 01 00	+7″	99 01 07									2 507.690	1 215.630
				157 00 37	225.850	-207.912	+47	88.209	-40	-207.865	88.169		
2	167 45 36	+7″	167 45 43									2 299.825	1 303.799
				144 46 20	139.030	-113.569	+29	80.196	-25	-113.540	80.171		
3	123 11 24	+7″	123 11 31									2 186.285	12 383.970
				87 57 51	172.570	6.130	+36	172.461	-31	6.166	172.430		
4	189 20 36	+7″	189 20 43									2 192.451	1 556.400
				97 18 34	100.070	-12.732	+21	99.257	-18	-12.711	99.239		
5	179 59 18	+7″	179 59 25									2 179.740	1 655.639
				97 17 59	102.480	-13.021	+21	101.649	-18	-13.000	101.631		
B(6)	129 27 24	+7″	129 27 31									2 166.740 (检核)	1 757.270 (检核)
				46 45 30 (检核)									
N					$\sum D =$ 740.00								
备注	$f_\beta = -42″$ $f_{\beta\text{限}} = ±98″$	$\sum X = -341.104$ $\sum Y = 541.772$	$f_x = -154$ mm $f_y = +132$ mm	$f_D = 203$ mm $K \approx 1/3\,648$									

7.5.3　支导线计算

支导线因终点为待定点,不存在附合条件。但为了进行检核和提高精度,一般采取往返观测,使其有了多余观测。因观测存在误差,所以就会产生方位角闭合差和坐标闭合差。

支导线因采取往、返观测,故又称复测支导线。复测支导线的平差计算过程与附合导线基本相同。计算的方法简述如下。

1. 方位角闭合差的计算和角度平差

方位角闭合差为终止边往测方位角与终止边返测方位角之差,即

$$f_\beta = \alpha_{往} - \alpha_{返} \tag{7.39}$$

其限差为

$$f_{\beta限} = \pm 2m_\beta \sqrt{2n} \tag{7.40}$$

式中：m_β——为测角中误差；

$2n$——为往返观测的总测站数。

当 $f_\beta \leqslant f_{\beta限}$ 时，进行角度闭合差的平差，往返测量所测水平角的改正数绝对值相等，符号相反，即

$$\begin{cases} v_{\beta往} = -\dfrac{f_\beta}{2n} \\[2mm] v_{\beta返} = +\dfrac{f_\beta}{2n} \end{cases} \tag{7.41}$$

2. 坐标闭合差的平差

坐标闭合差为往、返观测所计算的终点坐标之差，或者说是起点与终点间往返测坐标增量之差，即

$$\begin{cases} f_x = \sum \Delta x_{往} - \sum \Delta x_{返} \\[2mm] f_y = \sum \Delta y_{往} - \sum \Delta y_{返} \end{cases} \tag{7.42}$$

导线全长闭合差为 $\qquad f_s = \sqrt{f_x^2 + f_y^2}$

导线全长相对闭合差为

$$k = \frac{f_s}{\sum D_{往} + \sum D_{返}} \tag{7.43}$$

导线全长相对闭合差小于限差要求时，进行坐标增量改正数的计算，即

往测：

$$\begin{cases} v_{\Delta x_{ij}} = -\dfrac{f_x}{\sum D_{往} + \sum D_{返}} \times D_{ij往} \\[4mm] v_{\Delta y_{ij}} = -\dfrac{f_y}{\sum D_{往} + \sum D_{返}} \times D_{ij往} \end{cases} \tag{7.44}$$

返测：

$$\begin{cases} v_{\Delta x_{ij}} = -\dfrac{f_x}{\sum D_{往} + \sum D_{返}} \times D_{ij返} \\[4mm] v_{\Delta y_{ij}} = -\dfrac{f_y}{\sum D_{往} + \sum D_{返}} \times D_{ij返} \end{cases} \tag{7.45}$$

7.6 GPS 测量简介

GPS 是全球卫星定位系统(Global Positioning System)的简称，由美国国防部于 20 世纪 70

年代开始历时 20 年,耗资 200 亿美元,于 1994 年全面建成,可实时提供三维导航与定位,主要用于为海陆空三军提供精密导航和情报收集等军事目的。

7.6.1 GPS 系统组成

GPS 系统由三部分组成:空间部分——GPS 卫星星座;地面控制部分——地面监控部分;用户设备部分——GPS 接收机。

1. GPS 卫星星座

GPS 卫星星座由 21 颗工作卫星和 3 颗备用卫星组成,这些卫星分布于 6 条绕地运行的轨道上,轨道倾角为 55°,卫星离地面高度为 20 200 km(如图 7.19 所示),运行周期为 12 恒星时(11 h 58 min)。卫星通过天顶时,卫星可见时间为 5 h,地球表面上任何地点任何时刻,用 GPS 接收机随时观测到 4 ~ 11 颗卫星,以便进行定位与导航。

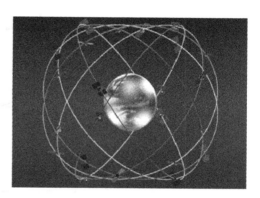

图 7.19 GPS 卫星星座

2. 地面监控部分

根据 GPS 定位原理,要实现 GPS 地面定位,需要知道观测瞬间 GPS 卫星的位置。卫星的位置是依据卫星发射的星历——描述卫星运动及其轨道的参数算得的,而每颗 GPS 卫星所播发的星历是由地面监控系统提供的。卫星上的各种设备是否正常工作,卫星是否一直沿着预定轨道运行,都要由地面设备进行监测和控制。地面监控系统的另一重要作用是保持各颗卫星处于同一时间标准——GPS 时间系统。这就需要地面站监测各颗卫星的时间,求出钟差,然后由地面注入站发给卫星,卫星再由导航电文发给用户接收机。

GPS 工作卫星的地面监控系统包括 1 个主控站、3 个注入站和 5 个监控站。

3. GPS 接收机

GPS 接收机的任务是:捕获到按一定卫星高度截止角所选择的待测卫星的信号,并跟踪这些卫星的运行,对所接收到的 GPS 信号进行变换、放大和处理,以便测量出 GPS 信号从卫星到接收机天线的传播时间,解译出 GPS 卫星所发送的导航电文,实时地计算出测站的三维位置,甚至三维速度和时间。

目前,各种类型的 GPS 测地型接收机用于精密相对定位时,其双频接收机精度可达 5 mm $+ 10^{-6} \times D$,单频接收机在一定距离内的精度可达 10 mm $+ 2 \times 10^{-6} \times D$。差分定位的精度可达亚米级至厘米级。

7.6.2 GPS 定位的基本原理

GPS 卫星定位系统确定地面点位的基本原理是:用 GPS 接收机接收从四颗或四颗以上卫星在空间运行轨道上同一瞬间发出的超高频无线电信号,以测定地面点至这几颗卫星的空间距离,用距离交会法求得地面点的空间位置,如图 7.20 所示。

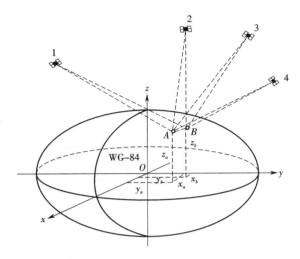

图 7.20　GPS 定位原理

GPS 采用的坐标系是 WGS－84 坐标系,它是以地球质心为原点的地心坐标系,x、y 轴在地球赤道平面内,z 轴与地球自转相重合。地面点 A、B 在该坐标系中的三维坐标分别为(x_a,y_a,z_a)和(x_b,y_b,z_b)。

若要测定 A 或 B 点 WGS－84 三维坐标,只需要在 A 或 B 点安置 GPS 接收机接收卫星信号,得到四颗以上卫星的瞬时位置,通过下式,即可解算出接收机所在测站的三维坐标

$$\left.\begin{aligned}
D_A^1 &= \sqrt{(x_a - x^1)^2 + (y_a - y^1)^2 + (z_a - z^1)^2} + c\delta_t \\
D_A^2 &= \sqrt{(x_a - x^2)^2 + (y_a - y^2)^2 + (z_a - z^2)^2} + c\delta_t \\
D_A^3 &= \sqrt{(x_a - x^3)^2 + (y_a - y^3)^2 + (z_a - z^3)^2} + c\delta_t \\
D_A^4 &= \sqrt{(x_a - x^4)^2 + (y_a - y^4)^2 + (z_a - z^4)^2} + c\delta_t
\end{aligned}\right\} \tag{7.46}$$

式中:c——光速;

δ_t——接收机钟差;

(x^i,y^i,z^i)——观测卫星瞬时坐标,$i = 1,2,3,4$;

D_A^i——测站 A 到各观测卫星的距离,$i = 1,2,3,4$。

这种确定一个点在 WGS－84 坐标系的三维坐标的方法,称为单点绝对定位。由于受到卫星发射方在信号中的保密措施,不能利用其精码(精确定位信号),使得一般用户难以得到精确的卫星定轨信息,使用绝对定位方法只能达到 ±100 m 左右的定位精度,不能满足控制测量的精度要求。

常规 GPS 控制测量一般采用静态相对定位法。如图 7.20 所示,将两台 GPS 接收机分别安置于 A、B 点,同时观测几颗卫星的信号(称为同步观测),利用两点同步观测得到的无线电载波相位差分观测值,能消除多种误差的影响,从而获得两点间的高精度的 GPS 基线向量——三维坐标差。在 GPS 控制网中,根据许多点与点之间测定的基线向量,由已知点推算

待定点位,其定位精度就能满足控制测量的要求。

GPS 直接测出的 WGS–84 坐标不便于工程应用。工程建设中,利用 GPS 与测区已有的的控制点联测的方法求得转换参数,通过坐标转换,化为本测区的高斯平面直角坐标和基于大地水准面的高程。

在净空条件良好、定位精度要求不是很高的测图或者工程放样中,常常采用动态差分定位的方法。差分 GPS 定位技术,就是将一台 GPS 接收机安置在基准站上进行观测,另一台接收机安置在运动的载体上,载体在运动过程中,其上的 GPS 接收机与基准站上的接收机同步观测 GPS 卫星,以实时确定载体在每个观测历元的瞬时位置。在实时定位过程中,由基准站接收机通过数据链发送修正数据,用户站接收机接收该修正数据并对测量结果进行改正处理,以达到消除或减少相关误差的影响,获得精确的定位结果。

差分 GPS 由于其有效地消除了美国政府 SA 政策所造成的危害,大幅提高了定位精度,近年来已经成为 GPS 定位技术中新的研究热点,并取得了重大进展。目前市场上出售的 GPS 接收机大多已具备实时差分的功能,不少接收机的生产销售厂商已将差分 GPS 的数据通信设备作为接收机的附件或选购件一并出售,商业性的差分 GPS 服务系统也纷纷建立。这都标志着差分 GPS 已经进入实用阶段。

7.6.3　GPS 定位测量的优点

GPS 定位测量具有高精度、全天候、高效率、多功能、操作简便等特点,与常规控制测量方法相比,有许多优点。

1. 定位精度高

GPS 应用实践证明,GPS 相对定位精度在 50 km 以内可达10^{-6},$100 \sim 500$ km 以内可达10^{-7},$1\,000$ km 以上可达10^{-9}。在 $300 \sim 1\,500$ m 的工程精密定位中,1 h 以上观测的解的平面位置误差小于 1 mm。

2. 观测时间短

随着 GPS 系统的不断完善、软件的不断更新,目前 20 km 以内相对静态定位仅需 $15 \sim 20$ min。快速静态相对定位测量时,当每个流动站与基准站相距 15 km 以内时,流动站观测时间只需 $1 \sim 2$ min。动态相对定位测量时,流动站出发时观测 $1 \sim 2$ min,然后可随时定位,每站观测仅需几秒钟。

3. 测站间无须通视

GPS 测量不必要测站之间互相通视,只需测站上空开阔即可,因此可节省大量的造标费用。由于无须点间通视,点位位置根据需要可稀可密,使选点工作甚为灵活。

4. 可提供三维坐标

经典大地测量将平面与高程采用不同方法分别施测,GPS 卫星定位可同时精确测定点的三维坐标 x, y, H。

5. 操作简便

随着 GPS 接收机的不断改进,自动化程度越来越高,已达"傻瓜化"程度。接收机的体积越来越小,质量越来越轻,观测、记录、计算等具有高度的自动化,可以较快获得测量成果,极大地减轻测量工作者的工作紧张程度和劳动强度,使野外工作变得轻松愉快。

6. 全天候作业

目前,GPS 观测可在全天 24 h 内的任何时间进行,不受阴天黑夜、起雾刮风、下雨下雪等气候的影响。

7. 功能多、应用广

GPS 系统不仅可用于测量、导航,还可用于测时、测速。测速的精度可达 0.1 m/s,测时的精度可达几十毫秒。GPS 对大地测量、工程勘测乃至于开阔地区的细部测量展现了极其广阔的应用前景。

技能训练4　导线测量

1. 技能目标

掌握:图根导线的外业工作内容、步骤及操作方法;图根导线的内业计算方法。

2. 使用仪器、工具

每组到仪器室借 TOPCON 全站仪 1 台,反光镜 2 副,脚架 3 副,钢卷尺 1 个,记录表格 4 张;学生自备记录笔 1 支。

3. 训练步骤

(1)每组布设一条导线,每条导线选点数不少于 5 点,用铁钉在地面刻上临时点位标志。

(2)从一已知点开始,除两端已知点外,其余每点安置全站仪进行角度测量和边长测量。

(3)内业计算。每位学生根据本组观测的导线资料计算导线各点的坐标。

4. 训练要求

(1)每人必须进行至少一站的操作。

(2)仪器对中误差不应大于 2 mm,整平时,水准管气泡中心偏离整置中心不超过 1 格。

(3)每一测站水平角和距离均观测一个测回,上下半测回角度较差 ≤30″,测距读数较差 ≤20 mm。

(4)每条导线角度闭合差允许误差为 $60''\sqrt{n}$,相对闭合差 ≤1/3 000。

(5)内业计算用表格进行,必须严格按格式要求进行,各项检核都应符合要求。

5. 提交成果

(1)外业记录表格。

(2)每人一份导线内业计算资料。

(3)每人一份训练报告。

复习与思考题

1. 测量控制网点的布设原则是什么？控制网分为哪几种？

2. 什么叫导线？单一导线有哪几种布设形式？各在什么情况下使用？

3. 导线测量的外业工作包括哪些？现场选点时应注意哪些问题？

4. 什么叫坐标正算和坐标反算？

5. 已知 $x_A = 2\,515.93$ m，$y_A = 3\,972.19$ m，$\alpha_{AB} = 307°46'482$，$S_{AB} = 107.62$ m 试求 x_B，y_B 的值。

6. 利用 5 题中的 X_A，Y_A 和计算的 X_B，Y_B 反算求 S_{AB} 和 α_{AB}。

7. 图 7.21 为一闭合导线，已知数据和观测值均标注于图中，请按闭合导线的计算方法计算出导线各点的坐标。

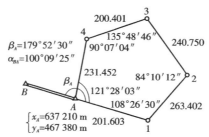

图 7.21 题 7 图

8. 图 7.22 为一附合导线，表 7.16 中已知点坐标和观测值，请按附合导线的计算方法计算附合导线中各点的坐标。

表 7.16 题 8 表

点号	观测角值 ° ′ ″	观测边长（m）	已知点坐标	
			x	y
A	99 01 00		2 507.70	2 215.83
1	167 45 00	225.85		
2	123 11 24	139.03		
3	189 20 11	172.57		
4	179 59 18	100.07		
C	129 27 24	107.48	2 224.84	2 795.36

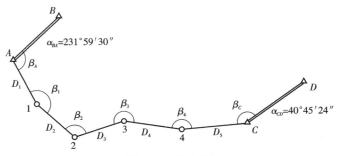

图 7.22　题 8 图

9. 图 7.23 为 3 个已知点的前方交会,其中 A、B、C 为已知坐标点,已知数据列入表 7.17 中,试求未知点 P 的坐标。

表 7.17　题 9 表

已知数据			观测数据	
点名	$x(\mathrm{m})$	$y(\mathrm{m})$	角号	水平角度值 ○　′　″
A	3 646.35	1 054.54	α_1	64 03 30
B	3 873.96	1 772.68	β_1	59 46 40
C	4 538.45	1 862.57	α_2	55 30 36
			β_2	72 44 47

10. 图 7.24 为测边交会,网中 A、B 为已知坐标点,a、b 为观测边长,P 为待求点,请计算未知点 P 的平面坐标。

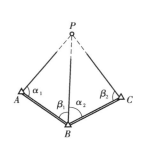

图 7.23　题 9 图

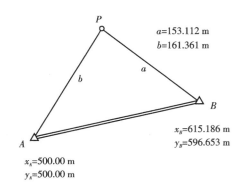

图 7.24　题 10 图

第8章 大比例尺地形图测绘

【学习目标】

序号	知识目标	能力目标	权重
1	能够正确陈述地形图的比例尺分类、分幅等	能够正确地绘制矩形分幅方格网	0.3
2	能够正确表述地形图上要示的内容、等高线绘制的原理和特性	能够初步识读地形图	0.3
3	能够正确陈述地形图的测绘方法	能够用手工测图的方式完成较小范围的大比例尺地形图测绘	0.4
	总　计		1.0

【教学准备】

经纬仪、全站仪、大比例尺地形图、测量照片等。

【教学建议】

在测绘实训基地,采用集中讲授、动态教学、分组实训等方法教学。

【建议学时】

8 学时(其中实训 2 学时)

8.1 比例尺

8.1.1 比例尺的概念

地形图上任意一条线段的长度与地面上相应线段的实际水平长度之比,称为地形图的比例尺。比例尺是地形图上最重要的参数,它既决定了地形图图上长度与实地长度的换算关系,又决定了地形图的详细程度与精度。

8.1.2 比例尺的种类

1. 数字比例尺

数字比例尺一般用分子为 1 的分数形式表示。设图上某一线段的长度为 d,地面上相应线段的水平长度为 D,则该地形图比例尺为

$$\frac{d}{D} = \frac{1}{\frac{D}{d}} = \frac{1}{M} \qquad (8.1)$$

式中的 M 为比例尺分母。当图上 10 mm 代表地面上 20 m 的水平长度时,该图的比例尺即为 1:2 000。由此可见,比例尺分母实际上就是实地水平长度缩绘到图上的缩小倍数。

比例尺的大小是以比例尺的比值大小衡量的。比值越大(分母 M 越小),则比例尺越大。为了满足经济建设和国防建设的需要,测绘和编制了各种不同比例尺的地形图,通常称 1:1 000 000、1:500 000、1:200 000 为小比例尺地形图;1:100 000、1:50 000、1:25 000 为中比例尺地形图;1:10 000、1:5 000、1:2 000、1:1 000、1:500 为大比例尺地形图。建筑工程通常采用大比例尺地形图。

2. 图示比例尺

为了用图方便以及减小由于图纸伸缩而引起的误差,在绘制地形图的同时,常在图纸上绘制图示比例尺。最常见的图示比例尺为直线比例尺。

图 8.1 为 1:500 的直线比例尺,取 2 cm 为基本单位,从直线比例尺上可直接读得基本单位的 1/10,估读到 1/100。

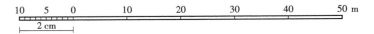

图 8.1　1:500 直线比例尺

8.1.3　比例尺的精度

人们用肉眼能分辨的图上最小长度为 0.1 mm,因此在图上量度或实地测图描绘时,一般只能达到图上 0.1 mm 的精度。图上 0.1 mm 所代表的实际水平长度称为比例尺精度。

比例尺精度的概念,对测绘地形图和使用地形图都有重要的意义。在测绘地形图时,要根据测图比例尺确定合理的测图精度。例如在测绘 1:500 比例尺地形图时,实地量距只需取到 5 cm,因为即使量得再细,在图上也无法表示出来。在进行规划设计时,要根据用图的精度确定合适的测图比例尺。例如工程建设,要求在图上能反映地面上 10 cm 的水平距离精度,则采用的比例尺不应小于 0.1 mm/0.1 m = 1/1 000。

表 8.1 为不同比例尺的比例尺精度,可见比例尺越大,其比例尺精度就越高,表示的地物和地貌越详细。但是一幅图所能包含的实地面积也越小,而且测绘工作量及测图成本会有所增加。因此,采用何种比例尺测图,应从规划、施工实际需要的精度出发,不应盲目追求更大比例尺的地形图。随着数字地形测图技术的普及,地形图通常一测多用,此时应以工程用图的最高精度确定比例尺的精度。

表 8.1　不同比例尺的比例尺精度

比例尺	1:500	1:1 000	1:2 000	1:5 000
比例尺精度/m	0.05	0.10	0.20	0.50

8.2　地形图的分幅与编号

为了便于测绘、拼接、使用和保管地形图,需要将各种比例尺的地形图进行统一的分幅和编号。地形图的分幅方法分为两类,一类是按经纬线分幅的梯形分幅法(又称为国际分幅),另一类是按坐标格网分幅的矩形分幅法。

8.2.1　地形图的梯形分幅和编号

1. 1:1 000 000 比例尺图的分幅和编号

按国际规定,1:1 000 000 的世界地图实行统一的分幅和编号。即自赤道向北或向南分别按纬差 4°分成横列,各列依次用 A、B、…、V 表示。自经度 180°开始起算,自西向东按经差 6°分成纵行,各行依次用 1、2、3、…、60 表示。每一幅图的编号由其所在的"横列－纵行"的代号组成。例如北京某地的经度为东经 116°24′20″,纬度为 39°56′30″,则所在 1:1 000 000 比例尺图的图号为 J－50(见图 8.2)。

2. 1:500 000、1:250 000 比例尺图的分幅和编号

1:500 000、1:250 000 地形图的分幅和编号,都是以 1:1 000 000 地形图的分幅和编号为基础的。

将一幅 1:1 000 000 地形图图幅按纬差 2°、经差 3°划分为 4 个 1:500 000 地形图图幅,并分别以字母 A、B、C、D 表示。图 8.3 中,画有斜线的 1:500 000 地形图图幅编号为 J－50－D。

将一幅 1:1 000 000 地形图图幅按纬差 1°、经差 1°30′划分为 16 个 1:250 000 地形图图幅,并分别以带有方括号的阿拉伯数字[1]、[2]、[3]、…、[16]表示,加在 1:1 000 000 地形图编号后面,便组成 1:250 000 地形图的图幅编号。如图 8.4 中,画有斜线的 1:250 000 地形图的图幅编号 J－50－[15]。

3. 1:100 000、1:50 000、1:25 000 比例尺图的分幅和编号

1:100 000、1:50 000、1:25 000 比例尺图的分幅和编号都是以 1:1 000 000 比例尺图为基础按固定经差和纬差划分,根据划分的行和列,从上到下、从左到右按顺序分别用阿拉伯数字表示。

以 1:1 000 000 比例尺图幅为基础划分的具体规则见表 8.2。

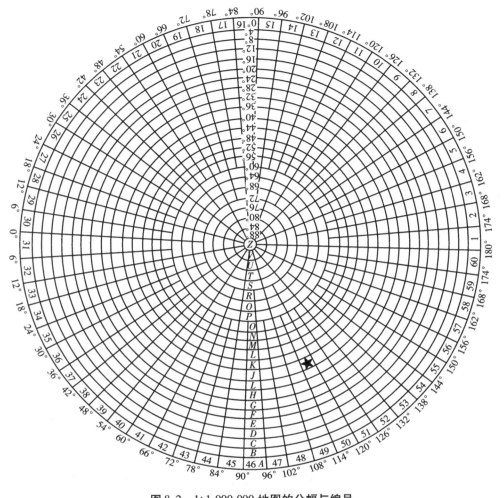

图 8.2   1:1 000 000 地图的分幅与编号

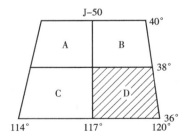

图 8.3   1:500 000 地形图的分幅和编号

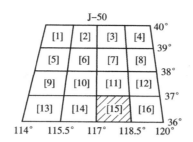

图 8.4　1:250 000 地形图分幅和编号

表 8.2　1:100 000、1:50 0 00、1:25 000 比例尺图的分幅规则

比例尺	图幅大小		行列划分数量		比例尺代码
	纬度差	经度差	行数	列数	
1:10 万	20′	30′	12	12	D
1:5 万	10′	15′	24	24	E
1:2.5 万	5′	7′30″	48	48	F

在 1:1 000 000 比例尺图幅的基础上划分 1:100 000、1:5 0000、1:25 000 比例尺图的具体情况见图 8.5。1:100 000、1:50 000、1:25 000 地形图的图幅编号由 10 位字符码组成:第 1 位为 1:1 000 000 图幅行号字符码;第 2、3 位为 1:1 000 000 图幅列号数字码;第 4 位为比例尺代码;第 5、6、7 位为行号数字码;第 8、9、10 位为列号数字码。

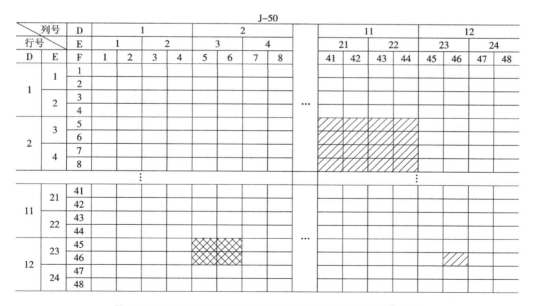

图 8.5　1:100 000、1:50 000、1:25 000 地形图的分幅和编号

在图 8.5 中,带单斜线的图幅为 1:100 000 的地形图,其图号为 J5013002011;带双斜线的

图幅为 1 : 50 000 的地形图,其图号为 J50E023003;带阴影的图幅为 1 : 25 000 的地形图,其图号为 J50F046046。

4.1 : 10 000、1 : 5 000 地形图的分幅和编号

1 : 10 000 地形图的分幅是在 1 : 100 000 图幅的基础上进行的,而 1 : 5 000 地形图的分幅是在 1 : 10 000 图幅的基础上进行的。

1 : 100 000 地形图的编号又可以按下列方式进行:将一幅 1 : 1 000 000 地形图图幅按纬差 20′、经差 30′,划分成 144 个 1 : 100 000 的图幅,分别以数字 1、2、3、…、144 表示,并加在 1 : 1 000 000 图幅编号后面,便组成 1 : 100 000 地形图的图幅编号,如图 8.6 中,带斜线的 1 : 100 000 图幅的编号为 J – 50 – 5。

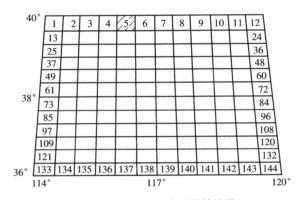

图 8.6 1 : 100 000 地形图的编号

再将一幅 1 : 100 000 地形图图幅按纬差 2′30″、经差 3′45″划分成 64 个 1 : 10 000 的图幅,分别以(1)、(2)、…、(64)表示,并加在 1 : 100 000 图幅后面,便组成 1 : 10 000 地形图的图幅编号。如图 8.7 中,带斜线的 1 : 10 000 幅图的编号为 J – 50 – 118 –(61)。

将一幅 1 : 10 000 图,划分成 4 幅 1 : 5 000 的图幅,分别以小写字母 a、b、c、d 表示,并加在 1 : 10 000 图幅之后,可得 1 : 5 000 地形图的图幅编号。如图 8.8 中,画有斜线的 1 : 5 000 图幅的编号为 J – 50 – 118 –(61)– c。

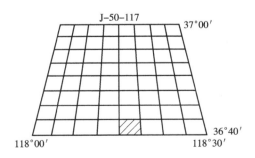

图 8.7 1 : 10 000 地形图的分幅和编号

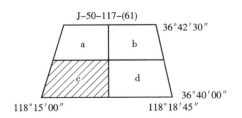

图 8.8 1 : 5 000 地形图的分幅和编号

为了方便学习和查用,上述各种比例尺地形图分幅和编号的规则可以归纳成表 8.3。

表 8.3 1:1 000 000 ~ 1:5 000 地形图的分幅和编号规则简表

比例尺	图幅大小		划分数		代号	图幅编号
	纬度差	经度差	绝对	相对		
1:1 000 000	4°	6°	1	1	横列:A、B、C、…、V 纵行:1、2、3、…、60	J - 50
1:500 000	2°	3°	4	4	A、B、C、D	J - 50 - D
1:250 000	1°	1°30′	16	4	[1]、[2]、[3]、…、[16]	J - 50 - [12]
1:100 000	20′	30′	144	9	1、2、3、…、144 D+行号+列号	J - 50 - 8 J50D004006
1:50 000	10′	15′	576	4	E+行号+列号	J50E010007
1:25 000	5′	7′30″	2 304	4	F+行号+列号	J50F022037
1:10 000	2′30″	3′45″	9 216	4	(1)、(2)、…、(64)	J - 50 - 8 - (61)
1:5 000	1′15″	1′52.5″	36 864	4	a、b、c、d	J - 50 - 8 - (61) - c

根据以上分幅编号的规律,可以由已知某点所在地坐标来求出该点所在的某个比例尺的图幅编号,也可以由给定的图号求出该图幅图廓线的经、纬度。

例 8.1 已知某点的大地坐标为 $L = 124°34′19″$, $B = 43°56′48″$,求该点所在的 1:5 000 地形图的图号。

解:(1)求该点所在的 1:1 000 000 图幅图号:

行号 $= B/4°$(取整数)$+1 = 11$,按拉丁字母排列顺序对应 K;

列号 $= L/6°$(取整数)$+1+30 = 51$。

该点所在的 1:1 000 000 图幅图号为 K - 51。

(2)求该点所在的 1:100 000 图幅图号:

行号 $= 13 - [B$ 的尾数/20′(取整数)$+1] = 13 - [3°56′48″/20′$(取整数)$+1] = 1$,即在第 1 行;

列号 $= L$ 的尾数/30′(取整数)$+1 = 4°34′19″/30′$(取整数)$= 10$,即在第 10 列。

该点所在的 1:100 000 图幅图号为 K - 51 - 10,或 K51D001010。

(3)求该点所在的 1:10 000 图幅图号:

按与(2)同样的方法,可以得到该点所在的 1:10 000 图幅图号为 K - 51 - 10 - (10)。

(4)求该点所在的 1:5 000 图幅图号:

同理可得:该点所在的 1:5 000 图幅图号为 K - 51 - 10 - (10) - a。

例 8.2 已知某图幅图号为 H - 49 - 103 - (27),求该图幅的图廓线经纬度。

解:由图号可知,该图幅的比例尺为 1:10 000。

首先,由图号 H - 49 求 1:1 000 000 图幅的图廓线的经纬度,即纬度为 28° ~ 32°,经度为 108° ~ 114°。

其次,由图号 H - 49 - 103 推知,该 1:100 000 图幅位于 1:1 000 000 图幅的第 9 行第 7

列,则 1:100 000 图幅的起始纬度为 $32° - 20' \times 9 = 29°$,起始经度为 $108° + 30' \times (8 - 1) = 111°$,即 1:100 000 图幅的图廓线纬度为 $29°00' \sim 29°20'$,经度为 $111°00' \sim 111°30'$。

最后,由图号 H-49-103-(27) 推知,该 1:10 000 图幅位于 1:100 000 图幅的第 4 行第 3 列,则 1:10 000 图幅的起始纬度为 $29°20' - 2'30'' \times 4 = 29°10'$,起始经度为 $111°00' + 3'45'' \times (3 - 1) = 111°07'30''$,即该 1:10 000 图幅的图廓线纬度为 $29°10'00'' \sim 29°12',30''$,经度为 $111°07'30'' \sim 111°11'15''$。

上述计算过程应配合草图检核,以防出错。

8.2.2 矩形分幅和编号

用于各种建筑工程的大比例尺地形图,一般采用矩形分幅,矩形分幅有正方形分幅和长方形分幅两种,即以平面直角坐标的纵、横坐标线来划分图幅,使图廓呈长方形或正方形。矩形分幅的规格见表 8.4。

表 8.4 矩形分幅的图幅规格

比例尺	长方形分幅		正方形分幅			图廓坐标值 /m
	图幅大小 /cm	实地面积 /km²	图幅大小	实地面积	分幅数	
1:5 000	50×40	5	40×40	4	1	1 000 的整倍数
1:2 000	50×40	0.8	50×50	1	4	1 000 的整倍数
1:1 000	50×40	0.2	50×50	0.25	16	500 的整倍数
1:500	50×40	0.05	50×50	0.062 5	64	50 的整倍数

矩形分幅的编号方法有坐标编号法、流水编号法和行列编号法。

(1)坐标编号法是以该图廓西南角点的纵横坐标的千米数来表示该图图号。如图 8.9 为 1:2 000 比例尺地形图,其西南角点坐标 $x = 84$ km,$y = 62$ km,其同幅图号为 84.0-62.0。

(2)测区不大、图幅不多时,可在整个测区内按从上到下、从左到右采用流水数字顺序编号,如图 8.10 所示。

(3)行列编号法是将测区所有的图幅,以字母为行号,以数字为列号,以图幅所在行的字母和所在列的数字作为该图幅的编号。例如,第 4 行第 3 列的图幅号为 D-3。

8.3 地形图的图示符号

8.3.1 地形图图式

地形是地物和地貌的总称。地面上有明显轮廓的固定的自然物体和人工建筑的物体都称为地物,如村庄、河流、湖泊、森林等。地貌是指地球表面的自然起伏状态,它包括山地、平原、陡坎、崩崖等。在地形图上,对地物、地貌符号的样式、规格、颜色、使用以及地图注记和图廓整

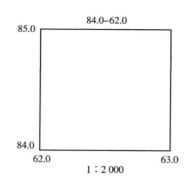

图 8.9　坐标编号法

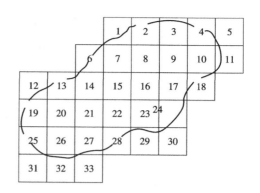

图 8.10　流水编号法

饰等都有统一规定,称为地形图图式。

地形图图式是表示地物和地貌的符号和方法。一个国家的地形图图式是统一的,它属于国家标准。我国当前使用的大比例尺地形图图式是由国家测绘总局组织制定、国家技术监督局发布,1996 年 5 月 1 日开始实施的《1:500　1:1 000　1:2 000 地形图图式》(GB/T 7929—1995),地形图图式在测图技术发展过程中正在不断完善。1:500、1:1 000、1:2 000 地形图图式符号与注记如表 8.5 所示。

表 8.5　1:500、1:1 000、1:2 000 地形图图式符号与注记

编号	符号名称	图例	编号	符号名称	图例
1	坚固房屋 (4—房屋层数)	坚4　　1.5	5	花圃	1.5　1.5　10.0　10.0
2	普通房屋 (2—房屋层数)	2　　1.5	6	草地	1.5　0.8　10.0　10.0
3	窑洞 a)住人的 b)不住人的 c)地面下的	a) 2.5　b) 2.0 c)	7	经济作物地	0.8　3.0 蔗　10.0 10.0
4	台阶	0.5 0.5　0.5	8	水生经济 作物地	3.0　藕 0.5

编号	符号名称	图例	编号	符号名称	图例
9	水稻田	0.2　0.2　10.0　10.0	22	沟渠 a)有堤岸的 b)一般的 c)有沟堑的	a) 0.3 b) c)
10	旱地	1.0　2.0　10.0　10.0	23	公路	0.3　沥砾　0.3
11	灌木林	0.5　1.0	24	简易公路	8.0　2.0
12	菜地	2.0　2.0　10.0　10.0	25	大车路	0.15　碎石　0.3
13	高压线	4.0	26	小路	4.0　1.0　0.3
14	低压线	4.0	27	三角点 （凤凰山—点名 394.468—高程）	凤凰山 394.468　3.0
15	电杆	10.0　○	28	图根点 a)埋石的 b)不埋石的	2.0　N16 84.46　a) 1.5　D25 62.74　2.5　b)
16	电线架				
17	砖、石及混凝土围墙	10.0　0.5　10.0　0.3	29	水准点	2.0　Ⅱ京石5 32.804
18	土围墙	10.0　0.5	30	旗杆	1.5　1.0　4.0　1.0
19	栅栏、栏杆	1.0　10.0	31	水塔	2.0　1.0　3.5　1.2
20	篱笆	1.0　10.0	32	烟囱	3.5　1.0
21	活树篱笆	3.5　0.5　10.0　1.0　0.8			

续表

编号	符号名称	图例	编号	符号名称	图例
33	气象站(台)	3.0 / 4.0 / 1.2	39	独立树 a)阔叶 b)针叶	1.5 a)3.0 0.7 b)3.0 0.7
34	消火栓	1.5 / 1.5 / 2.0	40	岗亭、岗楼	90° 3.0 1.5
35	阀门	1.5 / 1.5 / 2.0	41	等高线 a)首曲线 b)计曲线 c)间曲线	a)0.15 — 87 b)0.3 — 85 6.0 c)0.15 — 1.0
36	水龙头	3.5 / 2.0 / 1.2			
37	钻孔	3.0 ⊙ 1.0			
38	路灯	2.5 / 1.0	42	高程点及其注记	0.5 = 158.3 0.5•158.3 ▼65.6

地形图图式中的符号有 3 类:地物符号、地貌符号和注记符号。

8.3.2 地物符号

地物的类别、形状和大小及其在图上的位置用地物符号表示。根据地物大小及描绘方法的不同,地物符号又可分为比例符号、非比例符号、半比例符号和填充符号。

1. 比例符号

有些地物的轮廓较大,其形状和大小可以按测图比例尺缩绘在图纸上,再配以特定的符号予以说明,这种符号称为比例符号。如房屋、较宽的道路、稻田、花园、运动场、湖泊、森林等。

2. 非比例符号

有些地物,如三角点、导线点、水准点、独立树、路灯、检修井等,其轮廓较小,无法将其形状和大小按照地形图的比例尺绘到图上,而该地物又很重要,必须表示出来,则不管地物的实际尺寸,而用规定的符号表示之,这类符号称为非比例符号。非比例符号不仅其形状和大小不按比例绘制,而且符号的中心位置与该地物实地的中心位置的关系也随各种地物不同而异,在测绘及用图时应注意:

(1)圆形、正方形、三角形等几何图形的符号,如三角点、导线点、钻孔等,该几何图形的中心即代表地物中心的位置;

(2)宽底符号,如里程碑、岗亭等,该符号底线的中点为地物中心的位置;

(3)底部为直角形的符号,如独立树、加油站,该符号底部直角顶点为地物中心的位置;

(4)不规则的几何图形,又没有宽底和直角顶点的符号,如山洞、窑洞等,该符号下方两端点连线的中点为地物中心的位置。

3. 半比例符号

对于一些带状延伸地物,如小路、通信线、管道、垣栅等,这种长度可按比例缩绘、而宽度无法按比例表示的符号称为线形符号。线形符号的中心线即是实际地物的中心线。

4. 填充符号

填充符号是用于表示农业场地、森林、自然地域等范围内的主要植被类型和品质等的符号,按照一定的间隔和规定的大小均匀地绘制在相应的区域内,其地域轮廓的大小是依比例测绘的,而充填的单个符号既不表示物体的大小,也不表示物体的实际位置,称为充填符号,又称为面积符号。其轮廓一般用地类界表示,而充填符号则用规定的符号和一定的文字和数字说明,以进一步表示物体的高度和属性。例如旱地、荒地、菜地、灌 1.5、桦 5.0 等。

8.3.3　地貌符号

地形图上表示地貌的主要方法是等高线。等高线又分为首曲线、计曲线、间曲线和助曲线。一般在计曲线上注记等高线的高程;在谷地、鞍部、山头及斜坡方向不易判读的地方和凹地的最高、最低一条等高线上,绘制与等高线垂直的短线,称为示坡线,用以指示斜坡降落方向。地貌的具体表示方法在后面将详细介绍。

8.3.4　注记符号

有些地物除了用相应的符号表示外,对于地物的性质、名称等在图上还需要用文字和数字加以注记,如房屋的结构、层数,地名,道路名称,单位名,计曲线的高程,碎部点高程,独立性地物的高程以及河流的水深、流速等。

8.4　地貌的表示

在图上表示地貌的方法很多,测量工作中通常用等高线表示,因为用等高线表示地貌,不仅能表示地面的起伏形态,而且还能科学地表示出地面的坡度和地面点的高程。

等高线又分为首曲线、计曲线和间曲线。在计曲线上注记等高线的高程;在谷地、鞍部、山头及斜坡最高、最低的一条等高线上还需用示坡线表示斜坡降落方向;当梯田坎比较缓和且范围较大时,也可以用等高线表示。在此主要介绍用等高线表示地貌的方法。

8.4.1　等高线的概念

等高线就是由地面上高程相同的相邻点所连接而成的闭合曲线。如图 8.11 所示,假设有一座位于平静湖水中的小山,山顶与湖水的交线就是等高线,而且是闭合曲线,交线上各点高程必然相等(例为 53 m);当水位下降 1 m 后,水面与小山又截得一条交线,这就是高程为 52 m 的等高线。依此类推,水位每降落 1 m,水面就与小山交出一条等高线,从而得到一组高差为 1 m 的等高线。设想把这组实地上的等高线铅直地投影到水平面图上去,并按规定的比例尺缩绘到图纸上,就得到一张用等高线表示该小山的地貌图。

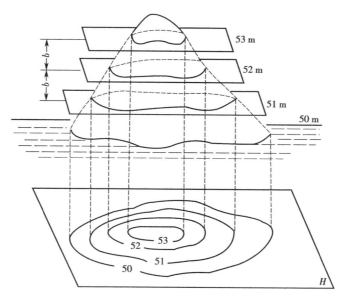

图 8.11　等高线示意图

8.4.2　等高距和等高线平距

相邻等高线之间的高差,称为等高距,常以 A 表示。在同一幅图上,等高距是相同的。

相邻等高线之间的水平距离称为等高线平距,常以 d 表示。因为同一张地形图内,等高距是相同的,所以等高线平距 d 的大小直接与地面的坡度有关。如图 8.12 所示,地面上 CD 段的坡度大于 BC 段,其等高线平距 cd 就比 bc 小;相反,地面上 CD 段的坡度小于 AB 段,其等高线平距就比 AB 段大。也就是说,等高线平距愈小,地面坡度愈陡,图上等高线就显得愈密集;反之,则比较稀疏;当地面的坡度均匀时,等高线平距就相等。因此,根据等高线的疏密,可以判断地面坡度的缓与陡。

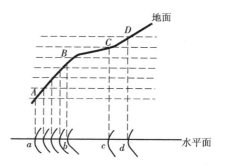

图 8.12　等高线平距与地面坡度的关系

从上述可以知道,等高距越小,显示地貌就越详尽;等高距越大,其所显示的地貌就越简略。但是事物总是一分为二的,等高距越小,图上的等高线很密,将会影响图面的清晰醒目。因此,等高距的大小应根据测图比例尺与测区地形情况进行选择。

8.4.3　用等高线表示的几种典型地貌

地面上地貌的形态是多样的,对它进行仔细分析后就会发现:无论地貌怎样复杂,它们不外乎是几种典型地貌的综合。了解和熟悉用等高线表示的典型地貌的特征,将有助于识读、应用和测绘地形图。

1. 山头和洼地

图 8.13(a)为山头的等高线,图 8.13(b)为洼地的等高线。山头和洼地的等高线都是一组闭合曲线。在地形图上区分山地或洼地的准则是:凡内圈等高线的高程注记大于外圈者为山头,小于外圈者为洼地。

如果等高线上没有高程注记,则用示坡线表示。示坡线就是一条垂直于等高线而指示坡度降落方向的短线。图 8.13(a)中示坡线从内圈指向外圈,说明中间高,四周低,为一山丘。图 8.13(b)中示坡线从外圈指向内圈,说明中间低,四周高,为洼地。

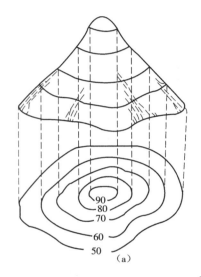
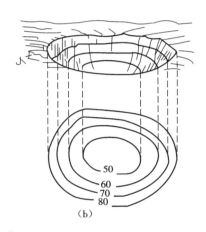

图 8.13　山头和洼地

2. 山脊和山谷

山脊是顺着一个方向延伸的高地。山脊上最高点的连线称为山脊线。山脊的等高线表现为一组凸向低处的曲线,如图 8.14(a)所示。

山谷是沿着一个方向延伸的洼地,位于两山脊之间。贯穿山谷最低点的连线称为山谷线。山谷等高线表现为一组凸向高处的曲线,如图 8.14(b)所示。

3. 鞍部

鞍部就是相邻两山头之间呈马鞍形的低凹部位,如图 8.15 所示。鞍部(S 点处)是两个山脊与两个山谷会合的地方,鞍部等高线的特点是在一圈大的闭合曲线内,套有两组小的闭合曲线。

4. 陡崖和悬崖

陡崖是坡度在 70°~90°的陡峭崖壁,有石质和土质之分。若用等高线表示将非常密集或重合为一条线,因此采用陡崖符号来表示,如图 8.16(a)所示。

悬崖是上部突出、下部凹进的陡崖。上部的等高线投影在水平面时,与下部的等高线相

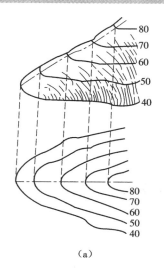

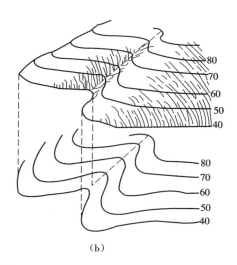

图 8.14　山脊和山谷

交,下部凹进的等高线用虚线表示,如图 8.16(b)所示。

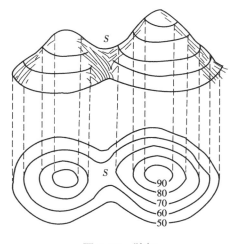

图 8.15　鞍部

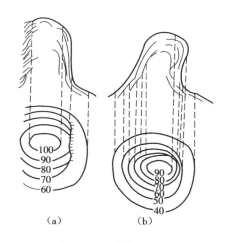

图 8.16　陡崖和悬崖

还有某些特殊地貌,如冲沟、滑坡等,其表示方法参见地形图图式。

了解和掌握了典型地貌等高线,就不难读懂综合地貌的等高线图。图 8.17(a)为某一地区综合地貌,图 8.17(b)为相应等高线图,读者可自行对照阅读。

8.4.4　等高线的分类

1. 首曲线

按地形图的基本等高距测绘的等高线称首曲线,又称基本等高线。首曲线用细实线描绘。

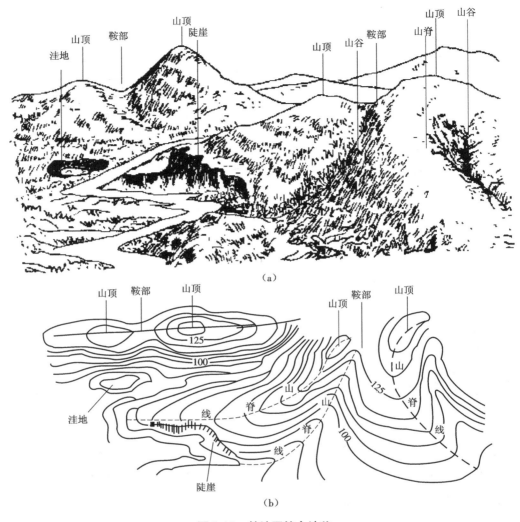

图 8.17　某地区综合地貌

2.计曲线

为读图时量算高程方便起见,每隔4根首曲线加粗描绘一根等高线,称为计曲线,又称加粗等高线。

3.间曲线

为了显示首曲线表示不出的地貌特征,按 $h/2$ 基本等高距描绘的等高线称间曲线,又称为半距等高线,图上用长虚线描绘。

4.助曲线

间曲线无法显示地貌特征时,还可以按 $h/4$ 基本等高距描绘等高线,称辅助等高线,简称助曲线,图上用短虚线描绘。间曲线和助曲线描绘时可不闭合。

8.4.5 等高线的特性

等高线具有以下几个特性。

(1)同一条等高线上各点的高程相等。

(2)等高线为闭合曲线,不能中断,如果不在本幅图内闭合,则必在相邻的其他图幅内闭合。

(3)等高线只有在悬崖、绝壁处才能重合或相交。

(4)等高线与山脊线、山谷线正交。

(5)同一幅地形图上的等高距相同,因此,等高线平距大表示地面坡度小,等高线平距小表示地面坡度大,平距相同则坡度相同。

8.5 方格网绘制与图根点展绘

8.5.1 方格网绘制

地形图是根据控制点进行测绘的,测图之前应将控制点展绘到图纸上。为了能准确地展绘控制点的平面位置,首先要在图纸上精确地绘制直角坐标方格网。大比例尺地形图的图幅分 50 cm×50 cm、50 cm×40 cm、40 cm×40 cm 等几种,故直角坐标格网是由边长为 10 cm 的正方形组成的,如图 8.18 所示。可以到测绘用品商店购买印制好坐标格网的聚酯薄膜,也可在计算机中用 AutoCAD 软件编辑好坐标格网图形,然后把图形通过绘图仪绘制在图纸上。

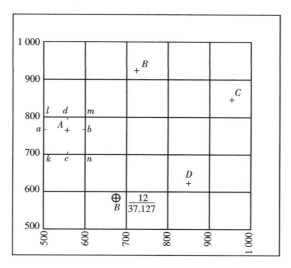

图 8.18 控制点展绘

绘制或印制好的坐标格网,在使用前必须进行检查。方法是:利用坐标格网尺或直尺检查对角线上各交点是否在一直线上,偏离不应大于 0.2 mm;检查内图廓边长及每方格的边长,允许误差为 0.2 mm。每格对角线长及图廓对角线长与理论长度之差的允许值为 0.3 mm。超过允许值时,应将格网进行修改或重绘。根据测区的地形图分幅,确定各幅图纸的范围(坐标值),并在坐标格网外边注记坐标值。

8.5.2 图根点展绘

展绘控制点时,首先要确定控制点所在的方格。如图 8.18 中,控制点 A 的坐标 $X_A = 764.30$ m,$Y_A = 566.15$ m,因此,确定其位于 klmn 方格内。从 k 和 n 点向上用比例尺量 64.30 m,得出 a、b 两点,再从 k、l 两点向右量 66.15 m,得出 c、d 两点,连接 ab 和 cd,其交点即为控制点 A 在图上的位置。用同样方法将其他各控制点展绘在图纸上。最后用比例尺量取相邻控制点之间的图上距离与已知距离进行比较,作为展绘控制点的检核,最大误差不应超过图上 ±0.3 mm,否则控制点位应重新展绘。

当控制点的平面位置展绘在图纸上以后,按图式要求绘控制点符号并注记点号和高程,高程注记到 mm。

8.6 经纬仪坐标展点测图

8.6.1 碎部点的选择

碎部测量就是测定碎部点的平面位置和高程。地形图的成果质量在很大程度上取决于立尺员能否正确合理地选择地形点。地形点应选在地物或地貌的特征点上,地物特征点就是地物轮廓的转折、交叉等变化处的点及独立地物的中心点。地貌特征点就是控制地貌的山脊线、山谷线和倾斜变化等地性线上的最高、最低点,坡度和方向变化处、山头和鞍部等处的点。

地形点的密度主要取决于地形的复杂程度,也取决于测图比例尺和测图的目的。测绘不同比例尺的地形图,对碎部点间距以及碎部点距测站的最远距离也有不同的限定。表 8.6、表 8.7 给出了地形点最大间距以及视距测量方法测量距离时的最大视距的允许值。

表 8.6　地形点最大间距和最大视距(一般地区)

测图比例尺	地形点最大间距/m	最　大　视　距/m	
		主要地物特征点	次要地物特征点
1:500	15	60	100
1:1 000	30	100	150
1:2 000	50	130	250
1:5 000	100	300	350

表8.7 地形点最大间距和最大视距(城镇建筑区)

测图比例尺	地形点最大间距/m	最 大 视 距/m	
		主要地物特征点	次要地物特征点
1:500	15	50	70
1:1 000	30	80	120
1:2 000	50	120	200

8.6.2 测站的测绘工作

经纬仪测绘法的实质是极坐标法。先将经纬仪安置在测站(已知点)上,绘图板安置于测站旁边。用经纬仪测定碎部点方向与已知方向之间的水平角、碎部点上所立标尺的中丝读数、上下丝间距、垂直度盘读数,然后根据已知数据和观测数据计算每个碎部点的坐标和高程,以计算出的坐标将碎部点平面位置展绘在图纸上,并在点的右侧注记高程。

经纬仪测绘法测图操作简单、灵活,适用于各种类型的测区。以下介绍经纬仪测绘法一个测站的测绘工作程序。

(1)安置仪器和图板。如图8.19所示,观测员安置经纬仪于测站点(控制点)A 上,包括对中和整平。同时,将图板安置在点的附近,并将图纸大致对准北方向。量取仪器高 I,测量竖盘指标差 X(指标差较小时,可以忽略不计)。

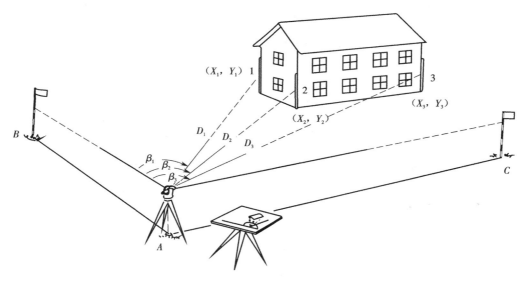

图8.19 仪器和图板的安置

(2)定向。经纬仪置于盘左位置,照准另外一已知控制点 B 作为后视方向,置水平度盘 $0°00'00''$。

(3)立尺。司尺员依次将视距尺或水准尺立在地物、地貌特征点上。立尺时,司尺员应弄清实测范围和实地概略情况,选定立尺点,并与观测员、绘图员共同商定跑尺路线。

(4)观测。观测员照准视距尺或水准尺,读取水平角 β、视距间隔 l、中丝读数 V 和竖盘读数 L。

(5)计算。绘图员依据视距间隔 l、中丝读数 V、竖盘读数 L 和水平角 β、仪器高 I、测站的坐标高程等数据,计算碎部点的坐标和高程。

(6)展绘碎部点。依计算出的平面坐标,按比例展绘出碎部点的图上位置,用铅笔在图上标示,并在点的右侧注记高程。同时,应将有关地形点连接起来,并检查测点是否有错。

(7)测站检查。为了保证测图正确、顺利地进行,必须在新测站工作开始时进行测站检查。检查方法是在新测站上测量已测过的地形点,检查重复点精度在限差内即可。否则应检查测站点是否展错。此外,在工作中间和结束前,观测员可利用时间间隙照准后视点进行归零检查,归零差不应大于 $4'$。在每测站工作结束时进行检查,确认地物、地貌无错测或漏测时,方可迁站。

测区面积较大,分成若干图幅测图时,为了相邻图幅的拼接,每幅图应测至图廓外 5 mm。

8.7 数字化测图简介

8.7.1 数字测图的概念

科学技术的进步,信息化测量仪器——全站仪的广泛应用以及微型计算机硬件和软件迅猛发展与渗透,促进了地形测绘的自动化,常规的白纸测图正逐渐被数字化方法所取代。测量的成果不仅是绘制在纸上的地形图,更重要的是提交可供传输、处理、共享的数字地形信息,即以计算机磁盘为载体的数字地形图,这将成为信息时代不可缺少的地理信息的重要组成部分。所以,数字测图是地形测绘发展的技术前沿。实现数字化地形测图降低了测图工作强度,提高了作业效率,缩短了成图周期。数字化地形测图使地形图的编绘、保存、修测更为方便。更为重要的是数字化地形图为用图者提供了更为先进的信息技术基础,使 CAD、优化设计得以实现并更为方便。

数字化测图(Digital Surveying and Mapping,DSM)是以电子计算机为核心,以测绘仪器和打印机等输入、输出设备为硬件,在测绘软件的支持下,对地形空间数据进行采集、传输、处理编辑、入库管理和成图输出的一整套过程。它是近 20 年发展起来的一种全新的测绘地形图方法。

依空间数据来源、使用的仪器设备及采集数据的方法不同,数字化测图应包括利用全站仪或其他测量仪器进行野外数字化测图,利用手扶数字化仪或扫描数字化仪对传统方法测绘的纸质图的数字化,借助解析测图仪或立体坐标量测仪对航空摄影、遥感像片进行数字化测图等技术。

一般情况下,将利用全站仪在野外进行数字化地形数据采集,并用计算机辅助绘制大比例尺地形图的工作,简称为数字测图。

8.7.2 全站仪测图模式

利用全站仪能同时测定距离、角度、高差,提供待测点三维坐标,将仪器野外采集的数据,结合计算机、绘图仪以及相应软件,就可以实现自动化测图。

结合不同的电子设备,全站仪数字化测图主要有如图 8.20 所示的三种模式。

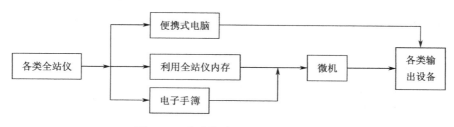

图 8.20 全站仪地形测图模式

1. 全站仪结合电子平板模式

该模式是以便携式电脑作为电子平板,通过通信线直接与全站仪通信、记录数据,实时成图。因此,它具有图形直观、准确性强、操作简单等优点,即使在地形复杂地区,也可现场测绘成图,避免野外绘制草图。目前这种模式的开发与研究相对比较完善,由于便携式电脑性能和测绘人员综合素质不断提高,因此它符合今后的发展趋势。

2. 直接利用全站仪内存模式

该模式使用全站仪内存或自带记忆卡,把野外测得的数据,通过一定的编码方式,直接记录,同时野外现场绘制复杂地形草图,供室内成图时参考对照。它操作过程简单,无需附带其他电子设备;对野外观测数据直接存储,纠错能力强,可进行内业纠错处理。随着全站仪存储能力的不断增强,此方法进行小面积地形测量时,具有一定的灵活性。

3. 全站仪加电子手簿或高性能掌上电脑模式

该模式通过通信线将全站仪与电子手簿或掌上电脑相连,把测量数据记录在电子手簿或便携式电脑上,同时可以进行一些简单的属性操作,并绘制现场草图。内业时把数据传输到计算机中,进行成图处理。掌上电脑携带方便,它采用图形界面交互系统,可以对测量数据进行简单的编辑。随着掌上电脑处理能力的不断增强,科技人员正进行针对于全站仪的掌上电脑二次开发工作,此方法会在实践中进一步完善。

8.7.3 全站仪数字测图过程

全站仪数字化测图,主要分为准备工作、数据获取、数据输入、数据处理、数据输出等 5 个阶段。准备工作阶段包括资料准备、控制测量、测图准备等,与传统地形测图一样,在此不再赘述。现以实际生产中普遍采用的全站仪加电子手簿测图模式为例,从数据采集到成图输出介绍全站仪数字化测图的基本过程。

1. 野外碎部点采集

一般用"草图法"进行碎部点测量采集,用全站仪内存或电子手簿记录三维坐标(x,y,H)及其绘图信息。既要记录测站参数、距离、水平角和竖直角的碎部点位置信息,还要记录编码、点号、连接点和连接线型四种信息,在采集碎部点时要及时绘制观测草图。

2. 数据传输

用数据通信线连接电子手簿和计算机,把野外观测数据传输到计算机中,每次观测的数据要及时传输,以避免数据丢失。

3. 数据处理

数据处理包括数据转换和数据计算。数据处理是对野外采集的数据进行预处理,检查可能出现的各种错误;把野外采集到的数据编码,使测量数据转化成绘图系统所需的编码格式。数据计算是针对地貌关系的,当测量数据输入计算机后,生成平面图形、建立图形文件、绘制等高线。

4. 图形处理与成图输出

编辑、整理经数据处理后所生成的图形数据文件,对照外业草图,修改整饰新生成的地形图,补测重测存在漏测或测错的地方。然后加注高程、注记等,进行图幅整饰,最后成图输出。

技能训练5　平面图测绘

1. 技能目标

(1)掌握地形图碎部点采集方法。

(2)掌握地物平面图的测绘。

2. 仪器与工具

经纬仪、图板、塔尺、小钢尺、量角器、三棱尺、计算器、铅笔、橡皮等。

3. 内容与步骤

1)测图前的准备工作

(1)图纸的选用。

(2)坐标格网的绘制。

(3)控制点的展绘:确定格网线的坐标、注记,确定控制点所在的方格,按比例尺展出;然后检查,在图上量取相邻控制点间的距离,其与理论值之差为图上0.3 mm。

2)碎部点的选择及测定方法与要求

(1)极坐标法。

(2)方向交会法。

(3)方向与距离交会法。

3)经纬仪法测图

(1)安置仪器。

①将经纬仪安置在控制点 A 上,量取仪器高,并记入碎部测量手簿。

②后视另一控制点 B,安置水平度盘读为 $0°00'00''$,则 AB 称为起始方向。

③将图板安置在测站附近,使图纸方向与地面相应方向大致一致。

(2)立尺。将视距尺立在地物、地貌特征点上。现将视距尺立于 1 点上。地物取"轮廓转折点",地貌取"地性线上坡度或方向变化点"。

(3)观测。观测员将经纬仪瞄准 1 点视距尺,读尺间隔 l、中丝读数 v、竖盘读数 L 及水平角 $β$。

(4)计算。根据上述已知数据和观测数据计算各碎部点的坐标和高程。

4)地形图的绘制

(1)展碎部点。

(2)绘制地形图(地物和等高线)。

地物的绘制:地物要按地形图图式规定的符号表示。如房屋按其轮廓用直线连接;河流、道路的弯曲部分,则用圆滑的曲线连接;对于不能按比例描绘的地物,应按相应的非比例符号表示。根据地物符号按具体情况绘制。

5)地形图的检查、拼接和整饰

(1)地形图的检查。

(2)地形图的拼接。

(3)地形图的整饰。

5. 提交成果

(1)每组提交一份实训外业记录表及平面图一张。

(2)每人提交一份实训报告。

复习与思考题

1. 何谓比例尺的精度? 它对用图和测图有什么指导作用?

2. 比例符号、非比例符号和半比例符号各在什么情况下应用?

3. 何谓等高线? 何谓等高线距、等高线平距? 等高线平距与地面坡度的关系如何?

4. 等高线有哪些特性?

5. 测图前有哪些准备工作? 控制点展绘后,怎样检查其正确性?

6. 试述用经纬仪测绘法在一个测站上测绘地形图的工作步骤。

7. 图 8.21 为某山头碎部测量结果,山脊线用虚线表示,山谷线用细实线表示。试勾绘等高距为 1 m 的等高线。

8. 试述全站仪数字测图的方法与步骤。

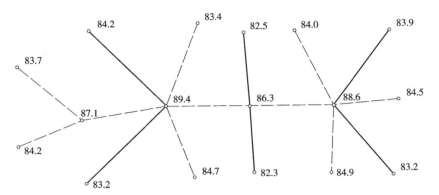

图 8.21　题 7 图

第9章 地形图的应用及土石方工程施工测量

【学习目标】

序号	知识目标	能力目标	权重
1	能够正确陈述地形图的识读	能够正确识读地形图	0.25
2	能够正确陈述地形图上确定坐标高程的方法	能够在形图上求出坐标和高程	0.25
3	能够正确陈述地形图上量算面积的方法	能够在地形图上正确地量算面积	0.25
4	能够正确陈述在地形图进行土石方法计算的方法和步骤	能够用地形图完成土石方计算	0.25
总　计			1.0

【教学准备】

大比例尺地形图、断面图、土石方计算表、测量照片等。

【教学建议】

在测绘实训基地,采用集中讲授、动态教学、分组实训等方法教学。

【建议学时】

6学时(其中实训2学时)

9.1 大比例尺地形图的识读

为了正确地应用地形图,必须学会识图。在识图过程中,应掌握以下要点。

9.1.1 地形图图廓外注记

在地形图的图廓外有许多注记,如图名、图号、接图表、比例尺、图廓线、坐标格网、"三北"方向线和坡度尺等。

1. 图名、图号和接图表

为了找图、用图的方便、直观,每一幅图都进行了命名,即图名。图名一般是用本图幅内最著名的地名,如图幅内最大的村庄、集镇、工厂来命名,或者用突出的地物、地貌等的名称来命名的。除图名外,为了清楚本图幅和相邻图幅的位置和拼接关系,每一幅地形图上都编有图号,图号是根据统一的分幅编号方法按顺序进行编写的。图名、图号均注记在北图廓上方的中央。

在图的北图廓左上方,画有本幅图与四邻各图幅的关系略图,称为接图表。中间一格画有斜线的部分代表本图幅,四邻各格中分别注明了相应图幅的图号(或图名)。根据接图表中各图幅的相邻关系,就可方便找到相邻的图幅,如图9.1的图廓上方所示。

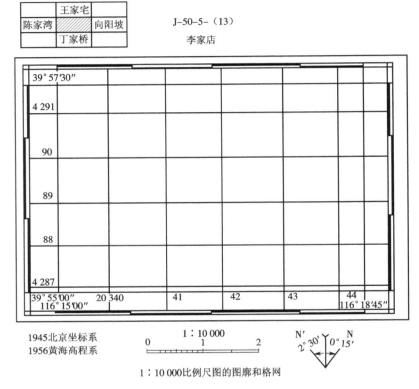

图 9.1　坐标格网与图廓

2. 比例尺

在每幅图的南图框外的中央均注有测图的数字比例尺,并在数字比例尺下方绘出直线比例尺,利用直线比例尺,可以用图解法确定图上的直线距离,或将实地距离换算成图上长度。

3. 经纬度与坐标格网

图9.1所示为一幅1∶10 000比例尺的地形图图廓样式。梯形图幅的图廓是由上、下两条纬线和左、右两条经线所构成。对于1∶10 000的图幅,经差为3′45″,纬差为2′30″。本图幅位于东经116°15′00″~116°18′45″、北纬39°55′00″~39°57′30″所包括的范围。图廓四周标有黑、白分格,横分格为经线分数尺,纵分格为纬线分数尺,每格表示1′的经差(或纬差)。如果用直线连接相对的同名分数尺,即得到由子午线和平行圈构成的梯形经纬线格网。

图9.1中的方格网为平面直角坐标格网,它是平行于以投影带的中央子午线为 x 轴和以

赤道为 y 轴的直线,1:10 000 比例尺地形图其间隔是 1 km,所以也称为公里格网。

按照直角坐标系的规定,横坐标值 y 位于中央子午线以西为负。为了避免横坐标出现负值,将每一带的纵坐标轴西移 500 km,同时在点的坐标值前直接标明所属投影带的带号。图 9.1 中,第一条坐标纵线的通用值为 20 340 km,其中,20 为带号,其横坐标值的自然值则为 $(340 - 500)$km $= -160$ km,即该线位于中央子午线以西 160 km 处。图中第一条坐标横线值为 4 287 km,表示该线位于赤道以北 4 287 km 处。

由经纬线格网可以决定各点的地理坐标。而公里格网可以用来确定图上任一点的平面直角坐标和任一直线的方位角。

4.“三北”方向线关系图

在许多中、小比例尺图的南图廓线右下方,还绘有真子午线 N、磁子午线 N′ 和纵坐标轴这三者的角度关系图,称为“三北”方向线。见图 9.1 右下角。该图幅中,磁偏角(磁子午线方向与真子午线的夹角)为 2°45′(西偏);坐标纵线偏于真子午线以西 0°15′;而磁子午线偏于坐标纵线以西 2°30′。利用该关系,可对图上任一方向的真方位角、磁方位角和坐标方位角三者进行相互换算。

5. 坐标系和高程系统

如图 9.1 中左下角所示,坐标系和高程系统亦是图纸中不可缺少的内容。知道测图所用的坐标系统和高程系统可以避免不同系统中点的比对的错误。因为我国国土辽阔,各地所使用的坐标系统不尽相同。常用的国家统一坐标系统有 1954 年北京坐标系统、WGS - 84 坐标系统以及各地的城建坐标系统等。

为了防止不同地方点的高程比对的错误,必须清楚测量的高程系统,只有同一个高程系统中的点才能直接比较相互间的位置高低,否则必须通过换算后才能比较。我国现在用的高程系统有:1956 年黄海高程系统,水准原点的高程为 72.289 m;1985 年国家高程基准,水准原点的高程为 72.260 m。除此以外,有的地方还在使用较老的高程系统,如吴淞高程系统等。

6. 坡度比例尺

坡度比例尺是一种在地形图上量测地面坡度和倾角的图解工具,如图 9.2 所示。它按下列关系制成

$$i = \tan \delta = \frac{h}{dM} \tag{9.1}$$

式中:i——地面坡度;

　　δ——地面倾角;

　　h——等高距;

　　d——相邻等高线平距;

　　M——比例尺分母。

坡度比例尺的使用方法:用分规两脚尖卡出地形图上相邻等高线的平距后,再将分规移至坡度比例尺上,用一个脚尖对准下面底线,另一脚尖落于垂直于底线方向的曲线某一点上,即可在分规落脚点的底线下读出地面倾角 δ(度数)和坡度 i(百分比值)。

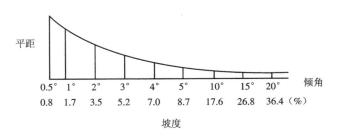

图9.2　坡度比例尺

7. 测图时间和测图单位

地形图上都应注明测图时间和测图单位。地形图的内容是反映测图时的地面情况，根据测图时间可以基本判定图上内容与现状的差距大小，再结合实地情况，便可知道补测、修测的内容和量的多少。知道测图单位对于了解与测图相关的情况是有用的。

9.1.2　地物的判读

地形图上的地物是根据地物的符号和注记来判读的，因此，测量人员一定要对常用地形图符号很熟悉。识读一幅地形图中的地物，一般从房屋比较集中的地方（如集镇、居民地）开始，沿着公路、铁路或者河流延伸开去，了解测区内的集镇、工矿、学校、医院的分布，理清测区内的交通线的类别及其走向，了解测区内的河流、水系的分布及流向等。对于大比例尺地形图，一幅图所包括的实地面积较小，且地物表示得也较详细，识读起来比较容易。如果地形图的比例尺较小时，识读地形图则相对困难一些。但是，不论地形图比例尺的大小，地物表示的详略，对地形图的熟悉程度是读图的关键。

9.1.3　地貌的判读

根据等高线的特性和等高线上的注记，找出图中的山脊、山谷等特征地貌，根据山脊线的连续和延伸判读出山势的走向，根据山谷线的延伸判读出水系的分布。这样，根据地性线构成的地貌骨架，对实地地貌有一个总体了解，再在此基础上判读出图幅内地貌的高低分布，判断出山头、鞍部及其测区内的最高点，识读出盆地及其测区内的最低点。根据等高线上的注记及等高线疏密程度的相互比较，读出地面坡度的变化情况和地面的陡缓分布。

对于地形图的实地判读，首先将地形图的方向与实地方向统一起来，看清实地总体地貌与图上的位置对应关系；然后，根据实地年代稍长的标志性地物（房屋、道路或者河流），找到其图上的位置，再根据其相邻地物关系，判读出周围的地物，进而判读出本人所在图上位置。由此伸展开去，再识读出地形图上其他内容就比较容易了。

9.2　地形图的基本应用

地形图的应用十分广泛，涉及到国民经济建设的方方面面，特别是对于工程技术方面而言，地形图不仅是工程项目设计和施工的重要资料，更是解决工程技术问题不可缺少的资料。

下面介绍一些应用地形图解决某些问题的基本方法。

9.2.1　在地形图上确定点的平面坐标

在地形图上进行工程项目的规划设计时,必须知道图上一些重要地物的平面坐标,或者需要量测量一些设计点位的坐标。例如欲在地形图上设计一幢房屋,为了控制和图上已有房屋之间的最小距,则必须确定图上已有房屋离设计房屋最近一角点的坐标。由于确定点的坐标的精度要求不高,故仅用图解法在图上求解点的平面坐标即可。

如图 9.3 所示,欲求图上 P 点的平面坐标,首先过 P 点分别作平行于直角坐标纵轴线和横轴线的两条直线 gh、ef,然后用比例尺分别量取线段 ae 和 ag 的长度,为了防止错误,以及考虑图纸变形的影响,还应量出线段 eb 和 gd 的长度进行检核,即

$$\overline{ae} + \overline{eb} = \overline{ag} + \overline{gd} = 10 \text{ cm}$$

若无错误,则 P 点的坐标为

$$\left.\begin{array}{l} x_P = x_a + \overline{ae} \times M = 3\ 811\ 100 + 65.4 = 3\ 811\ 165.4 \text{ m} \\ y_P = y_a + \overline{ag} \times M = 20\ 543\ 100 + 32.1 = 20\ 543\ 132.1 \text{ m} \end{array}\right\} \tag{9.2}$$

式中:x_a,y_a——P 点所在方格西南角点的坐标;

M——地形图比例尺的分母。

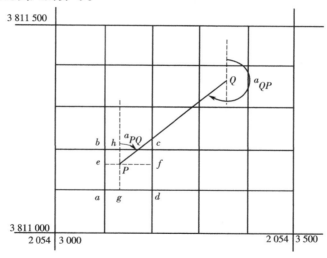

图 9.3　图解法

若图纸的伸缩过大,在图纸上量出方格边长(图上长度)不等于 10 cm 时,为提高坐标的量测精度,就必须进行改正。这时 P 点的坐标可按下式计算

$$\left.\begin{array}{l} x_P = x_a + \dfrac{10}{ab} \times \overline{ae} \times M \\ y_P = y_a + \dfrac{10}{ad} \times \overline{ag} \times M \end{array}\right\} \tag{9.3}$$

使用式(9.3)时,注意右端计算单位的一致。

9.2.2 求图上直线的坐标方位角

如图 9.3 所示,欲求直线 PQ 的坐标方位角,有以下两种方法。

1. 图解法

过 P 点作平行于坐标纵轴的直线,然后用量角器量出 a_{PQ} 的角值,即为直线 PQ 的坐标方位角。为了检核,同样还可量出 a_{QP},用式 $a_{PQ} = a_{QP} \pm 180°$ 校核。

2. 解析法

在图 9.3 上量得 P、Q 的坐标,再按下式计算

$$\tan a_{PQ} = \frac{y_Q - y_P}{x_Q - x_P}$$

则

$$a_{PQ} = \arctan \frac{\Delta y_{PQ}}{\Delta x_{PQ}} \tag{9.4}$$

注意:因计算工具的不同,用该式算出的角度值不一定就是 PQ 直线的方位角,还应根据坐标增量的正、负以及方位角和象限角的关系判断和确定 PQ 直线方位角的值。

9.2.3 求图上两点间的水平距离

如图 9.3 所示,欲求图上 PQ 直线的水平距离,有以下两种方法。

1. 图解法

用三棱比例尺直接量取 PQ 两点间的实地距离,或用直尺量取图上 PQ 线段的长度再乘以比例尺分母得到 PQ 两点间的实地距离。

2. 解析法

先确定 P、Q 两点坐标,再按下式计算两点水平距离

$$S_{PQ} = \sqrt{(x_Q - x_P)^2 + (y_Q - y_P)^2} \tag{9.5}$$

或

$$S_{PQ} = \frac{x_Q - x_P}{\cos a_{PQ}} = \frac{y_Q - y_P}{\sin a_{PQ}} \tag{9.6}$$

9.2.4 在地形图上确定点的高程和两点间的坡度

1. 在地形图上确定点的高程

地形图上点的高程是根据等高线确定的。如果所求点恰好位于某一根等高线上,则该点的高程就等于所在等高线的高程。如图 9.4 中 E 点位于 54 m 等高线上,故 E 的高程为 54 m。

如果所求点位于两根等高线之间时,则可以按比例关系求得其高程。如图9.4中F点位于53 m和54 m两根等高线之间,求该点高程的方法为:通过F点作一大致与两根等高线相垂直的直线,交53 m、54 m两根等高线于m、n点,从图上量得$\overline{mn}=d$,$\overline{mF}=d_1$,设等高距为h,则F点的高程为

$$H_F = 53 + \frac{d_1}{d} \times h \tag{9.7}$$

或者

$$H_F = 54 - \frac{Fn}{d} \times h \tag{9.8}$$

2. 在地形图上确定两点间的坡度

欲求地形图上两点间的坡度,首先必须求得两点间的水平距离D和高差h,然后,按下式计算两点间的坡度

$$i = \tan\delta = \frac{h}{D} \tag{9.9}$$

式中:δ——地面的倾角。

坡度i一般用百分率表示。

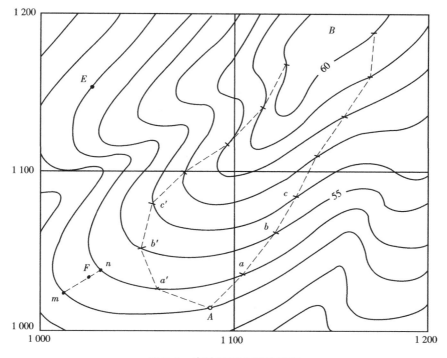

图9.4 在地形图上设计线路

9.2.5 在地形图上设计等坡线

在山地或丘陵地区进行道路、管线等工程设计时,往往要求在不超过某一坡度i的条件下

选定一条最短线路,如图9.4所示,需从 A 点到高地 B 点定出一条路线,要求坡度限制为3.3%。图中,等高距为1 m,则根据式(9.9)求变形后计算符合该坡度的相邻等高线间平距为

$$D = \frac{h}{i} = \frac{1 \text{ m}}{0.033} = 30 \text{ m}$$

将所求平距 D 按图纸比例尺缩小求出图上长度(如地形图比例尺为1:500,则实地30 m所对应的图上距离为6 cm),用两脚规截取算出的图上距离,然后在地形图上以 A 点为圆心,以此长度为半径用两脚规画弧,用两脚规截交52 m等高线,得到 a 点;再以 a 点为圆心,用两脚规截交53 m等高线,得到 b 点。依此进行,直至 B 点。然后将相邻点连接,便得到3.3%的等坡度路线。在该图上,按同样方法还可沿另一方向定出第二条路线 A—a'—b'—c'—…—B,可以作为一个比较方案。

9.3　面积量算

在建筑工程或地籍测量中,往往要测定地形图上某一区域的图形面积,如汇水面积计算、土地面积计算及宗地面积计算等。面积计算的方法很多,主要有图形法、格网法、坐标解析法和求积仪法(电子求积仪、数字求积仪等)。

9.3.1　图形法

图形法就是将不规则的几何图形分解为若干个三角形、矩形或梯形等规则图形,如图9.5所示。然后再进行面积计算,其计算公式如下。

三角形:$S = \frac{1}{2}d \cdot h$(S 为三角形面积,d 为三角形底边边长,h 为高)

矩形:$S = a \cdot b$(S 为三角形面积,a、b 为矩形边长)

梯形:$S = \frac{a+b}{2} \cdot h$($S$ 为三角形面积,a、b 为梯形的上下底边长,h 为高)

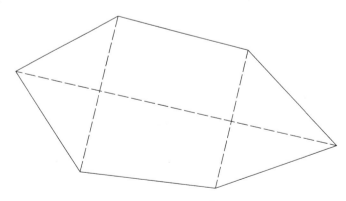

图9.5　图形法

总面积就是各分块面积之和。

9.3.2　格网法

格网法就是利用事先绘制好的平行线、方格网或排列整齐的正方形网点的透明膜片,将其蒙在要量测的图纸上,从而求出不规则图形的面积。

1. 透明方格纸法

如图9.6所示,在图纸上画出欲测面积的范围边界,用透明的方格纸蒙在欲测面积的图纸上,统计出图纸上所测面积边界所围方格的整格数和不完整格数,然后用目估法对不完整的格数凑整成整格数,再乘上每一小格所代表的实际面积,就可得到所测图形的实地面积。也可以把不完整格数的1/2当成整格数参与计算。

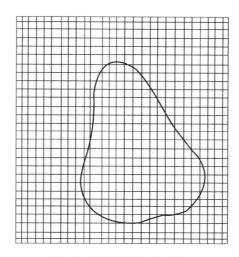

图9.6　透明方格纸法求面积

2. 平行线法

如图9.7所示,用绘有间隔为1 mm或2 mm平行线的透明纸或膜片,覆盖在标明范围边界的欲测面积的图纸上,则图纸上测算面积的范围被分割成许多高为 h 的等高梯形,再量测各梯形的中线 l(图中虚线)的长度,则该图形面积为

$$S = h \sum_{i=1}^{n} l_i \tag{9.10}$$

式中:h——梯形的高;

　　　n——等高梯形的个数;

　　　l_i——各梯形的中线长。

最后将图上面积 S 依比例尺换算成实地面积。

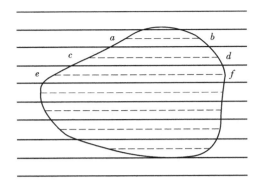

图 9.7 平行线法求面积

9.3.3 坐标解析法

坐标解析法是利用多边形各顶点的坐标计算其面积的一种方法。获得多边形顶点的坐标有实测法和图解法两种不同的方法。如图 9.8 所示,为一任意四边形,1、2、3、4 为多边形的顶点。多边形的每一条边和坐标轴、坐标投影线(图中虚线)组成一个个梯形。从图中可以看出,多边形 1234 的面积为矩形 $ABCD$ 的面积减去①、②、③、④等 4 个三角形的面积。将多边形 1234 的面积用算式表示为

$$P = (x_2 - x_4)(y_3 - y_1) - \frac{1}{2} \big[(x_1 - x_4)(y_4 - y_1) +$$

$$(x_2 - x_1)(y_2 - y_1) + (x_2 - x_3)(y_3 - y_2) + (x_3 - x_4)(y_3 - y_4) \big]$$

经整理后多边形 1234 的面积可由下式表示

$$P = \frac{1}{2} \sum_{i=1}^{n} x_i (y_{i+1} - y_{i-1}) \tag{9.11}$$

式中:n——多边形的边数。

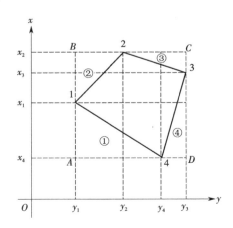

图 9.8 坐标解析法求面积

注意：当 $i=1$ 时，用 y_n 代替 y_{i-1}；当 $i=n$ 时，用 y_1 代替 y_{i+1}。由于整理的方式不同，多边形 1234 的面积还可表达成下式

$$P = \frac{1}{2}\sum_{i=1}^{n} y_i(x_{i-1} - x_{i+1}) \tag{9.12}$$

同样要注意的是：当 $i=1$ 时，用 x_n 代替 x_{i-1}；当 $i=n$ 时，用 x_1 代替 x_{i+1}。

9.3.4　求积仪法

求积仪种类较多，一般可分为两类，即机械式求积仪（如图 9.9 所示）和电子求积仪（如图 9.10 所示）。求积仪的主要构件有极臂、描迹臂及计数器。极臂的一端有一重锤，中心有一短针，称为极点。极臂的另一端有一插销，可插入描迹臂一端的插销孔中，使极臂同描迹臂成为一个整体。在描迹臂的另一端有一个描迹针，描迹针旁有一个支撑描迹针的小圆柱和一个手柄，用制动螺旋和微动螺旋可把接合套和描迹臂连接在一起。计数器主要由计数圆盘、测轮和游标三部分组成。

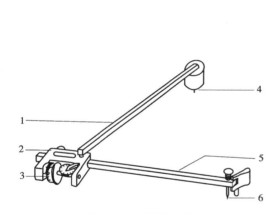

图 9.9　机械求积仪

1—极臂；2—框架；3—测轮；4—极点；5—描迹臂；
6—描迹针

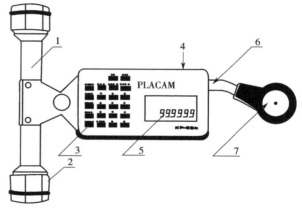

图 9.10　电子求积仪

1—动极轴；2—动极；3—功能键；4—整流器插座；5—显示窗；6—跟踪臂；7—跟踪放大镜

求积仪测定图形面积的原理：面积的大小与求积仪测轮转动的弧长成正比。其方法是：将求积仪的极点固定在图板上的待测范围之外，将描迹针移至欲测图形边界的某一点上，作一记号，并在记数盘、测轮和游标上读出起始读数 n_1，然后拿出描迹针旁的手柄，使描迹针按顺时针方向绕图形边界线缓慢匀速移动，最后回到开始的 A 点，读出终止读数 n_2。两次读数之差 $(n_2 - n_1)$，即为描迹针绕图形一周测轮滚转的格数。将此数乘以求积仪的分划值 C，便得到图形的面积

$$P = C(n_2 - n_1) \tag{9.13}$$

电子求积仪又称数字式求积仪，是在机械式求积仪的基础上，增加了电子脉冲计数设备和

微处理器,量测结果能自动显示,并可作比例化算、面积单位换算等,具有量测范围大、精度高、功能多、使用方便等优点。

9.4 断面图绘制

9.4.1 断面测量

施测断面的方法主要有水准仪施测法、经纬仪施测法、花杆皮尺法和全站仪直接测量。

1. 水准仪施测法

当断面坡度小、测量精度较高时,断面测量常采用水准仪施测法,如图9.11所示。欲测中心标桩处的断面,可用方向架定出断面方向后在此方向上插两根花杆,并在适当位置安置水准仪。持水准尺者在线路中线标桩上以及在两根花杆所标定的断面方向内选择的坡度变化点上逐一立尺,并读取各点的标尺读数,用皮尺量出各点的距,然后将这些观测数据记入横断面测量手簿中,见表9.1。各点的高程可由视线高程推算而得。如果横断面方向上坡度较大,一次安置仪器不能施测线路两侧的坡度变化点时,可用两台水准仪分别施测左右两侧的断面。

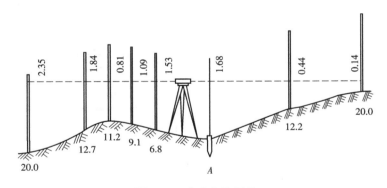

图9.11 水准仪施测法

表9.1 断面测量记录

前视读数(左侧) 距离					后视读数(桩号) 距离	前视读数(右侧) 距离	
2.35 20.0	1.84 12.7	0.81 11.2	1.09 9.1	1.53 6.8	1.68 0+050	0.44 12.2	0.14 20.0

水准仪施测断面的精度较高,但在坡度大或地形复杂的地区则不宜采用。

2. 经纬仪施测法

当坡度变化较大时,断面的施测常采用经纬仪进行。首先在欲测断面的中桩点上安置经纬仪,并用钢尺量出仪器高,然后照准断面方向,并将水平方向制动。持尺者在经纬仪视线方向的坡度变化点上立尺。观测者用视距测量的方法读取视距读数、中丝读数、垂直角 α，并计算出各个地形特征点与中桩的平距和高差。

3. 花杆皮尺法

当横断面精度要求较低时，多采用花杆皮尺法。

4. 全站仪直接测量

全站仪直接测量的原理与经纬仪施测法相同，其区别在于全站仪可自由设站，利用其内置程序(如对边测量等)测定各特征点的坐标或与中桩的平距、高差。这种方法适合于任何地形条件。

9.4.2　断面图的绘制

根据断面测量得到的各点间的平距和高差，在毫米方格纸上(或电脑上)绘出各中桩的横断面图。水平方向表示距离，竖直方向表示高程。为了便于土方计算，一般水平比例尺应与竖直比例尺相同，采用 1:100 或 1:200 的比例尺绘制断面图。绘制时，先标定中桩位置，由中桩开始，逐一将特征点画在图上，再直接连接相邻点，即绘出断面的地面线。

9.5　场地平整时的填挖边界确定和土方量计算

地面的自然地形并非总能满足建筑设计的要求，所以在建筑施工前，有必要改造地面的现有形态。特别是为了保证生产运输有良好的联系及合理地组织场地排水，必须要按竖向布置设计的要求，对建筑场地或整个厂区的自然地形加以平整改造。

场地平整测量的内容有实测场地地形，按填挖土方平衡原则进行竖向设计计算，最后进行现场高程放样，以作为平整场地的依据。

场地平整测量常采用的方法有方格网法、等高线法、断面法等。根据场地的地形情况和实际工程建设的需要，对于高低起伏不大的场地一般设计为水平场地，对于起伏较大的场地一般则设计为倾斜场地。下面分别对水平场地的平整和倾斜场地的平整方法予以说明。

9.5.1　设计为水平场地的平整

1. 格网绘制

首先，根据已有的地形图划分若干方格网，方格网边尽量与测量坐标系的纵横坐标轴平行。方格的大小视地形情况和平整场地的施工方法而定，一般用机械施工采用 50 m × 50 m 或 100 m × 100 m 的方格，用人力施工采用 20 m × 20 m 的方格。为了便于计算，各方格点一般都按纵、横行列编号。

然后，根据控制点将设计的方格网点测设到实地上，用木桩进行标定。并绘制一张方格网计算略图，如图 9.12 所示。

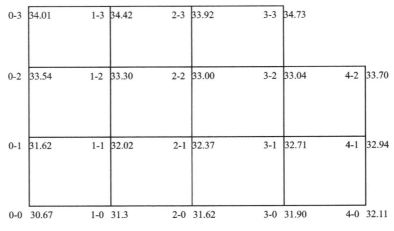

0-3 34.01	1-3 34.42	2-3 33.92	3-3 34.73	
0-2 33.54	1-2 33.30	2-2 33.00	3-2 33.04	4-2 33.70
0-1 31.62	1-1 32.02	2-1 32.37	3-1 32.71	4-1 32.94
0-0 30.67	1-0 31.3	2-0 31.62	3-0 31.90	4-0 32.11

图 9.12　方格网计算略图

2. 填挖方界线确定

1）测量各方格网点的地面高程

根据场地内或附近已有的水准点,测出各方格点处的地面高程(取位至厘米),并分别标注在图上各方格点旁(见图 9.12)。测量方法可采用间视水准测量,即将水准仪置于场地中央,依次读取水准点和各方格点上的标尺读数,最后经计算求得各方格点的地面高程。

2）计算各方格点的设计高程

计算设计高程的目的是求得各点的填(挖)高度,并确定场地上的填、挖分界线。

在填挖土方量平衡的前提下,将场地平整成水平面,则此水平面的设计高程应等于现场地面的平均高程。

这里一定要注意,场地平均高程不能简单地取各方格点高程的算术平均值。因与各点高程相关的方格数不同,所以在计算设计高程时,应乘以每点高程所用的次数后,求其总和,再除以总共用的次数。也就是说,要考虑各点高程在计算时所占比重的大小,进行加权平均。

若认为相邻各点间的地面坡度是均匀的,并以 1/4 方格作为一个单位面积,定其权为 1。则方格网中各点地面高程的权分别是:角点为 1,边上点为 2,拐点为 3,中心点为 4(如图 9.13)。这样,即可按加权平均值的算法,利用各方格网点的高程求得场地地面平均高程 H_0。

$$H_0 = \frac{\sum P_i \cdot H_i}{\sum P_i} \tag{9.14}$$

式中:H_i——方格点 i 的地面高程;

P_i——方格点 i 的权。

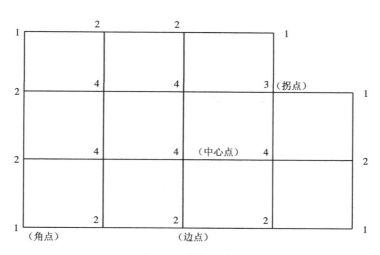

图 9.13 定权示意图

例 9.1 按图 9.12 所示图形计算场地的平均地面高程。

解：为了计算方便，以高程 30.00 m 为准，先求各点减去 30 m 后的平均高程值。

5 个角点的 PH 总和 $= 1 \times (0.67 + 2.11 + 3.70 + 4.73 + 4.01) = 15.22$

8 个边点的 PH 总和 $= 2 \times (1.13 + 1.62 + 1.90 + 2.94 + 3.92 + 4.42 + 3.54 + 1.62)$
$$= 42.18$$

1 个拐点的 $PH = 3 \times 3.04 = 9.12$

5 个中心点的 PH 总和 $= 4 \times (2.02 + 2.37 + 2.71 + 3.00 + 3.30) = 53.60$

加上 30.00 m 后，则地面平均高程为

$$H_0 = 30.00 + \frac{\sum P_i \cdot H_i}{\sum P_i} = 30.00 + \frac{15.22 + 42.18 + 9.12 + 53.60}{1 \times 5 + 2 \times 8 + 3 \times 1 + 4 \times 5} = 32.73 \text{ m}$$

场地要求平整为水平场地，则求得的场地平均高程 H_0 就是各点的设计高程。

3）计算各方格点的填、挖高度

当求得各方格网点的设计高程后，即可计算各点处的填高或挖深的尺寸，称其为填、挖高度（填挖数）。

填挖高度 = 设计高程 – 地面高程

填挖高度为"+"时，表示是填土高度；填挖高度为"–"时，表示是挖土高度。各点的填挖高度注在相应方格点右下方。如图 9.14 所示。

4）填、挖分界线位置的确定

在相邻填方点和挖方点（如图 9.14 中的方格点 3-1 和方格点 2-1）之间，必定有一个不填不挖点，即为填挖分界点或称为"零点"。把相邻方格边上的零点连接起来，就是填挖分界线或称为"零线"（即设计的地面与原自然地面的交线）。零点和填挖分界线是计算填挖土方量和施工的重要依据。

"零点"位置可根据相邻填方点和挖方点之间的距离及填挖高度来确定。如图 9.15，欲确

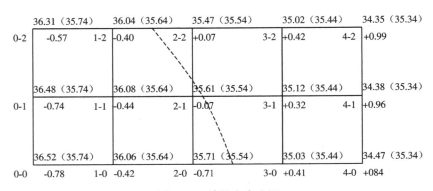

图9.14 填挖方高度图

定点3-1至2-1方格边上的"零点",按照相似三角形成比例的关系,可得"零点"至方格2-1距离 x 为

$$x = \frac{|h_1|}{|h_1| + |h_2|} \cdot l \tag{9.15}$$

式中:l——方格边长;

h_1, h_2——方格点填(挖)高度。

已知方格边长为20 m,按图中所示填(挖)数代入式(9.15),则得 $x = 3.6$ m。

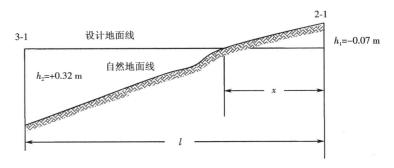

图9.15 填挖位置确定

图9.14中虚线就是依据式(9.15)计算出的各零点位置连成的填挖分界线。

3.填挖方量计算

通过土方量计算,可以验证场地设计高程定的是否正确,同时根据算得的土方量可以作为工程投资费用预算的依据之一。

土方量是按方格逐格计算,然后将填、挖方分别求总和,填方量和挖方量在理论上应相等,但是,因计算中大多数采用近似公式,所以实际结果会略有出入。如相差较大时,须检查计算是否有错误。若计算无误,则说明确定的设计高程不太合适,应查明原因后重新计算。

各方格的填、挖方量计算可有两种情况:一种是整个方格为填方或挖方,另一种是方格中有填也有挖(即填挖分界线位于方格中)。

（1）整格为填（或挖）的可采用下式计算方格的填方（或挖方）量。

$$V_i = \frac{a + b + c + d}{4} \cdot l^2 \tag{9.16}$$

式中：a, b, c, d——方格四角点的填（或挖）土深度；

l——方格边长。

（2）当方格中有填有挖时，因填挖分界线在方格中所处的位置不同，故相应立体的底面形状又可归纳为如图 9.16 所示四种情况，在计算其体积时应分别对待。

第一种情况的立体图如图 9.17 所示，可将它分解为 4 个锥体，每个锥体的土方量分别按下式计算

$$\left.\begin{array}{l} v_1 = \dfrac{s_1 \cdot (a + b)}{3} \\[2mm] v_2 = \dfrac{s_2 \cdot b}{3} \\[2mm] v_3 = \dfrac{s_3 \cdot (b + c)}{3} \\[2mm] v_4 = \dfrac{s_4 \cdot d}{3} \end{array}\right\} \tag{9.17}$$

式中：a, b, c, d——各方格的填（或挖）高度；

s_1, s_2, s_3, s_4——相应棱锥的底面积，可由零点到方格点的距离以及方格边长算得。

第二、第三种情况分别可按三个锥体和两个锥体来计算填挖土方量。

第四种情况的立方体如图 9.18 所示，可将其看成为两个棱柱体，分别用下式计算立体的体积

$$\left.\begin{array}{l} v_1 = \dfrac{s_1}{4} \cdot (a + b) = \dfrac{1}{8} l(x + y)(a + b) \\[2mm] v_2 = \dfrac{s_2}{4} \cdot (c + d) = \dfrac{1}{8} l(l - x) + (l - y)(c + d) \end{array}\right\} \tag{9.18}$$

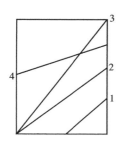

图 9.16　填挖分界
　　　　线投影

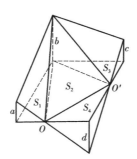

图 9.17　不规则
　　　　填挖锥形图

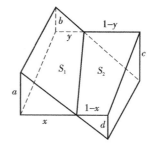

图 9.18　棱柱体填挖图

应当指出，以上计算是对致密土壤而言的，因填土是松土，所以实际计算总填方量时，还应

考虑土壤的松散系数。

当填挖边界和土方量计算无误后,可根据土方量计算图,在现场用量距法定出各零点的位置,然后用白灰线将相邻零点连接起来,即得到实地填挖分界线。

填挖深度要注记在相应的方格点木桩上,作为施工依据。

9.5.2 设计为倾斜场地的平整

为了将自然场地平整为有一定坡度 i 的倾斜场地,并保证填挖方量基本平衡,可按下述方法确定填挖方分界线和求得填挖方量。

1. 格网绘制

根据场地自然地面的主坡倾斜方向绘制方格网(见图 9.19),即使纵横格网线分别与主坡倾斜方向平行和垂直。这样,横格线即为斜坡面的水平线(其中一条应通过场地中心),纵格线即为设计坡度的方向线。

2. 填挖边界线的确定

1)测量各方格网点的地面高程

根据场地内或附近已有的水准点,测出各方格点处的地面高程(取位至厘米),并分别标注在图上各方格点旁(见图 9.19)。测量方法可采用间视水准测量(或三角高程测量),即将水准仪置于场地中央,依次读取水准点和各方格点上的标尺读数,最后经计算求得各方格点的地面高程。

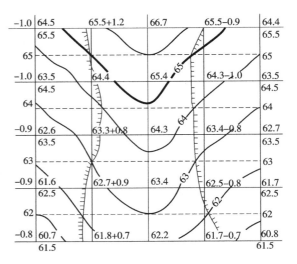

图 9.19 绘制方格网

2)计算场地重心高程

按式(9.14)计算场地重心(即中心)的设计高程 $H_重$。经计算得 $H_重$ 为 63.5 m,标注在中心水平线下面的两端。

3)计算坡顶和坡底的设计高程

$$\left.\begin{aligned} H_顶 &= H_重 + \frac{i \cdot D}{2} \\ H_底 &= H_重 - \frac{i \cdot D}{2} \end{aligned}\right\} \tag{9.19}$$

式中: D——顶线至底线之间的距离;

i——倾斜面的设计坡度。

4)确定填、挖分界线

当坡顶线和坡底线的设计高程计算出结果后,由设计坡度和顶、底线的设计高程按内插法确定与地面等高线高程相同的勾坡坡面水平线的位置,用虚线绘出这些坡面水平线(如图

9.19 中的虚线),它们与地面相应等高线的交点即为挖填分界点,将其依次连接即为挖填分界线(如图 9.19 中的类似陡坎符号的线)。

5)计算各格网桩的填、挖量

根据顶、底线的设计高程按内插法计算出各方格角顶的设计高程,标注在相应角顶的右下方;将原来求出的角顶地面高程减去它的设计高程,即得挖、填深度(或高度),标注在相应角顶的左上方。

3.填挖方量计算

计算方法与设计为水平场地的方法相同,从略。

技能训练 6　断面图绘制

1.技能训练目标

掌握断面图的测量及绘制。

2.仪器和工具

每组 DJ$_6$ 级经纬仪(或全站仪)1 台、记录板 1 块、塔尺(标尺)2 根、皮尺 1 把、方向架 1 个。

3.实训步骤

(1)指导教师先讲解要求与要领。

(2)由指导教师为每组给出一组在直线上的中桩点。

(3)在一个中桩点安置经纬仪(或方向架),照准另一个中桩点。

(4)经纬仪(或全站仪)转 90°,此方向即为断面方向。由经纬仪视距测量(或全站仪)测出此方向上各特征点与置镜点之间的距离和高差。

(5)当用方向架时,由方向架对角线上的两个小钉瞄准一个中线点,并固定十字架,这时方向架另外两个小钉的连线方向即位断面方向。在此方向上,由中桩点出发,用皮尺配合塔尺(或标尺)量出每一段中相对于靠近中线点端的距离和高差。

(6)每个学生均应独立完成记录、读数、丈量、看方向等操作项目。

(7)以中桩点为准,绘制出断面图(比例尺一般取 1∶200)。

4.实训基本要求

(1)遵照"测量实训的一般要求"中的各项规定。

(2)每组完成断面的测量和绘制。

(3)距离的取位至 0.1 m,高差的取位至 0.01 m。

(4)用方向架时,要随时指挥量距人员沿断面方向前进。

(5)皮尺丈量时要水平。

5.上交资料

(1)各组的原始记录一份。

（2）每位学生的实训报告。

复习与思考题

1.设图9.20为1:10 000的等高线地形图,图纸的下方绘有直线比例尺,用以从图上量取长度。请根据该地形图解决以下3个问题:

（1）求 A、B 两点的坐标及 AB 连线的方位角;

（2）求 C 点的高程及 AC 连线的坡度;

（3）从 A 点到 B 点定出一条地面坡度 $i=6.7\%$ 的路线。

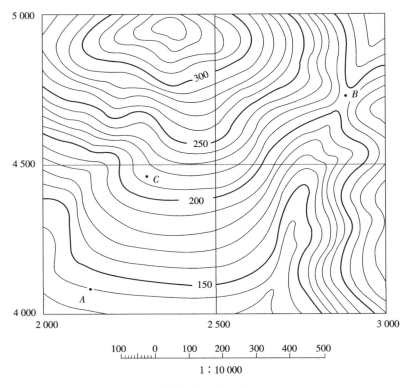

图9.20 题1图

2.图9.21为一闭合多边形,请根据图中坐标计算多边形 ABCDE 的面积。

3.请根据图9.22中的地形等高线和图廓边的坐标值进行下列计算。

（1）求 A、B 两点的平面坐标和高程;

（2）求直线 AB 的方位角;

（3）求直线 AB 的水平距离。

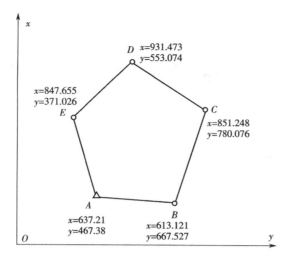

图 9.21 题 2 图

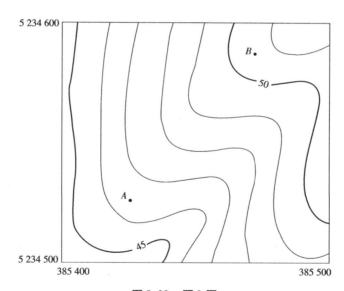

图 9.22 题 3 图

第 10 章　施工测量的基本方法

【学习目标】

序号	知识目标	能力目标	权重
1	能够陈述角度测设的方法和步骤	能够进行角度放样	0.25
2	能够陈述距离测设的方法和步骤	能够进行距离放样	0.25
3	能够陈述高程测设的方法和步骤	能够进行高程放样	0.25
4	能够陈述极坐标法放样平面点的方法和步骤	能够用极坐标法进行点位的放样	0.25
总　　计			1.0

【教学准备】

水准仪、经纬仪、钢尺、全站仪、计算器、测量照片、设计图纸等。

【教学建议】

在测绘实训基地,采用集中讲授、动态教学、分组实训等方法教学。

【建议学时】

8 学时(其中实训 4 学时)

测设又称为放样或标定,是指将图纸上所设计的点的位置在实地标示出来。测设的主要工作是根据角度、距离和高程确定地面点的位置。

10.1　距离测设

标定已知长度的水平距离,是从一已知点出发,沿指定的方向标定出另一点位置,使两点间的水平距离等于已知长度。标定的方法有以下两种。

10.1.1　一般方法

当所标定的距离较短、地面比较平坦而且精度要求又较低时,采用钢尺测设。如图 10.1 所示,AC 为已知方向线,由起点 A 开始,在 AC 方向上确定一点 B,使 AB 的水平长度等于设计距离 D。

在钉出 B 点的位置后,通常再往、返丈量 AB 的水平距离,若往、返较差在容许范围内时,取其平均值作为最后结果。

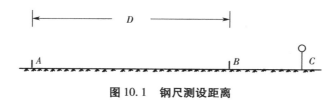

图 10.1　钢尺测设距离

10.1.2　精确方法

当测设的水平距离较长而且精度要求较高时,可采用全站仪或测距仪测设。

如图 10.2 所示,用全站仪标定水平距离 D 时,方法如下。

(1)在 A 点安置全站仪,将反射棱镜立在已知方向的概略位置上,将棱镜反射面对准仪器。

(2)启动全站仪的跟踪测距功能,并将距离显示模式设置为平距模式,观测水平距离显示值 D',并与设计水平距离 D 相比较,指挥前视人员前后移动反射棱镜,使 D' 与 D 值大致相等,并在地面作出标记 B'。

(3)将反射棱镜立在 B' 点上,启动全站仪的正常测距功能,准确地测量出 AB' 之间的水平距离 D',并计算出 D' 与设计的水平距离 D 之间的差值 ΔD。根据 ΔD 的符号在实地用小钢卷尺沿已知方向量 ΔD,精确地钉出 B 点,并在 B 点作上稳定的标志。

如果用全站仪或光电测距仪测量出的是倾斜距离,则应用垂直角和倾斜距离计算出水平距离后,再与设计距离 D 进行比较。

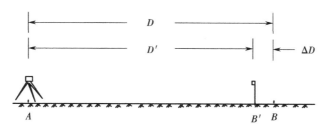

图 10.2　全站仪测设距离

10.2　水平角测设

10.2.1　一般方法

如图 10.3(a)所示 ,设 AB 为地面已知方向,AP 为未知方向。A 为角的顶点,β 为已知的设计角度,现欲确定 AP 方向,使 $\angle BAP = \beta$。标定 AP 方向的步骤如下。

（1）在地面已知点 A 上安置经纬仪，以盘左瞄准 B 点处的目标，从经纬仪读数窗读取水平度盘读数 b_1。

（2）转动经纬仪照准部，使水平度盘读数为 $b_1 + \beta$。

（3）在望远镜视准轴指定的方向上的地面上设标志 P' 点。

（4）以经纬仪盘右瞄准 B 点，读水平度盘读数 b_2，同样转动经纬仪照准部，使水平度盘读数为 $b_2 + \beta$，并在望远镜视准轴指定的方向上的地面上设标志 P'' 点。

（5）取 P' 和 P'' 连线的中点为 P 点，则 AP 即为测设角度为 β 的方向线。有时，地面表土松软，不便于牢固设点，则可在地面上打下木桩，并在木桩上钉上小钉或用红铅笔精确地标出 P 点的位置。

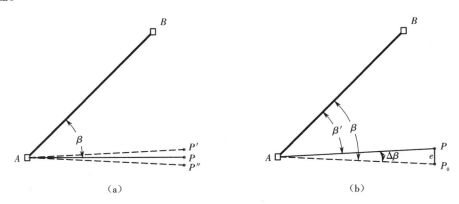

图 10.3　水平角测设

10.2.2　精确方法

如图 10.3（b）所示，用上述的一般方法标设示出 AP 方向，可能精度较低。此时可以用改化法测设角度，更精确地标定出 AP 方向。步骤如下。

（1）先用一般方法测设出 AP 方向线。

（2）用经纬仪对 $\angle BAP$ 进行多测回观测。其观测值为 β'，β' 与 β 角有 $\Delta\beta$ 的差值，$\Delta\beta = \beta - \beta'$。

（3）根据 $\Delta\beta$ 和 AP 的水平长度 s 计算方向 AP 的改正距 e，$e = \dfrac{\Delta\beta}{\rho} \times s$，式中 $\rho = 206\ 265''$。

（4）从 P 点沿 AP 的垂直方向量垂距 e 定出 P_0 点，则 $A\,P_0$ 即为精确确定的方向线。应该注意的是，从 P 点向外量还是向内量，必须根据 $\Delta\beta$ 的正负号确定。

这种精确测设方法的思路是，在三角形 PAP_0 中，由于角度 $\Delta\beta$ 极小，可以近似地认为 $\angle P$ 和 $\angle P_0$ 两个角度为 $90°$，从而在直角三角形中求出 PP_0 的长度 e。

10.3　高程测设

10.3.1　一般方法

如图 10.4 所示,测设设计高程是利用水准测量的方法,根据附近已知水准点 A 的高程和已知水准点上的后视读数 a,求出水准视线高程;再根据视线高程和待测设点 B 的高程,反求出待测设点上应读的前视读数 b,前视水准尺的零端就是设计高程的位置,从而将设计高程测设于实地。操作步骤如下。

(1)在已知水准点 A 点和待测设高程点 B 之间安置水准仪,立标尺在 A 点得后视读数 a,则水准仪视线高为 $H_视 = H_A + a$;前视读数应为 $b_应 = H_视 - H_B$,式中 H_B 为待测设的设计高程。

(2)在 B 点设木桩,在木桩侧面,上下移动标尺,当水准仪在标尺上的读数为 b 时,标尺底的位置即为要测设的标高位置。再紧靠标尺底部在木桩侧面画一横线,并在横线下用红油漆画一倒三角形标记,也可在旁边注上标高。

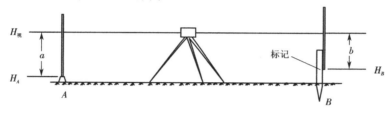

图 10.4　高程测设

10.3.2　较大高差传递法

当待测设的设计高程与已知水准点的高程相差很大时,用上述一般方法就不能满足要求。此时,除用水准仪和标尺外,还需要借助钢尺来进行测设。

其思路是,在向较深的基坑和较高的建筑物上测设已知高程时,可以先在施工水平上设临时水准点,并将已知水准点的高程传递到临时水准点上,再以临时水准点的高程作已知水准点的高程,用前述的一般方法测设设计标高。

操作步骤如下。

(1)如图 10.5 挂上钢尺,并安置水准仪,在已知水准点 A 立标尺,得标尺读数 a 和钢尺读数 c。

(2)在施工水平安置水准仪,在临时水准点 B 立标尺,得标尺读数 b 和钢尺读数 d。

(3)根据钢尺读数 c 和 d 求出 cd 间的高差 l_{cd},并按下式求出临时水准点 B 的高程

$$H_B = H_A + a - l_{cd} - b \tag{10.1}$$

(4)在临时水准点的基础上,用一般方法测设设计高程。

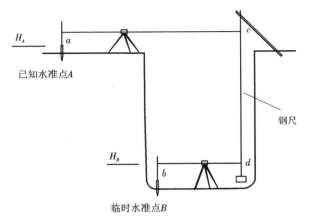

图 10.5　较大高差传递法

10.4　点的平面位置测设

10.4.1　直角坐标法

这是利用点位之间的坐标增量及其直角关系进行点位测设的方法。

如图 10.6 所示,已知某矩形控制网四个角点 A、B、C、D 的坐标,现欲将设计图上的 1、2、3、4 点(设计坐标已知)测设在实地,其步骤如下。

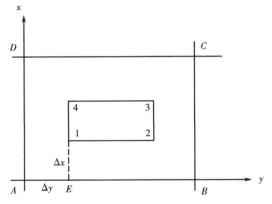

图 10.6　直角坐标法

(1)以 A 点为直角系的原点,以 AB 方向为 y 轴,AD 方向即为 x 轴。

(2)计算 1 点与 A 点的坐标差:$\Delta x_{A1} = x_1 - x_A$,$\Delta y_{A1} = y_1 - y_A$。

(3)在 A 点安置经纬仪,瞄准 B 点,在此方向上用钢尺量 Δy_{A1} 得 E 点。

(4)在 E 点安置经纬仪,瞄准 B 点,沿此方向向左转 90°角(用盘左、盘右位置的平均方向),得 E_1 方向,并在此方向上量 Δx_{A1} 得 1 点。

(5)同法,在 B 点测设 2 点,从 C 点测设 3 点,从 D 点测设 4 点。

(6)检查 1、2、3、4 四个角点构成的四个角度是否为 90°,各边长度是否等于设计长度,若误差在允许范围内,则测设合格。

10.4.2　极坐标法

这是利用点位之间的角度和边长关系进行点位测设的方法。

如图 10.7 所示,A、B 为已知点(坐标已知),P 点为待定点(设计坐标已知),现欲根据控制点 A、B,把 P 点测设在实地,其步骤如下。

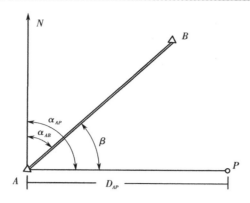

图 10.7　极坐标法

（1）根据 x_A、y_A、x_B、y_B 计算已知点间方位角 α_{AB}，根据 x_A、y_A、x_P、y_P 计算已知点 A 与待定点 P 间的平距 D_{AP} 和方位角 α_{AP}，计算水平角 $\beta = \alpha_{AP} - \alpha_{AB}$。

（2）求出测设数据 β 和 D_{AP} 后，即可在控制点 A 安置经纬仪，按 10.2 节中角度测设的一般方法以 β 角定出 AP 方向。

（3）再按 10.1 节中距离测设的方法，从 A 点起用钢尺量平距 D_{AP} 定出 P 点的位置，并在 P 点作标记。当用测距仪或全站仪进行极坐标法放样时，距离的确定可以用前面所讲的方法。

极坐标法可以同时测设出多个待定点。

10.4.3　角度交会法

该法是利用点位之间的角度关系进行点位测设的方法。

如图 10.8 所示，A、B 为已知点，P 点为待定点，α、β 是设计图上给出的设计角度，或是根据 A、B、P 之间坐标反算求出的水平角（方位角之差）。现欲根据控制点 A、B，把 P 点测设在实地。其步骤如下。

（1）在控制点 A 安置经纬仪，以 AB 为起始方向，用 10.3 节所讲的角度测设的方法，向左拨 α 角确定 AP 方向，在 P 点的概略位置定骑马桩 A_1、A_2。

（2）在控制点 B 安置经纬仪，以 BA 为起始方向，用 10.3 节所讲的角度测设的方法，向右拨 β 角确定 BP 方向，在 P 点的概略位置定骑马桩 B_1、B_2。

（3）骑马桩 A_1A_2、B_1B_2 连线的交点就是 P 点的位置，在 P 点作上标记。

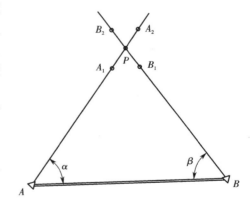

图 10.8　角度交会法

10.4.4　距离交会法

该法是利用点位之间的距离关系进行点位测设的方法。

如图 10.9 所示，A、B 为已知点，P 点为待定点，其中，D_{AP}、D_{BP} 是设计图上给出的设计距离，或是根据 A、B、P 之间坐标反算求出的水平距离。现欲根据控制点 A、B，把 P 点测设在实地。其步骤如下。

（1）在控制点 A 为圆心，以 D_{AP} 为半径，在 P 点的概略位置画圆弧线 A_1A_2。

（2）在控制点 B 为圆心，以 D_{BP} 为半径，在 P 点的概略位置画圆弧线 B_1B_2。

（3）圆弧线 A_1A_2、B_1B_2 的交点就是 P 点的位置，在 P 点作标记。

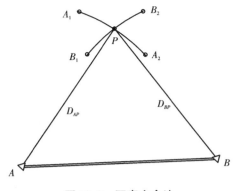

图 10.9　距离交会法

技能训练7　高程放样和平面点位放样

1.技能目标

（1）掌握高程放样的方法；

（2）掌握极坐标法放样平面点位的方法。

2.仪器设备

学生每 4 ~ 5 人一组，每组水准仪 1 台（水准尺、三角架）、全站仪 1 台（配备棱镜杆、棱镜、三角架、钢卷尺）。

3.内容及步骤

1）放样高程点

操作步骤（如图 10.10 所示）如下。

（1）在已知水准点 A 点和待测设高程点 B 之间安置水准仪，立标尺在 A 点得后视读数 a，则水准仪视线高为 $H_{视} = H_A + a$，前视读数应为 $b_{应} = H_{视} - H_B$，式中 H_B 为待测设的设计高程。

（2）在 B 点设木桩，在木桩侧面，上下移动标尺，当水准仪在标尺上的读数为 b 时，标尺底的位置即为要测设的标高位置。

（3）紧靠标尺底部在木桩侧面画一横线，并在横线下用红油漆画一倒三角形标记，也可在旁边注上标高。

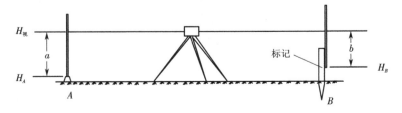

图 10.10　放样高程点

2）放样平面点

其步骤如下。

（1）根据 x_A、y_A、x_B、y_B 计算已知点间方位角 α_{AB}；根据 x_A、y_A、x_P、y_P 计算已知点 A 与待定点 P 间的平距 D_{AP} 和方位角 α_{AP}。

（2）计算水平角 $\beta = \alpha_{AP} - \alpha_{AB}$。

（3）求出测设数据 β 和 D_{AP} 后，即可在控制点 A 安置经纬仪，按角度测设的一般方法以 β 角定出 AP 方向；再按距离测设的方法，从 A 点起用钢尺量平距 D_{AP} 定出 P 点的位置，并在 P 点作上标记。或用全站仪在 AP 方向上测量距离，逐步趋近确定出 P 点，并在实地作出标志。

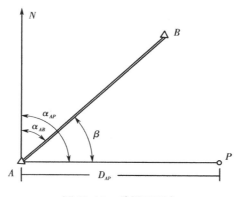

图 10.11　放样平面点

4. 提交成果

每人上交高程放样计算过程资料 1 份、极坐标法放样点位计算资料 1 份、训练报告 1 份。

复习与思考题

1. 什么叫测设？它包括哪些内容？
2. 叙述极坐标法测设待定点的步骤。
3. 简述测设已知高程的方法。
4. 叙述角度测设的步骤。
5. 叙述距离测设的步骤。

第11章　基础施工测量

【学习目标】

序号	知识目标	能力目标	权重
1	能正确表述条形基础的施工测量步骤	能正确运用测量仪器完成条形基础的施工测量	0.25
2	能正确表述独立柱基础的施工测量步骤	能正确运用测量仪器完成独立柱基础的施工测量	0.25
3	能正确表述桩基础的施工测量步骤	能正确运用测量仪器完成桩基础的施工测量	0.25
4	能正确表述筏板、箱形基础的施工测量步骤	能正确运用测量仪器完筏板、箱形基础的施工测量	0.25
	总　计		1.0

【教学准备】

水准仪、钢尺、全站仪、测量照片等。

【教学建议】

在测绘实训基地,采用集中讲授、动态教学、分组完成实训任务等方法教学。

【建议学时】

8 学时(其中实训 4 学时)

11.1　条形基础的测设

11.1.1　轴线测设

1. 平面控制网的测设

1) 场区平面控制网布设原则

平面控制网应先从整体考虑,遵循先整体、后局部,高精度控制低精度的原则。

2) 主轴线控制桩的建立

根据建筑物平面形状的特点,利用给定现场放点定出主控轴线。定位放线时精确测出控制轴线网,并将标桩设在既便于观测又不易遭到破坏的地方,并加以固定、保护。

3）布设平面矩形控制网

定出主轴线控制网以后，依据基础平面图采用直角坐标定位放样的方法加密出建筑物其他主轴线，经角度、距离校测符合点位限差要求后，布设建筑物平面矩形控制网。

2. 工艺流程

（1）根据图纸算出特征点与红线控制（点）间的距离、角度、高差等放样数据。

（2）依据线控制的桩（点），确定并布设施工控制网。

（3）依据施工控制网，测设建筑物的主轴线。

（4）进行建筑物的细部放样。

（5）将建筑物控制轴线延伸至围墙或混凝土地面上，并做可靠保护。为避免交叉轴线产生误用，凡横向的轴线用红色标志，纵向轴线用蓝色标志，四角必须设有不会移动的后视点。

（6）在基础施工过程中，根据场区首级平面控制网校测，对轴线控制桩每半月复测一次，以防桩位位移。

3. 轴线投测方法

基础施工采用经纬仪方向线交会法来传递轴线、引测投点误差不应超过 ±3 mm，轴线间误差不应超过 ±2 mm。

根据场地上建筑主轴控制点，首先将房屋外墙轴线的交点木桩测定于地上，并在桩顶钉上小钉作为标志。房屋外墙轴线测定以后，再根据建筑平面图，将内部开间所有轴线都一一测出。然后检查房屋轴线的距离，其误差不得超过轴线长度的 1/2 000。最后根据中心轴线，用石灰在地面上撒出基槽开挖边线，以便开挖。

如果同一建筑区各建筑物的纵横边线在同一直线上，在相邻建筑物定位时，必须进行校核调整，使纵向或横向边线的相对偏差在 5 cm 以内。

施工开槽时，轴线桩要被挖除。为了方便施工，在一般民用建筑中，常在基槽外一定距离处钉设龙门板。钉设龙门板的步骤和要求如下。

（1）在建筑物四角与内纵、横两端基槽开挖边线以外的 1 ~ 1.5 m（根据土质情况和挖槽深度确定）处钉设龙门桩，龙门桩要钉得竖直、牢固，木桩侧面与基槽平行。

（2）根据建筑物场地水准点，在每个龙门桩上测设比 ±0.000 高或低一定数值的线。但同一建筑物最好只选用一个标高。如地形起伏选用两个标高时，一定要标注清楚，以免使用时发生错误。沿龙门桩上测设的高程线钉设龙门板，这样龙门板顶面的标高就在一个水平面上了。龙门板标高的测定容差为 ±5 mm。

（3）根据轴线桩，用经纬仪将墙、柱的轴线投到龙门板顶面上，并钉小钉标明，称为轴线钉。投点容差为 ±5 mm。

（4）用钢尺沿龙门板顶面检查轴线钉的间距，其相对误差不应超过 1/2 000。经检核合格后，以轴线钉为准，将墙宽、基槽宽标在龙门板上，最后根据基槽上口宽度拉线撒出基槽开挖灰线。

11.1.2 条形基础的施工测量

1.垫层中线投测

垫层浇筑以后,根据龙门板上的轴线钉或引桩,用经纬仪把轴线投测到垫层上去,然后在垫层上用墨线弹出承合线和柱子中心线、边线,以便浇筑混凝土基础。

2.标高控制

1)高程控制点的联测

在向基坑内引测标高时,首先联测高程控制网点,以判断场内水准点是否被碰动,经联测确认无误后,方可向基坑内引测所需的标高。

2)±0.00以下条形基础标高的测设

条形基础的标高测设采用水准仪及塔尺进行。为保证竖向控制的精度要求,对标高基准点,必须正确测设。在同一平面层上所引测的高程点,不得少于3个,并作相互校核,校核后三点的误差不得超过3 mm,取平均值作为该平面施工中标高的基准点。基准点设置在边坡稳定位置,可使用水泥砂浆在旁边抹一小块范围的竖直平面,用红色三角作标志,并标明绝对高程和相对标高,便于施工中使用。

最后一层土方开挖前,考虑到施测方便,高程控制网拟布设在基槽外埋设的水准高程点上的位置。为了便于施测及校核,沿基槽的每边布设5~10个控制点。在控制点的设置位置,标明水准控制点的编号,并在旁侧用油漆注明相对标高。

3.柱子轴线投测

混凝土基础浇筑完成后,即进行柱子轴线的投测。根据龙门板设置的挖制点,将每根柱子的轴线用经纬仪投测到混凝土基础上,用墨线弹出轴线和柱子边框线,并将轴线误差控制在5 mm以内。

11.2 独立柱基础的测设

独立柱基础控制网、轴线、标高测设与条形基础的测设相同。

11.3 桩基础的测设

由测量基准点引测四大角的桩位,用木桩上设铁钉来定位,并测设控制网和水准点。安装提升设备时,使用吊土桶的钢丝绳中心线与孔中心线一致,以作挖土时粗略控制中心线用。桩轴线控制支模中心线,高程引到第一节混凝土护壁上,每节以十字对中,吊大线锤作中心控制。用尺杆找圆周,以基准点测量孔深,保证桩位、孔深、截面尺寸正确。第一圈护壁混凝土拆模后,应在护壁上标定轴线位置和设置临时水准点,以便继续施工时控制桩孔位置、垂直度和标高。标定的轴线位置和临时水准点应经常检查复验。

11.4　筏板、箱形基础的测设

　　筏板、箱形基础施工轴线控制,可直接采用基坑外控制桩两点通视直线投测法,向基础平台投测轴线(采用三点一线及转角复测),再次投测控制线引放其他细部施工控制线,且每次控制轴线的放样必须独立施测两次,经校核无误后方可使用。标高控制采用悬吊钢尺法将标高导入坑壁上,且基坑四周不低于 4 点(每一个方向不低于一点),校核无误后方可引测其他控制标高点,必须两点以上后视且两后视点标高差在规定范围之内。

复习与思考题

　　1. 叙述条形基础的轴线投测方法。

　　2. 独立柱基础如何投测轴线和控制高程?

　　3. 桩基础如何控制高程?

　　4. 筏板、箱形基础的测设内容是什么?

第12章 钢筋混凝土主体结构施工测量

【学习目标】

序号	知识目标	能力目标	权重
1	能正确表述激光铅垂仪和激光墨线仪的作用和操作要领	能正确操作激光铅垂仪和激光墨线仪	0.2
2	能正确表述柱子的施工测量步骤	能正确运用测量仪器完成柱子的施工测量	0.2
3	能正确表述墙的施工测量步骤	能正确运用测量仪器完成墙的施工测量	0.2
4	能正确表述梁、板的施工测量步骤	能正确运用测量仪器完成梁、板的施工测量	0.2
5	能正确表述楼梯的施工测量步骤	能正确运用测量仪器完成楼梯的施工测量	0.2
总　计			1.0

【教学准备】

激光铅垂仪、激光墨线仪、水准仪、钢尺、全站仪、测量照片等。

【教学建议】

在测绘实训基地,采用集中讲授、动态教学、分组完成实训任务等方法教学。

【建议学时】

8学时(其中实训4学时)

12.1 激光铅垂仪和激光墨线仪的使用

12.1.1 激光铅垂仪的操作

1.激光铅垂仪的简介

激光铅垂仪是一种供竖直定位的专用仪器,适用于高层建(构)筑物的竖直定位测量。它主要由氦氖激光器、竖轴、发射望远镜、水准器和基座等部件组成。其基本构造如图12.1。

激光器通过两组固定螺钉固定在套筒内。仪器的竖轴是一个空心筒轴,两端有螺扣连接望远镜和激光器安装在筒轴的下(或上)端,发射望远镜安装在上(或下)端,即构成向上(或向下)发射的激光铅垂仪。仪器上设置有两个互成 90° 的水准器,其角值一般为 20″/2 mm。仪器配有专用激光电源,使用时利用激光器底端(全反射棱镜端)所发射的激光束进行对中,通过调节基座整平螺旋使水准管气泡严格对中,接通激光电源启辉激光器,便可垂直发射激光束。

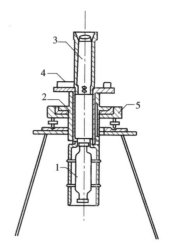

图 12.1　激光铅垂仪基本构造
1—氦氖激光器;2—竖轴;
3—发射望远镜;4—水准管;5—基座

2. 激光铅垂仪投测轴线

激光铅垂仪投测轴线投测的方法如下。

(1)在首层轴线控制点上安置激光铅垂仪,利用激光器底端(全反射棱镜端)所发射的激光束进行对中,通过调节基座整平螺旋使管水准器气泡严格居中。

(2)在上层施工楼面预留孔处放置接受靶。

(3)接通激光电源,启辉激光器发射铅直激光束,通过发射望远镜调焦,使激光束会聚成红色耀目光斑,投射到接受靶上。

(4)移动接受靶,使靶心与红色光斑重合,固定接受靶,并在预留孔四周作出标记,此时,靶心位置即为轴线控制点在该楼面上的投测点。

3. 激光铅垂仪投点偏差大的原因分析

1)现象

当使用激光铅垂仪投测轴线进行竖向控制时,精度不能满足要求。

2)原因分析

(1)首层结构平面上轴线控制点精度不能保证。

(2)仪器未调置好或仪器自身未校核好。

(3)未消除竖轴不垂直于水平轴产生的误差。

3)防治措施

(1)首层楼面上的轴线控制网点必须要保证精度,预埋钢板上的投测点要校核无误后刻上“＋”字标识。在浇筑上升的各层混凝土时,必须在相应的位置预留 200 mm × 200 mm 与首层楼面控制点相对应的孔洞,保证能使激光束垂直向上穿过预留孔。

(2)为保证轴线控制点的准确性,在首层控制点上架设激光铅垂仪,调整仪器对中,严格整平后方可启动电源,使激光器启辉发射出可见的红色光束。光斑通过结构板面对应的预留孔洞,显示在盖着的玻璃板或白纸上,将仪器水平转一周,当光斑在白板上的轨迹为一闭合环时,调节激光管的校正螺丝,使其轨迹趋于一点为止。

(3)为了消除竖轴不垂直水平轴产生的误差,应绕竖轴转动照准部,让水平度盘分别在 0°、90°、180°、270° 四个位置上,观察光斑变动位置,并作标记。若有变动,其变动的位置成十字的对称型,对称连线的交点即为精确的铅垂仪正中点(见图 12.2)。

12.1.2 激光墨线仪的操作

激光墨线仪(如图 12.3 所示)广泛用于轻钢龙骨天花板施工,水电、空调、消防管路架设,隔间、窗框施工,大理石、砖地施工,木工装潢、吊顶、地板施工,OA系列办公室整体施工,各项需要定垂直线、水平线等相关的工程。

该仪器操作简单,激光线明亮清晰。能自动迅速安平,超出补偿范围时激光线闪烁提示。可发出四条垂直线、一条水平线、天顶交叉点、下对点,全方位测量,方便快捷。激光墨线仪操作示意图如图 12.4 所示。

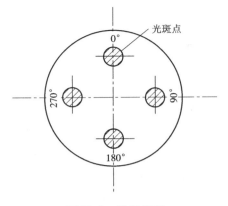

图 12.2 激光施测

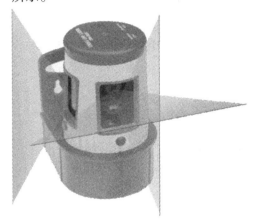

图 12.3 激光墨线仪

提供安装踢脚线基准　提供安装吊顶基准　提供安装管线基准

提供安装隔断基准　提供安装橱柜基准　提供安装门窗基准

图 12.4 激光墨线仪操作示意图

12.2 柱的测量放线

12.2.1 十字控制线的引测

高层建筑物施工测量中的主要问题是控制垂直度,即将建筑物的基础轴线准确地向高层引测,并保证各层相应轴线位于同一竖直面内,控制竖向偏差,使轴线向上投测的偏差值不超限。

轴线向上投测时,要求竖向误差在本层内不超过 5 mm,全楼累计误差值不应超过 $2H/10\,000$(H 为建筑物总高度),且不应大于:

30 m < H≤60 m 时,10 mm;　60 m < H≤90 m 时,15 mm;　90 m < H 时,20 mm。

高层建筑物轴线的竖向投测主要有外控法和内控法两种。

1. 外控法

外控法是在建筑物外部,利用经纬仪,根据建筑物轴线控制桩进行轴线的竖向投测,亦称作经纬仪引桩投测法。具体操作方法如下。

1)在建筑物底部投测中心轴线位置

高层建筑的基础工程完工后,将经纬仪安置在轴线控制桩 A_1、A_1'、B_1 和 B_1' 上,把建筑物主轴线精确地投测到建筑物的底部,并设立标志,如图 12.5 中的 a_1、a_1'、b_1 和 b_1',以供下一步施工与向上投测之用。

2)向上投测中心线

随着建筑物不断升高,要逐层将轴线向上传递。如图 12.5 所示,将经纬仪安置在中心轴线控制桩 A_1、A_1'、B_1 和 B_1' 上,严格整平仪器,用望远镜瞄准建筑物底部已标出的轴线 a_1、a_1'、b_1 和 b_1' 点,用盘左和盘右分别向上投测到每层楼板上,并取其中点作为该层中心轴线的投影点,如图 12.5 中的 a_2、a_2'、b_2 和 b_2'。

3)增设轴线引桩

当楼房逐渐增高,而轴线控制桩距建筑物又较近时,望远镜的仰角较大,操作不便,投测精度也会降低。为此,要将原中心轴线控制桩引测到更远的安全地方,或者附近大楼的屋面。

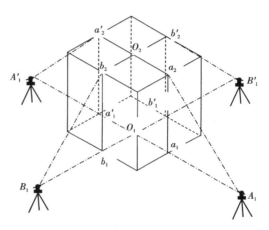

图 12.5　经纬仪投测中心轴线

具体作法是:将经纬仪安置在已经投测上去的较高层(如第 10 层)楼面轴线 $a_{10}a_{10}'$ 上,如图 12.6 所示,瞄准地面上原有的轴线控制桩 A_1 和 A_1' 点,用盘左、盘右分中投点法,将轴线延长到远处 A_2 和 A_2' 点,并用标志固定其位置,A_2、A_2' 即为新投测的 A_1A_1' 轴控制桩。

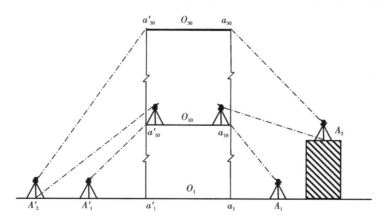

图 12.6　经纬仪引桩投测

更高各层的中心轴线,可将经纬仪安置在新的引桩上,按上述方法继续进行投测。

2. 内控法

内控法是在建筑物内 ±0 平面设置轴线控制点,并预埋标志,以后在各层楼板相应位置上预留 200 mm×200 mm 的传递孔,在轴线控制点上直接采用吊线坠法或激光铅垂仪法,通过预留孔将其点位垂直投测到任一楼层,如图 12.7 和图 12.8 所示。

1)内控法轴线控制点的设置

在基础施工完毕后,在 ±0 首层平面上,适当位置设置与轴线平行的辅助轴线。辅助轴线距轴线 500~800 mm 为宜,并在辅助轴线交点或端点处埋设标志。如图 12.7 所示。

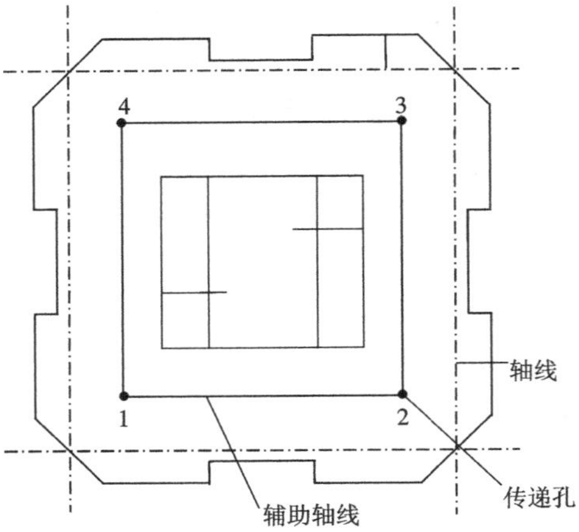

图 12.7 内控法轴线控制点的设置图

2)吊线坠法

吊线坠法是利用钢丝悬挂重锤球的方法,进行轴线竖向投测。这种方法一般用于高度在 50~100 m 的高层建筑施工中,锤球的质量约为 10~20 kg,钢丝的直径为 0.5~0.8 mm。投测方法如下。

如图 12.8 所示,在预留孔上面安置十字架,挂上锤球,对准首层预埋标志。当锤球线静止时,固定十字架,并在预留孔四周作出标记,作为以后恢复轴线及放样的依据。此时,十字架中心即为轴线控制点在该楼面上的投测点。

用吊线坠法实测时,要采取一些必要措施,如用铅直的塑料管套着坠线或将锤球沉浸于油中,以减少摆动。

12.2.2 柱的放线和高程控制

1. 柱的放线

通过外控法或内控法放出十字控制线后,按照施工图的尺寸放出相关轴线和柱安装边线,如图 12.9 所示。

2. 柱垂直度检测

柱身模板支好后,先在柱子模板上端标出柱中心点,与柱下端的中心点相连并弹出墨线。将两台经纬仪架设在两条相互垂直的轴线上,对柱子的垂直度进行检查校正。或用垂球法检查核正。

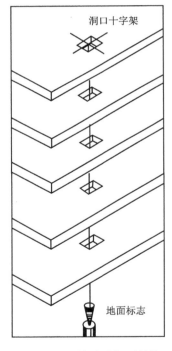

图 12.8 吊线坠法投测轴线

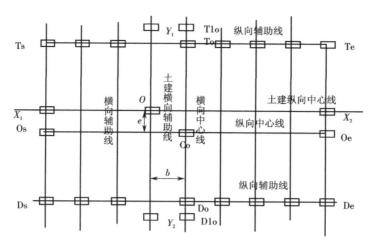

图 12.9　柱放线示意图

3. 建筑物角点垂直度控制

为了保证建筑物总体垂直度,在 ±0.00 以上各层轴线投测检验符合精度要求后,利用经纬仪方向线法将建筑物角点与主轴线投测到墙体或柱体的外立面,并弹墨线标记。每层允许轴线偏差不超过 2 mm,并保证每个立面投测的轴线至少三条。

4. 高程的引测

(1)在第一层的柱子浇筑好后,从柱子下面的已有标高点(通常是 +0.500 米线)向上用钢尺沿着柱身量距。标高的竖向传递,用钢尺从首层起始高程点竖直量取,当传递高度超过钢尺长度时,应另设一道标高起始线,钢尺需加拉力、尺长、温度三差修正。

(2)施工层抄平之前,应先校测首层传递上来的三个标高点,当误差小于 3 mm 时,以其平均点引测水平线。抄平时,应尽量将水准仪安置在测点范围的中心位置,并进行一次精密定平,水平线标高的允许误差为 3 mm。

(3)柱顶抄平。柱子模板校正好后,选择不同行列的 2~3 根柱子,从柱子下面已设好的 1 米线标高点,用钢尺沿柱身向上量距,引测 2~3 个相同的标高点于柱子上端模板上。在平台上放置水准仪,以引测上来的任一标高点作为后视,施测各柱顶模板标高,并闭合于另一点作为校核。

(4)结构完成以后在每一层使用墨线与红色油漆在柱墙上对轴线与标高作出统一标识。

12.3　墙的测量放线

(1)主要轴线校核以后,根据图纸测放墙柱轴线、边皮线、模板控制线及门窗洞口位置线。

(2)门窗洞口的标高控制:墙体钢筋绑扎完成后在门窗洞口边暗柱主筋上投测出建筑 +500 mm 线,作为门窗洞口标高基准线。

(3)电梯井的控制采用横竖控制法。

横控:保证电梯井四边尺寸,用经纬仪根据轴线放出电梯井尺寸,并放出墙体控制线,以便下一层校对及墙体控制。

竖控:在底层留出一周内控制线,使用吊线坠法直接向各施工层悬吊引测轴线,悬吊时要上端固定牢固,线中间没有障碍,线下端的投测人视线要垂直结构面。

12.4　梁、板的测量放线

1. 梁、板顶部标高控制

梁、板顶抄平常通过柱内冒出竖向纵筋、梁内支设钢筋头等方式弹出标高控制线,控制梁顶标高。

2. 梁、板底部标高控制

梁、板底部标高控制通过里脚手架或支撑,从下层楼、地面引标高至脚手架或支撑顶,再搭设楞木、道木后支设模板,从而控制梁、板底部标高。

12.5　楼梯的测量放线

楼梯的测量放线原理同柱、梁、板。

复习与思考题

1. 激光铅垂仪和激光墨线仪各有什么作用?
2. 如何用外控法引测十字控制线?
3. 柱的垂直度如何检测?
4. 建筑物角点的垂直度如何控制?

第 13 章　砌体结构施工测量

【学习目标】

序号	知识目标	能力目标	权重
1	能正确表述承重墙的施工测量步骤	能正确运用测量仪器完成承重墙的施工测量	0.2
2	能正确表述填充墙的施工测量步骤	能正确运用测量仪器完成填充墙的施工测量	0.2
3	能正确表述楼盖的施工测量步骤	能正确运用测量仪器完成楼盖的施工测量	0.2
4	能正确表述屋顶的施工测量步骤	能正确运用测量仪器完成屋顶的施工测量	0.2
5	能正确表述门窗的施工测量步骤	能正确运用测量仪器完成门窗的施工测量	0.2
总　　计			1.0

【教学准备】

经纬仪、激光铅垂仪、激光墨线仪、水准仪、钢尺、全站仪、测量照片等。

【教学建议】

在测绘实训基地,采用集中讲授、动态教学、分组完成实训任务等方法教学。

【建议学时】

6 学时(其中实训 2 学时)

13.1　承重墙的测量放线

13.1.1　十字控制线的引测

1. 外墙引测法

从前面几章的内容可知,基础施工时在建筑物基坑四周均设置有轴线控制点,如图 13.1 中的 K_1、K_2、K_3、K_4、K_5、K_6、K_7、K_8。因此,当基础施工完毕,可以采用经纬仪将控制点引测到基础圈梁上,同时在圈梁的侧面作好轴线控制线的标记,如图 13.1 所示。随着墙体的施工,将标记在圈梁侧面的控制线用线坠向上引测至作业层,如图 13.2 中 B_1、B_2 点即是引测到作业层的轴线控制点。待作业层楼面混凝土浇筑施工完毕可上人时,根据引测在外墙的控制线采用拉线绳的方式即可将建筑物四角的十字控制线测设出来,如图 13.3 所示。

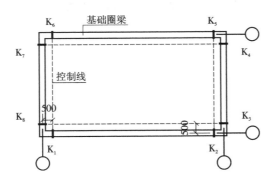

图 13.1 将轴线控制点引测到圈梁

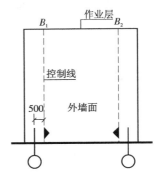

图 13.2 将控制线引测到作业层

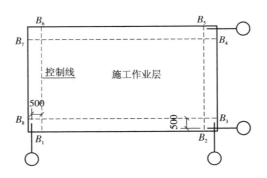

图 13.3 测设四角的十字控制线

2. 设投测孔法

外墙引测法是从外墙将轴线控制点引测到施工作业层,而设投测孔法是采用在楼面的轴线控线的交点处预留投测孔,随着主体结构的高度增加,用激光铅垂仪将轴线控制点引测到施工作业层。具体步骤为:一层埋设钢板,引测轴线控制点,在钢板上作好十字标记,架设激光铅垂仪,投测轴线控制点到施工层,如图 13.4。然后根据 4 个角点的轴线控制点引测出十字控制线。

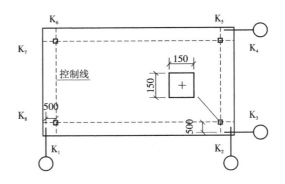

图 13.4 设投测孔法

13.1.2　承重墙轴线及边线的放线、高程的控制

1.轴线、边线的放线

有了十字控制线,可以用小钢卷尺将墙的轴线和边线的位置点每隔 4 ~ 6 m 远作出标示,然后用墨线弹出(见图 13.5)。这样承重墙的轴线及边线就测放出来了。

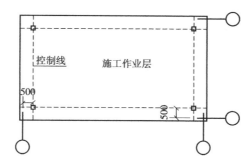

图 13.5　墙的轴线和边线

2.高程的控制

在主体结构一层施工完毕,用水准仪根据建筑物周边的高程控制点(由测绘部门埋设)引测到建筑物外墙上并以此换算出建筑物的 ±0.000 绝对标高,用红油漆作出标示,如图 13.6 所示。以后每一层施工时用钢卷尺直接向上引测,即可得到该作业层的控制标高。在作业层的墙体还未开始砌筑时,可以将作业层的建筑 500 线用水准仪引测到各个构造柱的钢筋上,待墙体砌筑到 1 m 左右时,引测到已砌墙体侧面,并用墨线弹出。每层墙体的砌筑高度或门窗洞口的高度用小钢卷尺从已弹出的建筑 500 线量出即可。

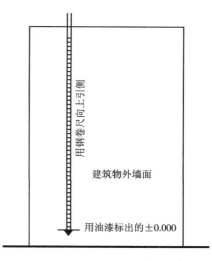

图 13.6　墙的高程控制

13.2　填充墙的测量放线

1.填充墙轴线与边线的放线

填充墙是在框架结构或框架剪力墙结构中,由于空间分隔的需要而在其混凝土墙柱间填充砌筑的墙体。相对于承重墙来讲,填充墙的放线工作开展起来相对容易。因为在钢筋混凝土主体结构放线时,已在各个作业施工层上进行了十字控制线、柱网的轴线及其控制线、墙柱的边线及其控制线等的测放。在填充墙的轴线及边线放线时,可根据设计施工图纸利用已有的这些线条来测放出填充墙的轴线与边线。一般在钢筋混凝土主体施工放线中,轴网或墙柱

的位置均是由墨线在混凝土楼面上弹出,在填充墙放线时,先清除地面的浮灰及杂物即可重新找到原来的放线成果。当发现墨线不清时,可适当在原来放线的位置浇洒一些清水湿润冲洗,这样有助于发现原来已弹墨线(见图 13.7)。

2.填充墙高程的控制

同样,填充墙砌筑时可以借助于主体施工阶段测放于混凝土墙柱上的建筑 500 线。填充墙砌筑到 1 000 左右时,可用水准仪将原混凝土墙柱上的建筑 500 线引测于已砌填充墙上。根据其楼层的建筑 500 线来控制填充墙的砌筑高度和门窗洞口的高度,如图 13.8 所示。

若施工楼层的墙柱上先前未测设建筑 500 线,可从建筑物外墙 ±0.000 点(见图 13.8)根据各个楼层的层高采用拉钢卷尺的方式,重新标记各楼层的建筑 500 线,以此来控制填充墙的高程。

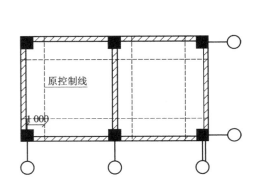

图 13.7　填充墙轴线与边线的放线

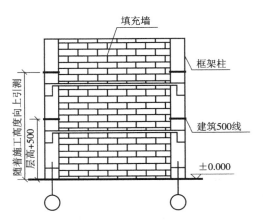

图 13.8　填充墙高程的控制任务

13.3　楼盖的测量放线

1.圈梁的放线和高程控制

圈梁是设置于墙顶部的构件,当墙体砌筑完毕且验收合格后,下一步即可进行圈梁的模板支设。墙体位置的确定也等于圈梁位置的确定。圈梁的宽度一般为墙的宽度,圈梁的下底标高即为墙顶标高。因此,在墙体砌筑时应按事先在墙体上测设的建筑 500 线来控制墙顶标高,即圈梁的底部标高。同样,圈梁的顶部标高的控制也是根据墙体上的 500 线来进行。圈梁顶部的标高控制是通过圈梁模板支设时上口标高的控制来实现的。

2.预应力板的放线和高程的控制

预应力板的安装施工时,一是注意预应力板的支承端的搁置长度和板距的控制,二是注意预应力板的下底面标高的控制。

预应力板的支承长度应该根据设计图纸事先在板上端部标出其支承位置线,在安放时控制或调整其位置线刚好位于圈梁的边线。

为了控制预应力板的安装标高,在圈梁施工完毕后,根据墙面上的 500 线检查其表面的平整度和标高是否满足其设计要求。为了达到其安装平整度可采用水泥砂浆进行找平。

13.4　屋顶的测量放线

屋顶的测量放线方法与女儿墙和承重墙的测量放线方法一致(轴线与边线的放线高程的控制)。

13.5　门窗的测量放线

1. 垂直度的控制

在墙体施工放线时根据设计图线中门窗的位置将其洞口边线在楼面上测放出来。在门窗洞口预留时可采用吊线坠法来控制其洞口的边线和垂直度。除了在墙体砌筑施工时正确预留洞口位置外,在门窗安装时,特别是窗的安装时也可在外墙面吊线坠来控制其各层窗框位于一条竖直线上。

2. 高程的控制

其高程的控制同墙体砌筑的高程的控制。采用各层墙面上事先测放的建筑 500 线用钢卷尺测量洞口的高度位置,如图 13.9 所示。

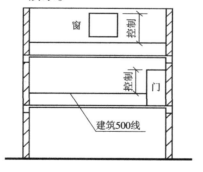

图 13.9　门窗高程的控制

复习与思考题

1. 承重墙放线有哪些内容?
2. 叙述设投测孔法的操作步骤。
3. 如何将控制线引测到作业层?

第14章 钢结构施工测量

【学习目标】

序号	知识目标	能力目标	权重
1	能正确表述梁、柱子等构件安装的施工测量步骤	能正确运用测量仪器完成梁、柱子等构件安装的施工测量	0.25
2	能正确表述一般单层轻型钢结构安装的施工测量步骤	能正确运用测量仪器完成一般单层轻型钢结构安装的施工测量	0.25
3	能正确表述一般多层钢结构安装的施工测量步骤	能正确运用测量仪器完成一般多层钢结构安装的施工测量	0.25
4	能正确表述高层钢结构安装的施工测量步骤	能正确运用测量仪器完成高层钢结构安装的施工测量	0.25
	总　计		1.0

【教学准备】

全站仪、经纬仪、水准仪、钢尺、测量照片等。

【教学建议】

在测绘实训基地,采用集中讲授、动态教学、分组完成实训任务等方法教学。

【建议学时】

6 学时(其中实训 3 学时)

14.1 构件安装测量

工业建筑以厂房为主体,一般工业厂房大多采用预制构件在现场装配的方法施工。厂房的预制构件有柱(或现场浇筑)、吊车梁、吊车车轨和屋架等。因此,工业建筑施工测量的工作主要是保证这些预制构件安装到位。下面就工业建筑中的重要构件——柱和梁或吊车梁的安装加以讨论。

14.1.1 柱的安装测量

1. 柱基的测设

柱基测设是根据基础平面图和基础大样图的有关尺寸,把基坑开挖的边线用白灰表示出来,以便开挖基坑。在两条互相垂直的轴线控制桩上各安置一台经纬仪,沿轴线方向交会出柱基的位置。然后在柱基基坑外的两条轴线上打入 4 个定位小木桩,如图 14.1 所示,作为修坑和立模板的依据。

在进行柱基测设时,应注意定位轴线不一定都是基础中心线,有时一个厂房的柱基类型不一、尺寸各异,放样时应特别注意。

2. 基坑的高程测设和基础模板的定位

当基坑挖到一定深度时,应在坑壁四周离坑底设计高程 0.3 ~ 0.5 m 处设置几个水平桩,如图 14.2 所示,作为基坑修坡和清底的高程依据。此外,还应在基坑内测设出垫层的高程,即在坑底设置小木桩,使桩顶面恰好等于垫层的设计高程。

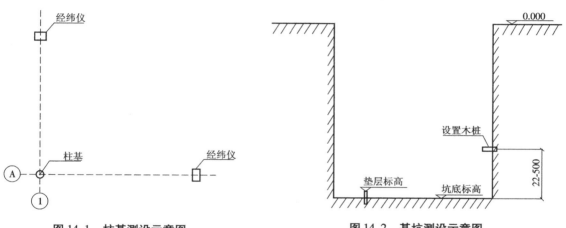

图 14.1　柱基测设示意图　　　　　图 14.2　基坑测设示意图

打好垫层以后,根据坑边定位小木桩,用拉线的方法,吊锤球把柱基定位线投到垫层上,并弹出墨线,作为柱基立模板和布置基础钢筋网的依据。立模时,将模板底线对准垫层上的定位线,并用锤球检查模板是否竖直。最后将柱基顶面设计高程测设在模板内壁。

3. 厂房柱的安装

厂房柱的安装测量所用仪器主要是经纬仪和水准仪等常规测量仪器,所采用的安装方法大同小异,仪器操作基本一致。

柱的安装测量按照以下步骤进行。

1)投测柱列轴线

根据轴线控制桩用经纬仪将柱列轴线投测到杯形基础顶面作为定位轴线,并在杯口顶面弹出杯口中心线作为定位轴线的标志。同时还要在杯口内壁测出一条高程线,从高程线起向下量取一整分米数即到杯底的设计高程。

2)柱身弹线

在柱子吊装前,应将每根柱子按轴线位置进行编号,在柱身的三个侧面上弹出柱中心线,每一面又需分上、中、下三点作出标志,以便安装时校正。

3）柱身长度和杯底标高检查

柱身长度是指从柱子底面到牛腿面的距离,它等于牛腿面的设计标高与杯底标高之差。但柱子在预制时,由于模板制作和模板变形等原因,不可能使柱子的实际尺寸与设计尺寸一样,为了解决此问题,往往在浇筑基础时把杯形基础底面高程降低 2 ~ 5 cm,然后用钢尺量出柱身四条棱线从牛腿顶面沿柱边到柱底的长度,以最长的一条为准,同时用水准仪测定标高,用 1∶2 水泥砂浆在杯底进行找平。抄平时,应将靠柱身较短棱线一角填高,使牛腿面符合设计高程。

4）柱吊装时竖直度的校正

柱子吊入杯底时,首先应使柱身基本竖直,再令其侧面所弹的中心线与基础轴线重合。然后,在杯口处柱脚两边塞入木楔或钢楔初步固定,再在两条互相垂直的柱列轴线附近,离柱约为柱高 1.5 倍的地方各安置一台经纬仪,如图 14.3 所示,瞄准柱脚中心线后固定照准部,仰起望远镜,瞄准柱中心线顶部。如重合,则柱在这个方向上就是竖直的;如不重合,应进行调整,直到柱两个侧面的中心线都竖直时,立即将水泥砂浆灌在杯形基础里,以固定柱的位置。

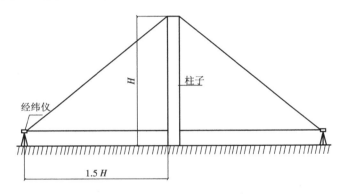

图 14.3 柱子垂直度校正示意图

14.1.2 梁的吊装测量

当柱的安装完成后,接着就是梁的吊装。在工业建筑中,梁的吊装主要是吊车梁及其轨道的安装。

1. 吊车梁的安装测量

安装前先弹出吊车梁的顶面中心线和两端中心线,将吊车轨道中心线投到柱的牛腿面上。其步骤是:利用厂房中心线,根据设计轨道间距,在地面上测设出吊车轨道中心线;分别安置经纬仪于吊车轨道中心线的一个端点上,瞄准另一个端点,仰起望远镜,即可将吊车轨道中心线投测到每根柱的牛腿面上并弹以墨线。

吊装前,要检查预制柱、梁的施工尺寸以及牛腿面到柱底高度,看是否与设计要求相符,如不相符且相差不大时,可根据实际情况及时作出调整,确保吊车梁安装到位。

吊装时使牛腿面上的中心线与梁端中心线对齐,将吊车梁安装到牛腿面上。吊车梁安装完后,还应检查吊车梁的高程:将水准仪安置在地面上,在柱侧面测设 + 50 cm 的标高线,再用钢尺从该线沿柱侧面向上量出梁面的高度,检查梁面标高是否正确,然后在梁下用钢板调整梁面高程,使之符合设计要求。

2. 吊车轨道安装测量

安装吊车轨道前,一般须先用平行线法对梁上的中心线进行检测。首先在地面上从吊车轨道中心线向厂房中心线方向量出长度,得平行线。然后安置经纬仪于平行线一个端点上,瞄准另一个端点,固定照准部,仰起望远镜投测。此时另一人在梁上移动横放的木尺,当视线正对准尺上一米刻划线时,尺的零点应与梁面上的中心线重合。如不重合应予以改正,可用撬杠移动吊车梁,使吊车梁中心线至刻划线的间距等于 1 m 为止。

吊车轨道按中心线安装就位后,可将水准仪安置在吊车梁上,水准尺直接放在轨道顶上进行检测,每隔 3 m 测一点高程,与设计高程相比较,误差应在规范允许误差以内。还要用钢尺检查两吊车轨道间的跨距,与设计跨距相比较,误差控制在规范允许误差范围内。

14.2　单层轻型钢结构安装的测量放线

近年来,由于钢结构的特点及国家钢产量的提高,钢结构技术迅猛发展。我国兴建了大量的钢结构轻钢厂房。本任务根据轻钢厂房结构特点阐述此类厂房结构的安装过程和应注意的一些问题。

轻钢结构质量小、构件细长、易变形,且安装精度要求高,因此选择合理的安装顺序是保证整体结构安装质量的重要环节。合理的安装程序如下:从有柱间撑的节间开始,先安装四根钢柱及其间的柱间支撑,使之形成稳定体;然后安装此两柱间的屋面梁及次结构,这样就形成了一个稳定的安装单元;最后再扩展安装,依次安装钢柱、吊车梁、屋面梁等构件。吊车梁的调整要在所有结构安装完成后进行。现就门式轻钢厂房安装过程中的测量放线问题,进行论述。

14.2.1　基础复测和放线

钢结构安装前,根据土建专业工序交接单及施工图纸对基础的定位轴线、柱基础标高、杯口几何尺寸等项目进行复测和放线,确定安装基准,做好测量记录。基础复测应符合表 14.1 的要求。

表 14.1　基础复测限差要求

序号	项目	允许偏差
1	支承面标高	+3.0 mm
2	水平度	$L/1\,000$
3	建筑物定位轴线	$L/20\,000$ 且不大于 3.0 mm

14.2.2　柱的安装

1. 柱的校正

首先应将柱的十字中心线与基础中心线对正,用楔块初步固定,然后复测调整柱的标高,再调整柱的竖直度。在柱校正时,各项指标应综合调整,直至各项指标调整合格为止。调整完成后,将垫板与柱底板焊接,将柱用拖拉绳及楔块固定。再复测各项指标应合格。

2. 柱的测量

(1)钢柱测量时应排除阳光侧面照射所引起的偏差。

(2)应根据气温控制竖直度偏差,并应符合如下规定。

①当气温接近年平均气温时,柱竖直度应控制在 0 附近。

②当气温高于或低于年平均气温时,应以每个伸缩段设柱间撑的柱为基准,竖直度校正至接近 0。当气温高于平均气温(夏季)时,其他柱应倾向基准点相反方向;当气温低于平均气温(冬季)时,其他柱应倾向基准点方向。

14.2.3　吊车梁的安装

1. 支座板安装

安装前复测牛腿上表面标高是否合格,在钢牛腿上放出支座板的定位线,在定位线上安装支座板,在支座板上放出吊车梁的定位线。

2. 吊车梁安装

吊车梁安装一般采用工具式吊耳或捆绑法进行吊装。进行安装以前应将吊车梁的分中标记引至吊车梁的端头,以利于吊装时按柱牛腿的定位轴线临时定位。

3. 吊车梁校正与调整

吊车梁的校正包括标高调整、纵横轴线和竖直度的调整。注意,钢吊车梁的校正必须在结构形成刚度单元以后才能进行。

(1)用经纬仪将柱子轴线投到吊车梁牛腿面等高处,据图纸计算出吊车梁中心线到该轴线的理论长度 $L_{理}$。

(2)每根吊车梁测出两点,用钢尺和弹簧秤校核这两点到柱子轴线的距离 $L_{实}$,看 $L_{实}$ 是否等于 $L_{理}$,以此对吊车梁纵轴进行校正。

(3)当吊车梁纵横轴线误差符合要求后,复查吊车梁跨度。

(4)吊车梁的标高和竖直度的校正可通过对钢垫板的调整来实现。

注意,吊车梁的竖直度的校正应和吊车梁轴线的校正同时进行。

14.2.4　钢屋架的安装

1. 钢屋架的吊装

屋架吊装就位时应以屋架下弦两端的定位标记和柱顶的轴线标记严格定位,并点焊加以临时固定。第一榀屋架吊装就位后,应在屋架上弦两侧对称设缆风固定;第二榀屋架就位后,每坡用一个屋架间调整器进行屋架竖直度校正,再固定两端支座处并安装屋架间水平及垂直支撑。钢屋架吊装如图 14.4 所示。

2.钢屋架的竖直度的校正

在屋架下弦一侧拉一根通长钢丝(与屋架下弦轴线平行),同时在屋架上弦中心线反出一个同等距离的标尺,用线锤校正。也可用一台经纬仪,放在柱顶一侧,与轴线平移一定距离(假设为 a),在对面柱上同样有一距离为 a 的点,从屋架中线处挑出 a 距离,三点在一个垂面上即可使屋架垂直。钢屋架竖直度校正示意图如图 14.5 所示。

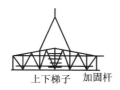

图 14.4　钢屋架吊装示意图

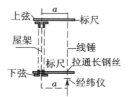

图 14.5　钢屋架竖直度校正示意图

14.3　多层钢结构安装的测量放线

多层钢结构安装测量放线工作包括控制网的建立、平面轴线控制点的竖向投递、柱顶平面放线、悬吊钢尺传递标高、平面形状复杂钢结构坐标测量、钢结构安装变形监控等。

14.3.1　建筑物测量验线

钢结构安装前,土建部门已做完基础,为确保钢结构安装质量,进场后首先要求土建部门提供建筑物轴线、标高及其轴线基准点、标高基准点,依此进行复测轴线及标高。

1.轴线复测

轴线复测一般选用的仪器为全站仪,复测方法根据建筑物平面形状不同而采取不同的方法:矩形建筑物的验线宜选用直角坐标法;任意形状建筑物的验线宜选用极坐标法;对于不便量距的点位,宜选用角度(方向)交会法。

2.验线部位

验线部位包括建筑物平面控制图、主轴线及其控制桩,建筑物标高控制网及 ±0.000 标高线,控制网及定位轴线中的最弱部位。

建筑物平面控制网主要技术指标见表 14.2。

表 14.2　建筑物平面控制网主要技术指标

等级	适 用 范 围	测角中误差(s)	边长相对中误差
1	钢结构高层、超高层建筑	±9	1/24 000
2	钢结构多层建筑	±12	1/15 000

3. 误差处理

验线成果与原放线成果两者之差略小于或等于 1/2 限差时,可不必改正放线成果或取两者的平均值。

验线成果与原放线成果两者之差超过 1/2 限差时,原则上不予验收,尤其是关键部位。若次要部位可令其局部返工。

14.3.2　平面轴线控制点的竖向传递

1. 建立基准控制点

根据施工现场条件,建筑物测量基准点有两种测设方法。

一种方法是将测量基准点设在建筑物外部,俗称外控法。它适用于场地开阔的工地。根据建筑物平面形状,在轴线延长线上设立控制点,控制点一般距建筑物(0.8～1.5)H(H 为建筑物高度)处。每点引出两条交会的线,组成控制网,并设立半永久性控制桩。建筑物垂直度的传递都从该控制桩引向高空。

另一种测设方法是将测量控制基准点设在建筑物内部,俗称内控法。它适用于场地狭窄、无法在场外建立基准点的工地。控制点的多少根据建筑物平面形状决定。当从地面或底层把基准线引至高空楼面时,遇到楼板要留孔洞,最后修补该孔洞。

上述基准控制点测设方法可混合使用。基准控制点的复测和保护要求如下。

(1)建立复测制度。要求控制网的测距相对中误差小于 $L/25\ 000$,测角中误差小于 2 s。

(2)各控制桩要有防止碰损的保护措施。设立控制网,提高测量精度。基准点处宜用预埋钢板,埋设在混凝土里,并在旁边作好醒目的标志。

2. 平面轴线控制点的竖向传递

1)地下部分

一般多层钢结构工程中,均有地下部分 1～6 层左右,对地下部分可采用外控法。建立井字形控制点,组成一个平面控制格网,并测设出纵横轴线。

2)地上部分

控制点的竖向传递采用内控法,投递仪器采用激光铅直仪。在地下部分钢结构工程施工完成后,利用全站仪将地下部分的外控点引测到 ±0.000 m 层楼面,在 ±0.000 m 层楼面形成井字形内控点。在设置内控点时,为保证控制点间相互通视和向上传递,应避开柱、梁位置。在把外控点向内控点的引测过程中,其引测必须符合国家标准工程测量规范中相关规定。地上部分控制点的向上传递过程是:在控制点架设激光铅直仪,精密对中整平;在控制点的正上方,在传递控制点的楼层预留孔 300 mm×300 mm 上放置一块有机玻璃做成的激光接收靶,通过移动激光接收靶即可将控制点传递到施工作业楼层上;然后在传递好的控制点上架设仪器,复测传递好的控制点。当楼层超过 100 m 时,激光接收靶上的点不清楚时,可采用接力办法传递,其传递的控制点必须符合国家标准工程测量规范中的相关规定。

14.3.3　柱顶轴线测量

利用传递上来的控制点,通过全站仪或经纬仪进行平面控制网放线,把轴线(坐标)放到柱顶上。

14.3.4　悬吊钢尺传递标高

(1)利用标高控制点,采用水准仪和钢尺测量的方法引测。

(2)多层与高层钢结构工程一般用相对标高法进行测量控制。

(3)根据外围原始控制点的标高,用水准仪引测水准点至外围框架钢柱处,在建筑物首层外围钢柱处确定 +1.000 m 标高控制点,并做好标记。

(4)从做好标记并经过复测合格的标高点处,用 50 m 标准钢尺垂直向上量至各施工层,在同一层的标高点应检测相互闭合,闭合后的标高点则作为该施工层标高测量的后视点并作好标记。

(5)当超过钢尺长度时,另布设标高起始点,作为向上传递的依据。

14.3.5　钢柱竖直度测量

钢柱吊装时,钢柱竖直度测量一般选用经纬仪。用两台经纬仪分别架设在引出的轴线上,对钢柱进行测量校正。当轴线上有其他的障碍物阻挡时,可将仪器偏离轴线 150 mm 以内。

14.3.6　钢结构安装工程中的测量顺序

测量、安装、高强度螺栓安装与紧固、焊接四大工序的协同配合是高层钢结构安装工程质量的控制要素,而钢结构安装工程的核心是安装过程中的测量工作。

(1)初校。初校是钢柱就位中心线的控制和调整,调整钢柱扭曲、垂偏、标高等综合安装尺寸的需要。

(2)重校。在某一施工区域框架形成后,应进行重校,对柱的垂直度偏差、梁的水平度偏差进行全面的调整,使柱的垂直度偏差、梁的水平度偏差达到规定标准。

(3)高强度螺栓终拧后的复校。在高强度螺栓终拧以后应进行复校,其目的是掌握在高强度螺栓终拧时钢柱发生的垂直度变化。这时的变化只有考虑用焊接顺序来调整。

以上阐述了多层钢结构建筑安装测量放线工程中的一些实施要点,这对于高层钢结构安装的测量放线工作也有着很重要的实践意义。

14.4 高层钢结构安装的测量放线

前面介绍了多层钢结构安装的测量放线的实施要点,从中可知多层钢结构安装的测量放线工作对高层钢结构安装的测量放线工作有着借鉴意义。但是就高层钢结构或者是超高层钢结构安装测量放线工作而言,它也具有自己的一些特点,本节将作简要论述。

高层钢结构测量控制的难点在于以下几个方面。

(1)高层钢结构安装施工的测量控制精度要求较高。

(2)如果结构形式复杂,高度较高,现有设备一次投递不能保证测量精度,需要再结构中设置中间传递层,经过几次控制点的传递完成平面、高程控制网的传递。

(3)如果单个构件的长度很大,例如柱高超过 10 m,而且结构周期超过夏季和冬季,那么温度对测量控制的精度和结构质量影响就很大。

(4)由于在高层钢结构工程中用到很多厚钢板、长度很大的构件,所以合理焊接工艺和施工顺序是保证测量精度的必要条件。

(5)在高层结构中还必须注意风力对结构安装、校正、控制测量的影响。

14.4.1 高层钢结构测量控制网的建立和传递

在高层钢结构测量控制网的建立和传递施工中,包括平面控制网的建立和传递、高层控制网的建立和传递,平面控制网的建立和传递的基本方法,前面已经进行了详细的论述,高层钢结构可参照实施。

当高层钢结构高度较大时(超过 100 m),可以将整个结构在竖直高度上进行合理的分区(假设为 n),作为控制网阶段性传递层。然后在每个施工区 3 个角柱外侧面设置 3 个水准控制点,则 3 个施工区的 $3 \times n$ 个水准控制点构成了高精度的高层控制网。

14.4.2 高层钢结构安装的测量

安装采用"先标高,后位移,最后垂偏"的无缆风校正法(见图 14.6)进行钢结构校正工作。结构安装过程中,通过标高调校、位移调整、水平度校正和垂直度跟踪观测来进行安装的测量控制。

1. 钢柱标高调校

钢柱吊装就位后,用大六角高强度螺栓通过连接板固定上下耳板,通过起落吊钩并用撬棍调整柱间间隙或通过加焊钢楔子结合千斤顶调整钢柱柱间间隙,通过上下柱标高控制线之间的距离与设计标高数值进行对比,符合要求后打入钢楔,点焊并紧固连接螺栓限制钢柱下落,并考虑其焊接收缩量和压缩量,将

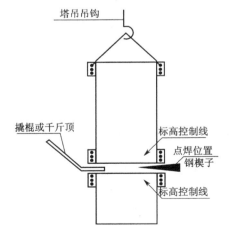

图 14.6 无缆风校示意图

其标高偏差调整至 3 mm 内。

2. 位移调整

钢柱对接时钢柱的中心线应尽量对齐,错边量应符合要求。应尽量做到上下柱十字线重合,如有偏差,应在柱—柱的连接耳板的不同侧面夹入垫板（垫板厚度 0.5~1.0 mm）,拧紧大六角高强度螺栓,钢柱的位移偏差每次调整量在 3 mm 以内,若偏差过大可分 2~3 次调整。

注意,每节钢柱的定位轴线不允许使用下面一节钢柱子的定位轴线,必须从地面控制线或阶段传递层控制线引到高处,以保证每节钢柱安装正确无误,以免产生过大的累积误差。

3. 垂直度校正

钢柱校正采用无缆风校正法,在钢柱的偏斜一侧打入钢楔或用顶升千斤顶支顶。垂直度测量采用 2 台经纬仪(配合弯管目镜)在钢柱的两个互相垂直的方向同时进行跟踪观测控制。对由安装误差、焊接变形、日照温度、钢结构弹性等因素引起的误差值,通过总结积累的经验预留出垂偏值。在保证单节钢柱垂直度不超过规定的前提下,注意留出焊缝收缩对垂直度的影响,采用合理的焊接顺序以减小焊接收缩对钢柱垂直度的影响。

4. 钢柱的垂直度调整

钢梁安装过程中对钢柱垂直度的影响,可采用千斤顶和手拉葫芦进行调整,如图 14.7 和图 14.8 所示。

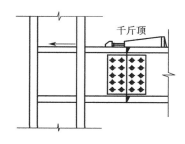

图 14.7　千斤顶调整

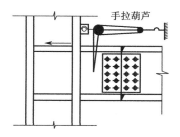

图 14.8　手拉葫芦调整

5. 钢梁的水平度校正

同一根梁两端的水平度,允许偏差 $(L/1\,000)+3$ mm(L 为梁长),且不大于 10 mm。钢梁水平度超标的主要原因是连接板位置或螺孔位置有误差,可采取更换连接板或塞焊孔重新制孔进行处理。

6. 垂直度跟踪观测

为如实掌握每根钢柱垂直度的动态,在钢梁和钢柱焊接过程中,采用经纬仪对钢柱的垂直度随时进行跟踪观测,保证钢结构安装的各项控制指标处于受控状态。

每节钢柱高度范围内的全部构件,在完成安装及焊接并经测量验收合格后,进行测放平面位置的控制轴线和高程控制的标高线。

14.4.3　温度、焊接及塔吊对测量控制的影响

1. 温度对测量控制影响的修正方法

（1）测量人员在现场测量大气压强和温度,对有关参数进行修正。夏天要遮阳,避免直接暴晒仪器,测量时间尽量安排在上午 10:00 前和下午 4:00 后;冬季先让仪器适应现场的温度后方可使用,禁止直接开箱使用,测量的时间安排在上午 10:00 到下午 2:00。

（2）现场测量使用的 50 m 标准钢尺在使用前和加工厂提供的经检定的 50 m 钢尺进行现场检校,以确保计量检测工具与制作厂家匹配统一。使用时要考虑修正数值

$$温度修正值 = 0.000\ 012(t - t_0)L$$

式中：L——测量长度;

　　t——测量时温度（℃）;

　　t_0——标定长度时的温度（20 ℃）。

根据钢尺的检定时的尺长方程式确定钢尺的比长修正值,其公式是

$$钢尺丈量的准确值 = 实际读数 + 温度修正值 + 比长修正值$$

2. 焊接对测量控制的影响

为减小焊接对测量控制和钢结构施工质量的影响,每次安装校正完毕、高强度螺栓安装施工后,测量人员应对钢柱垂直度重新进行测量,提供实际的偏差数值,然后由质量部门按实际数值编制焊接顺序,对一些部位预留焊接收缩量。焊接过程中,测量人员进行跟踪观测,以减小焊接对测量控制的影响。

3. 内爬式塔吊对测量控制的影响

（1）按“先内筒后外围”的顺序调整校正钢柱。调整校正过程中加强对相邻钢柱的观测,增加整体观测的次数,整体控制测量精度。

（2）焊接过程中尽量避免塔吊吊装重型构件,禁止快速起钩、落钩。

（3）在每次测量控制点竖向投递,测放控制轴线、控制标高的全过程中,必须保证 $3 \times n$ 个区的塔吊保持静止并配载荷以保持平衡,测量操作完成后塔吊方可自由运转。

复习与思考题

1. 叙述厂方柱子的安装步骤。
2. 柱子吊装时垂直度如何控制?
3. 吊车梁校正与调整的测量内容是什么?
4. 叙述钢屋架的垂直度的校正。
5. 叙述钢结构安装工程中的测量顺序。

第15章　特殊工程施工测量

【学习目标】

序号	知识目标	能力目标	权重
1	能正确表述管道施工测量的内容	能够正确标定管道中线和绘制断面,能够完成管道施工测量	0.5
2	能正确表述烟囱和水塔的施工测量内容和步骤	能正确引测烟囱和水塔的轴线,能够正确地传递高程	0.5
总　计			1.0

【教学准备】

钢尺、全站仪、管道纵横断面图、测量照片等。

【教学建议】

在测绘实训基地,采用集中讲授、动态教学、分组实训等方法教学。

【建议学时】

6学时(其中实训2学时)

15.1　管道工程的测量放线

在城镇建设中要敷设给水、排水、煤气、电力、电信、热力、输油等各种管道,管道工程测量是为各种管道设计和施工服务的。具体说来就是为管道工程的设计提供有关的地形资料,并在管道的施工中,按设计要求将管道的位置在地面上标定出来。

管道工程测量的主要任务是根据工程进度的要求,为施工测设各种基准标志,以便在施工中能随时掌握中线方向和高程位置。它主要包括管道中线测设,管道纵、横断面测量,管道施工测量和管道竣工测量等。

管道工程测量多属地下构筑物,在较大的城镇街道及厂矿地区,管道互相上下穿插、纵横交错,在测量、设计或施工中如果出现差错,往往会造成很大损失。所以,测量工作必须采用城镇或厂矿的统一坐标和高程系统,按照"从整体到局部,先控制后碎部"的工作程序和步步有检核的工作方法进行,为设计和施工提供可靠的测量标志。

15.1.1 管道中线测量

管道中线测量就是将设计的管道中心线的位置在地面上测设出来,并用木桩进行标定。其主要内容包括管道主点的测设、中桩测设、管道转向角测量以及里程桩手簿的绘制等。

1. 管线主点的测设

管道的起点、终点和转折点通称为主点,主点的位置及管线的方向在设计中已确定。管道主点的测设和房屋建筑定位一样,即确定地面点的平面位置,可以根据精度要求、现场条件及仪器设备,选择不同的方法进行测设。其主要测设方法有三种:图解法、解析法(主要方法)、拨角法。

1) 图解法

根据管道设计图纸上主点与相邻地物的相对关系,直接在图上量取主点放样的数据,并据此进行主点测设的方法为图解法。

图纸的比例尺越大,图解法得到的测设数据的精度就越高。当管道规划设计图的比例尺较大,而且管道主点附近又有明显可靠的地物时,可按图解法来采集测设数据。

如图 15.1 所示,A、B 是原有管道检查井位置,Ⅰ、Ⅱ、Ⅲ点是设计管道的主点。欲在地面上定出Ⅰ、Ⅱ、Ⅲ等主点,可根据比例尺在图上量出长度 D、a、b、c、d 和 e,即为测设数据。然后,沿原管道 AB 方向,从 B 点量出 D 即得Ⅰ点,用直角坐标法从房角量取 a,并垂直房边量取 b 即得Ⅱ点,再量 e 来校核Ⅱ点是否正确,用距离交会法从两个房角同时量出 c、d 交出Ⅲ点。图解法受图解精度的限制,精度不高。当管道中线精度要求不高的情况下,可以采用此方法。

2) 解析法

当管道规划设计图上已给出管道主点的坐标,而且主点附近又有测量控制点时,可用解析法来采集测设数据。

如图 15.2 中,1、2、3……为测量控制点(如导线点),A、B、C……为管道主点。如用极坐标法测设 B 点,则可根据1、2 和 B 点坐标,按极坐标法计算出测设数据 $\angle 12B$ 和距离 S_{2B}。

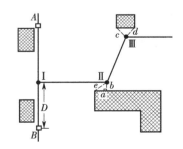

图 15.1　图解法测设主点示意图

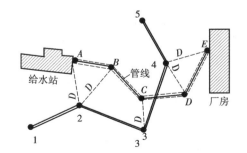

图 15.2　解析法测设主点示意图

测设方法:安置经纬仪于2点,后视1点,转 $\angle 12B$,得出 $2B$ 方向,在此方向上用钢尺测设距离 S_{2B},即得 B 点。其他主点均可按上述方法进行测设。

如果在拟建管道工程附近没有控制点或控制点不够时,应先在管道附近敷设一条导线,或用交会法加密控制点,然后按上述方法采集测设数据,进行主点的测设工作。在管道中线精度要求较高的情况下,均可用解析法测设主点。

3)拨角法

有些管道在转折时,要满足定型弯头的要求,可采用拨角法。例如给水铸铁管的弯头按其转折角分为 90°、45°、22.5°等型号。

如图 15.3 所示,设Ⅰ、Ⅱ、Ⅲ为已测设的管道主点。在测设Ⅲ点时,将经纬仪安置在Ⅱ点,后视Ⅰ点,倒镜后拨 45°角,沿视线方向丈量距离 S,即可标定出Ⅲ点的位置。拨角法测设管道主点时,应用两个盘位测设角度,距离测设也应往返丈量,以提高测设精度。

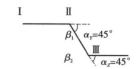

图 15.3　拨角法测设
主点示意图

管道主点测设是利用上述准备好的数据,采用直角坐标法、极坐标法、角度交会法或距离交会法等将管道主点在现场确定下来。具体测设时,各种方法可独立使用或配合使用。

各主点测设完毕后,应检查它们与相邻地物点或测量控制点的关系,以检核主点测设的正确性。主点测设工作的检核方法是:先用主点坐标计算相邻主点间的长度,然后在实地量取主点间距离,看其是否与算得的长度相符。如果主点附近有固定地物,也可以量出主点与地物间的距离进行检核。检核无误后,用木桩标定点位,并作好点之记。

管道中线测设的精度要求见表 15.1。

表 15.1　管道中线测设的精度要求

测设内容	点位容许误差/mm	测角容许误差范围(′)
厂房内部管线	7	±1.0
厂区内地上和地下管道	30	±1.0
厂区外架空管道	100	±1.0
厂区外地下管道	200	±1.0

2. 中桩测设

为了标定管线的中线位置,测定管线的实际长度和测绘纵横断面,应从管道的起点开始,沿管道中线方向根据地面变化情况在实地设置整桩和加桩,这项工作称为中桩测设。这些桩点统称为中线桩,简称中桩。

从起点开始,按规定每隔某一整数设一桩,此为整桩。根据不同的管线,整桩之间的距离也不同,一般为 20 m、30 m,最长不超过 50 m。

在相邻整桩之间线路穿越的重要地物处及地面坡度变化处(高差大于 0.3 m)要增设加桩。因此,加桩又分为地物加桩、地形加桩等。

为了便于计算,中桩均按起点到该桩的里程进行编号,以表示它们距离管道起点的距离,并用红油漆写在木桩侧面。书写要整齐、美观,字面要朝向管线起始方向,写后要检核。管线中线上的整桩和加桩统称为里程桩。如起点桩号为 0+000;整桩号 0+150,即此桩离起点 150

m,"+"号前的数为公里数;加桩号 2 +182,即表示离起点距离为 2 182 m。

测设中桩时,可用钢尺测设距离,用经纬仪确定量距的方向。若采用拨角法测设主点,也同时测设整桩和加桩。测设出的中线桩,均应在木桩侧面用红油漆标明里程,即从管道起点沿管道中线到该桩点的距离。为了保证精度要求,避免测设中桩错误,量距一般用钢尺丈量两次,精度为 1/1 000 ~ 1/2 000。

中桩都是根据该桩到管线起点的距离来编定里程桩号的。管线不同,其起点也有不同的规定。管线的起点:给水管道以水源为起点,排水管道以下游出水口为起点,煤气、热力等管道以来气方向为起点,电力电信管道以电源为起点。

3. 转向角测量

转向角是管道改变方向后,改变后的方向与原方向之间的夹角 α,亦称偏角。由于管线的转向不同,转向角有左、右之分。偏转后的方向位于原来方向右侧时,称为右转向角,用 $\alpha_{右}$ 表示;偏转后的方向位于原来方向左侧时,称为左转向角,用 $\alpha_{左}$ 表示,如图 15.4 所示。偏角用管线的右角 β 计算

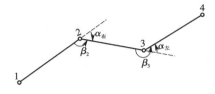

图 15.4　转向角测量

$$\alpha_{右} = 180° - \beta_2$$
$$\alpha_{左} = 180° - \beta_3$$

α 算得为正,为右角 $\alpha_{右}$;α 算得为负,为左角 $\alpha_{左}$。

转向角要满足的要求:如给水管道使用的铸铁定型弯头时,转向角有 90°、45°、22.5°、11.25°、5.625°。如排水管道转向角不应大于 90°。

4. 绘制里程桩手簿

在中桩测设和转向角测量的同时,应将管线情况标绘在已有的地形图上,如无现成地形图,应将管道两侧带状地区的情况绘制成草图,这种工作称为绘制里程桩手簿(或里程桩图)。里程桩手簿是绘制纵断面图和实际管道中心线的重要参考资料,其宽度一般为中心线两侧各 20 m。测绘方法主要是用皮尺以距离交会法或直角坐标法为主进行,也可用皮尺配合罗盘仪以极坐标法进行测绘。若遇到建筑物,则需测绘到两侧的建筑物,用统一的图示表示。

绘制时,先在手簿的毫米方格纸上绘出一条粗直线表示管道的中心线,并标注出主点和中桩里程。在管线的转折点,用箭头表示出管线转折的方向,并注明转向角的数值,但转折以后的管线仍用原来的直线表示管道中线。如图 15.5 所示,图中粗线表示管道的中心线,0 +000 处表示管道起点,0 +380 处为转折点,转向后仍接原方向绘出,但要用箭头表示管道转向并注明转折角(图中转向角 $\alpha_{左}$ = 30°),0 +215 和 0 +287 是地面坡度变化处的加桩,0 +510 和 0 +

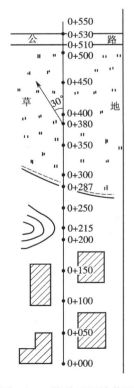

图 15.5　管道里程桩草图

530 是管线穿越公路的加桩,其余均是整桩。

若已有大比例尺地形图,则此地物和地貌可以直接从地形图上量取,以减少外业工作量。

15.1.2　管道纵断面图测绘

管道纵断面图测量就是根据水准点的高程,用水准测量的方法测出中线上各桩的地面点的高程,然后根据里程桩号和测得相应的地面高程按一定比例绘制成纵断面图,用以表示管道中线方向地面高低起伏变化情况。为设计管道埋深、坡度及计算土方量提供重要依据,其主要工作内容如下。

1. 水准点的布置

水准点是管道水准测量的控制点,为了保证管道全线高程测量的精度,在纵断面水准测量之前,应先沿管线设立足够的水准点。一般要求沿管线方向,每 1～2 km 埋设一永久性水准点,每 300～500 m 应埋设一个临时性水准点,按四等水准测量的精度观测出各水准点的高程,作为纵断面测量和施工引测高程的依据。水准点应埋设在不受施工影响、使用方便和宜于保存的地方,或埋设在沿线周围牢固建筑物的墙角或台阶上。

2. 纵断面水准测量

纵断面水准测量一般是以相邻两水准点为一测段,从一个水准点出发,逐点测量各中桩的高程,再附合到另一水准点上,以资校核。纵断面水准测量视线长度可适当放宽,一般采用中桩作为转点,也可以另设。在两转点间的各桩通称中间点。中间点的高程通常用视线高法求得,故中间只需一个读数(即中间视)。由于转点起传递高程的作用,所以转点上读数必须读至毫米,中间点读数只是为了计算本身高程,可读至厘米。

在施测过程中,应同时检查整桩、加桩是否恰当,里程桩号是否正确,若发现错误和遗漏须进行补测。

1)纵断面水准测量的施测方法

图 15.6 是由一水准点 BMA 到 0+300 一段中桩纵断面水准测量示意图,其施测方法如下。

(1)安置仪器于测站 1,后视水准点 A,读数 2.103,前视 0+000,读数 1.794。

(2)安置仪器于测站 2,后视 0+000,读数 2.054,前视 0+100,读数 1.565,再将水准尺立于中间点 0+045,读数 1.810。

(3)安置仪器于测站 3,后视 0+100,读数 1.569,前视 0+200,读数 1.647,同上法再读中间点 0+135 和 0+164,分别读得 1.300 和 1.150。

以后各站同上法进行,直到附合到另一个水准点上。

2)纵断面水准测量的计算

为了完成一个测段的纵断面水准测量,要根据观测数据进行如下计算。

(1)高差闭合计算。纵断面水准测量从一水准点附合到另一水准点上,其高差闭合差应小于容许值(无压管道容许值范围为 ±5n mm,一般管道容许值范围为 ±10n mm,其中 n 为测站数),则成果合格。将闭合差反号平均分配到各站高差上,得各站改正高差,然后计算各前

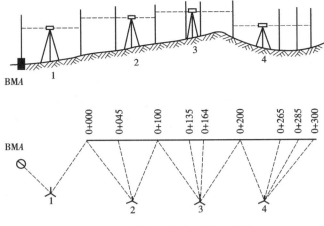

图 15.6　纵断面水准测量示意图

视点高程。

（2）每一测站上各项高程计算按以下公式

$$视线高程 = 后视点高程 + 后视读数$$
$$中桩高程 = 视线高程 - 中视读数$$
$$转点高程 = 视线高程 - 前视读数$$

计算按表 15.2 进行。

当管线较短时，纵断面水准测量可与测量水准点的高程一起进行，由已知水准点开始按上述方法测出各中桩的高程后，附合到另一个未知高程的水准点上，再以水准测量的方法（即不测中间点）返测到已知水准点。若往返闭合差在限差内，取高差平均数推算未知水准点的高程。

表 15.2　纵断面水准测量的记录计算手簿

测站	标号	水准尺读数/m			高差/m		改正后高差/m		视线高程/m	高程/m
		后视	前视	中视	+	-	+	-		
1	BMA 0 + 000	2.103	1.794		-3 0.309		0.306			1 046.800 1 047.106
2	0 + 000 0 + 100 0 + 045	2.054	1.565		-4 0.489				1 049.160	1 047.106 1 047.591 1 047.350

续表

测站	标号	水准尺读数/m			高差/m		改正后高差/m		视线高程/m	高程/m
		后视	前视	中视	+	−	+	−		
3	0 + 100	1.569	1.647			−4		0.082	1 049.160	1 047.591
	0 + 200									1 047.509
	0 + 135					0.078				1 047.860
	0 + 164									1 048.010
4	0 + 200	0.643	2.042			−4		1.403	1 048.152	1 047.509
	0 + 300									1 046.106
	0 + 265					1.399				1 046.400
	0 + 285									1 046.100
5	0 + 300	0.782				−4				1 046.106
	BM*B*		2.138			1.356		1.360		1 044.746
∑		7.151	9.186		0.798	2.833				

$$h_{AB} = \sum a - \sum b = \sum h_i = -2.035(\text{m}), \quad f_h = -2.035 - (-2.054) = +0.019(\text{m}) = +19(\text{mm})$$

$$f_{h允} = \pm 10\sqrt{5} = \pm 22(\text{mm}) > 19(\text{mm}),\ 合格$$

3. 纵断面图的绘制

纵断面图是以中桩的里程为横坐标,以各点的地面高程为纵坐标进行绘制,它一般绘制在毫米方格纸上。为了明显地表示地面管线中线方向上的起伏变化,一般纵向比例尺比横向比例尺大 10 倍或 20 倍,如里程比例尺为 1∶500,则高程比例尺为 1∶50。具体绘制方法如下。

(1)如图 15.7 所示,在毫米方格纸上合理位置绘出水平线(图中水平粗线),水平线以上绘制管道纵断面图,水平线以下各栏须注记设计、计算和实测的有关数据。

(2)根据横向比例尺,在距离、桩号和管道平面图等栏内标出各中桩桩位,在距离栏内注明各相邻桩间距。根据带状地形图绘制管道平面图,在地面高程栏内填注各桩实测的高程,并凑整到厘米(排水管道技术设计的断面图上高程注记到毫米)。

(3)在水平粗线上部,按纵向比例尺,根据各中桩的实测高程,在相应的垂线上定出各点位置,再用直线连接各相邻点,即得纵断面图。

(4)根据设计坡度,在纵断面图上绘出管道的设计坡度线,在坡度栏内注明方向。

(5)计算各中桩的管底高程。管道起点高程一般由设计线给定,管底高程则是根据管道起点高程、设计坡度及各桩的间距,逐点推算而来的。例如 0 + 000 的管底设计给定的高程为 1 044.12 m,管底坡度为 +0.4%,则 0 + 100 的管底高程为 1 044.12 + 0.4% × 100 = 1 044.12 + 0.4 = 1 044.52 m。

(6)计算各中桩点管道埋深,即地面高程减去管底高程。

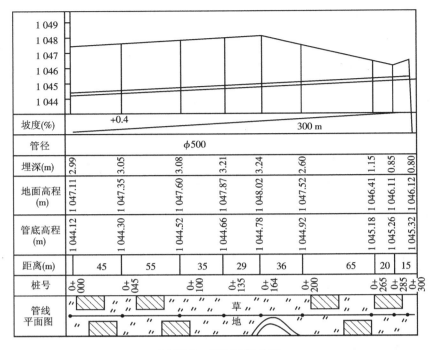

图 15.7　纵断面的绘制

除上述基本内容外,还应把本管线与四周相邻管线相接处、交叉处以及与之交叉的地下构筑物等在图上绘出。

15.1.3　管道横断面图测量

管道横断面图是用来表示垂直于管线方向上一定距离内的地面起伏变化情况,是施工时确定开挖边界线和土方估算的依据。在各中桩处,做垂直于中线的方向,测出各特征点到中桩的平距和高差,根据这些测量数据所绘的断面图就是管道横断面图。

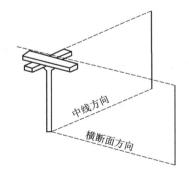

图 15.8　十字定向架确定横断面图方向

横断面图的施测宽度一般是由管道埋深和管道直径来确定的。一般要求每侧为 15 ~ 30 m。施测时,用十字定向架定出横断面图方向(见图 15.8),用木桩或测钎插入地上作为地面特征点标志。各特征点的高程一般与纵断面水准测量同时进行,这些点通常被当成中间点看待进行测量。现以图 15.6 中测站 2 为例,说明 0 + 100 横断面水准测量的方法。

水准仪安置在测站 2 点上,后视 0 + 000,读数 2.054,前视 0 + 100,读数 1.565,此时仪器视线高程为 1 049.160;再逐点测出 0 + 100 的距离,记入表 15.3 中,如“左 2”表示此点在管道中线左侧,距中线 2 m;仪器视线高减去各点中视,即得各特征点高程。

表15.3 横断面水准测量记录手簿

测站	桩号	水准尺读数/m			视线高程/m	高程/m	备注
		后视	前视	中视			
2	0+000					1 047.106	
	0+100					1 047.598	
	左2			1.10		1 048.06	
	左2.8			1.73		1 047.43	
	左15	2.054	1.562	1.90	1 049.160	1 047.26	
	左20			2.11		1 047.05	
	右1.8			1.55		1 047.61	
	右2.4			1.00		1 048.16	
	右20			1.62		1 047.54	

绘制横断面图时,均以各中桩为坐标原点,以水平距离为横坐标,以各特征点高程为纵坐标,将各地面特征点绘在毫米方格纸上。为了便于计算横断面面积和确定开挖边界线,纵、横坐标比例尺要求一致,通常用1:100或1:200。

绘制时,先在毫米方格纸上由下而上以一定间隔定出断面的中心位置,并注明相应的桩号和高程,然后根据记录的水平距离和高差,按规定的比例尺绘出地面上各特征点的位置,再用直线连接相邻点,即绘出横断面图,如图15.9所示。

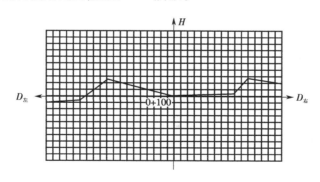

图15.9 横断面图的绘制

由于管道横断面图一般精度要求不高,为了方便起见,可利用大比例尺地形图绘制。如果管线两侧地势平缓且管槽开挖不宽,则横断面测量可以不必进行,计算土方量时,中桩高程认为与横断面上地面高程一致。

15.1.4 管道施工测量

管道施工测量的内容与施工管道设置状态的不同有关。架空管道施工时,要测设管道中线、支架基础平面位置及标高等;地面敷设管道施工测量时,主要测设管道中线及管道坡度等;地下管道施工时,需要测设中线、坡度、检查井位以及开挖沟槽等。现以地下管道全线开挖施工为例说明管道施工测量。

1. 中线检核与测设

管道施工之前,应先熟悉有关图纸和资料,了解现场情况及设计意图。对必要的数据和已知主点位置应认真查对,然后再进行施工测量工作。

管道勘测设计阶段在地面已经标定了管道的中线位置,但是由于时间的变化,主点、中点标志可能移位或丢失,因此施工时必须对中线位置进行检核。如果主点标志移位、丢失或设计变更,则需要重新进行管道主点测设。勘测时中线桩一般比较稀疏,施工时则需要适当加密中线桩。

2. 标定检查井位置

检查井是地下管道工程中的一个组成部分,需要独立施工,因此应标定其位置。标定井位一般用钢尺沿中线逐个进行,并用大木桩加以标记。

3. 设置施工控制桩

管道施工期间,中线上各桩将被挖掉,为了便于恢复中线和检查井的位置,应在施工开挖沟槽外不受施工破坏、引测方便、易于保存的地方设置施工中线控制桩和检查井控制桩。如图15.10 所示,主点控制桩可在中线的延长线上设置两个控制桩。检查井控制桩可在垂直于中线方向两侧各设置一个控制桩或建立与周围固定地物之间的距离关系,使井位可以随时恢复。

4. 槽口放线

管道施工槽口宽度与管径、埋深以及土质情况有关。施工测量前应查看管道横断面设计图,先确定槽底宽度,再确定沟槽口宽度。槽口宽度主要取决于管径、挖掘方式和布设容许偏差等因素,另外还应考虑土质情况和边坡的稳定性。管道的埋深直接根据设计图确定。

5. 施工测量标志的设置

管道施工时,为了随时恢复管道中线和检查施工标高,一般在管线上要设置专用标志。当施工管道管径较小、管沟较浅时,可以在管线一侧设置一排平行于管道中线的轴线桩,如图15.11 所示,该轴线桩的测设以不受施工影响和方便测设为准。当施工管道管径较大、管沟较深时,沿管线每隔 10 ~ 20 m 应设置跨槽坡度板,坡度板应埋设牢固,顶面水平。根据中线控制桩,用经纬仪将中线投测到坡度板上,并钉上小钉作为中线钉,在坡度板侧面注上该中线钉的里程桩号,相邻中线钉的连线即为管道中线方向,然后在其上悬挂垂线,即可将中线位置投测到槽底,用于控制沟槽开挖和管道安装。为了控制沟槽开挖深度,可根据附近水准点,测出各坡度板顶端高程,板顶高程与管底高程之差,就是开挖深度。

15.1.5　管道竣工测量

管道竣工测量的目的是客观地反映管道施工后的实际位置和尺寸,以便查明与原设计的符合程度。这是检验管道施工质量的重要内容,并为建成后的使用、管理、维修和扩建提供重要的依据。它也是建筑区域规划的必要依据和城市基础地理信息系统的重要组成部分。

管道竣工测量的主要工作是测绘并注记管道种类、管径及管道主点、检查井等,标注其相

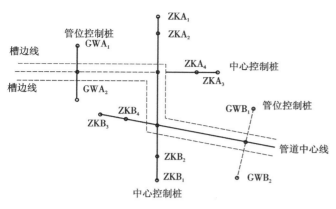

图 15.10　管道施工控制桩

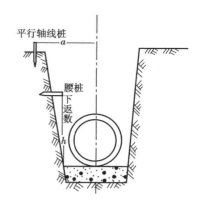

图 15.11　管道施工测量标志的设置

关高程,提供管道竣工平面图,有时还应测绘管道竣工纵断面图。

由于城市及厂区管线种类很多,往往无法将各种管线都绘制在同一张平面图上,因此也可以分类绘制不同管道的竣工平面图。

竣工平面图主要测绘管道的主点、检查井位置及附属构筑物施工后的实际位置和高程。图上应注明检查井编号、检查井井口高程、给(排)水的管顶(底)高程以及管径等相关数据。对于管道中的阀门、消火栓、排气装置和预留口等应按统一符号标注。

测绘竣工平面图,可充分利用原有控制点,如不能满足测图要求,可根据需要重新布设加密控制桩。当已有实测的大比例尺地形图时,可以利用永久建筑物用图解法量测绘制出管道及其构筑物的位置。当管线竣工测量的精度要求较高时,需测定管线的主点坐标及准确高程,并注记于图上。

由于管道工程多属地下隐蔽工程,竣工测量的时效性很强,应在回填土之前及时进行,以提高工效并保证测量的质量。

对于旧有地下管线没有竣工图而尚须对其测绘时,应尽量收集旧管道资料,再到实地核对,调查清楚后,逐点测量并绘制成图。对确实无法核实的直埋管道,可在图上画虚线示意。进行下井调查要注意人身安全,防止有毒、易燃、易爆气体及腐蚀液体等的危害,特别是管线的调查应办理相应手续并在相关部门的配合下调查和施测。

15.2　筒仓结构的测量放线

筒仓结构建筑物(如烟囱、水塔等)的特点是主体的筒身高度很大,而相对筒身而言它的基础平面尺寸较小,整个主体垂直度由通过基础圆心的中心铅垂线控制,筒身中心线的垂直偏差对其整体稳定性影响很大。因此,筒仓结构的施工测量的主要工作是控制筒身中心线的垂直度。

15.2.1　定位与放线

1. 定位

筒仓结构建筑物的定位就是定出基础中心的位置。定位方法如下。

（1）按设计要求，利用与施工场地已有控制点或建筑物的尺寸关系，在地面上测设出筒仓结构的中心位置 O（即中心桩），如图 15.12 所示。

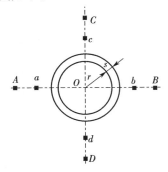

（2）在 O 点安置经纬仪，任选一点 A 作后视点，并在视线方向上定出 a 点，倒转望远镜，通过盘左、盘右投点法定出 b 和 B；然后顺时针测设 $90°$，定出 d 和 D；倒转望远镜，定出 c 和 C，得到两条互相垂直的定位轴线 AB 和 CD。

（3）A、B、C、D 四点至 O 点的距离为烟囱高度的 $1 \sim 1.5$ 倍。a、b、c、d 是施工定位桩，用于修坡和确定基础中心，应设置在尽量靠近筒仓结构而不影响桩位稳固的地方。

图 15.12　定位与放线

2. 放线

如图 15.12 所示，以 O 点为圆心，以筒仓结构底部半径 r 加上基坑放坡宽度 s 为半径，在地面上用皮尺画圆，并撒出灰线，作为基础开挖的边线。

15.2.2　筒身的施工测量

1. 轴线的引测

在施工中，应随时将中心点引测到施工的作业面上。一般每砌一步架或每升模板一次，就应引测一次中心线，以检核该施工作业面的中心与基础中心是否在同一铅垂线上。引测方法：在施工作业面上固定一根枋子，在枋子中心处悬挂 $8 \sim 12$ kg 的锤球，逐渐移动枋子，直到锤球对准基础中心为止。此时，枋子中心就是该作业面的中心位置。

此外，每砌筑完 10 m，必须用经纬仪引测一次中心线。引测方法如下。

（1）如图 15.12 所示，分别在控制桩 A、B、C、D 上安置经纬仪，瞄准相应的控制点 a、b、c、d，将轴线点投测到作业面上，并作出标记。

（2）按标记拉两条细绳，其交点即为筒仓结构建筑物的中心位置，并与锤球引测的中心位置比较，以作校核。筒仓结构建筑物的中心偏差一般不应超过砌筑高度的1/1 000。

对于高大的钢筋混凝土筒仓结构建筑物，模板每滑升一次，就应采用激光铅垂仪进行一次铅直定位，定位方法：在筒仓结构底部的中心标志上，安置激光铅垂仪，在作业面中央安置接收靶。在接收靶上，显示的激光光斑中心，即为其中心位置。

在检查中心线的同时，以引测的中心位置为圆心，以施工作业面上筒仓结构建筑物的设计半径为半径，用木尺画圆，如图 15.13 所示，以检查筒仓结构外壁的位置。

2. 筒仓结构外筒壁收坡控制

筒壁的收坡是用靠尺板来控制的。靠尺板的形状如图 15.14 所示，靠尺板两侧的斜边应严格按设计的筒壁斜度制作。使用时,把靠尺板的斜边贴靠在筒体外壁上,若锤球线恰好通过下端缺口,说明筒壁的收坡符合设计要求。

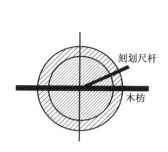

图 15.13　筒仓结构外壁位置的检查

图 15.14　收坡靠尺板

3. 高程的传递

筒体标高的控制一般是先用水准仪在筒仓结构建筑物底部的外壁上测设出 + 0.500 m (或任一整分米数)的标高线,再以此标高线为准,用钢尺直接向上量取高度。

复习与思考题

　1. 如何进行管道中线测量?

　2. 管线断面图的测绘步骤是什么?

　3. 管道竣工测量包括的内容有哪些?

　4. 筒仓结构如何定位和控制中线?

　5. 筒仓结构施工时如何传递高程?

第 16 章　建筑变形测量与竣工总平面图编绘

【学习目标】

序号	知识目标	能力目标	权重
1	能正确表述建筑变形观测的作用,能够正确陈述沉降观测、裂缝观测、位移观测的观测内容和步骤	能正确地选用仪器进行沉降观测、裂缝观测和位移观测	0.5
2	能够正确表述建筑竣工总图的表示内容	能够正确绘制建筑竣工总图	0.5
	总　　计		1.0

【教学准备】

测量照片、水准仪、全站仪、钢卷尺、经纬仪、建筑竣工总图等。

【教学建议】

在测绘实训基地,采用集中讲授、动态教学、分组实训等方法教学。

【建议学时】

4 学时(其中实训 2 学时)

16.1　建筑变形测量

随着建筑物的修建,建筑物的基础和地基所承受的荷载不断增加,从而引起基础及其四周地层变形,而建筑物本身因基础变形及外部载荷与内部应力的作用,也将发生变形。这种变形在一定范围内,可视为正常现象,但超过某一限度就会影响建筑物的正常使用,严重的还会危及建筑物的安全。为了建筑物的安全使用,研究变形的原因和规律以及为建筑物的设计、施工、管理和科学研究提供可靠的资料,在建筑物的施工和运行管理期间,必须进行建筑物的变形观测。

建筑物的变形包括建筑物的沉降、倾斜、裂缝和位移。建筑物变形观测的任务是周期性地对设置在建筑物上的观测点进行重复观测,以求得观测点位置的变化量。

建筑物变形观测能否达到预定的目的要受很多因素的影响,其中最基本的因素是观测点的布设、观测的精度与频率。

对变形观测的精度要求,取决于该建筑物预计的允许变形值的大小和进行观测的目的。如观测的目的是为了确保建筑物的安全,使变形值不超过某一允许的数值,则观测的中误差应小于允许变形值的 1/10 ~ 1/20。例如,设计部门允许某大楼顶点的允许偏移值为 120 mm,以其 1/20 作为观测中误差,则观测精度为 $m = \pm 6$ mm。如果观测目的是为了研究其变形过程,则中误差应比这个数小得多。通常,从实用目的出发,对建筑物的观测应能反映 1 ~ 2 mm 的沉降量。

观测的频率取决于变形值的大小和变形速度以及观测目的。通常要求观测的次数既能反映出变化的过程,又不遗漏变化的时刻。一般在施工过程中观测频率应大些,周期可以是三天、七天、半月等,到了竣工投产以后,频率可小一些,一般有一个月、两个月、三个月、半年及一年等周期。除了按周期观测以外,在遇到特殊情况时,有的还要进行临时观测。

16.1.1　沉降观测

建筑物沉降观测是用水准测量的方法,周期性地观测建筑物上的沉降观测点和水准基点之间的高差变化值。

1. 水准基点和沉降观测点的布设

1) 水准基点的布设

水准基点是沉降观测的基准,因此它的构造与埋设必须保证稳定不变和长久保存。水准基点应埋设在建筑物沉降影响范围之外,距沉降观测点 20 ~ 100 m,观测方便,且不受施工影响的地方。为了互相检核,水准基点最少应布设 3 个。对于拟测工程规模较大者,基点要统一布设在建筑物周围,便于缩短水准路线,提高观测精度。图 16.1 是水准基点的一种形式。在有条件的情况下,基点可筑在基岩或永久稳固建筑物的墙角上。

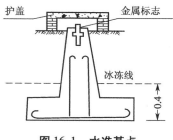

图 16.1　水准基点

城市地区的沉降观测水准基点可用二等水准与城市水准点连测,也可以采用假定高程。

2) 沉降观测点的布设

沉降观测点应布设在最有代表性的地点,埋设时要与建筑物联结牢靠,使观测点的变化能真正反映建筑物的沉降情况。对于民用建筑,通常在它的四角点、中点、转角处布设观测点;沿建筑物的周边每隔 10 ~ 20 m 布置一个观测点;设有沉降缝的建筑物,在其两侧布设观测点;对于宽度大于 15 m 的建筑物,在其内部有承重墙和支柱时,应尽可能布设观测点。对于一般的工业建筑,除了在转角、承重墙及柱子上布设观测点外,在主要设备基础、基础形式改变处、地质条件改变处也应布设观测点。

沉降观测点的埋设形式如图 16.2 和图 16.3 所示。图 16.2(a),(b) 分别为承重墙和柱上的观测点,图 16.3 为基础观测点的埋设形式。

2. 沉降观测

在建筑物变形观测中,进行最多的是沉降观测。对中、小型厂房和建筑物,可采用普通水

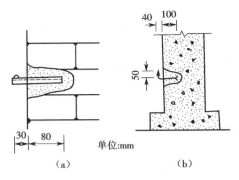

图 16.2　沉降观测点的埋设形式

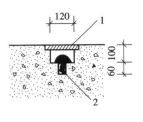

图 16.3　基础观测点的埋设形式

准测量;对大型厂房和高层建筑,应采用精密水准测量方法。沉降观测的水准路线,即从一个水准基点到另一水准基点,应形成闭合线路。与一般水准测量相比,不同的是视线长度较短,一股不大于 25 m,一次安置仪器可以有几个前视点。为了提高观测精度,可采用"三固定"的方法,即固定人员,固定仪器和固定施测路线、镜位与转点。由于观测水准路线较短,其闭合差一般不会超过 1~2 mm,闭合差可按测站平均分配。

当埋设的观测点稳固后,即可进行第一次观测。施工期间,一般建筑物每升高 1~2 层或每增加一次载荷,就要观测一次。如果中途停工时间较长,应在停工时和复工前各观测一次。在发生大量沉降或严重裂缝时,应进行逐日或几天一次的连续观测。建筑物竣工后应根据沉降量的大小来确定观测周期。开始可隔 1~2 月观测一次,以每次沉降量在 5~10 mm 为限。否则要增加观测次数。以后随着沉降量的减少,再逐渐延长观测周期,直至沉降稳定为止。

3.沉降观测的成果整理

1)整理原始记录

每次观测结束后,应检查记录的数据和计算是否正确,精度是否合格,然后调整闭合差,推算各沉降观测点的高程。

2)计算沉降量

计算各观测点本次沉降量(用各观测点本次观测所得的高程减去上次观测点高程)和累计沉降量(每次沉降量相加),并将观测日期和荷载情况一并记入沉降量统计表内,见表 16.1。

表 16.1　沉降观测记录表

观测次数	观测时间	各观测点的沉降情况							施工进展情况	载荷情况 /(t/m²)
		1			2			3…		
		高程 /m	本次下沉 /mm	累计下沉 /mm	高程 /m	本次下沉 /mm	累计下沉 /mm	…		
1	1985-1-10	50.454	0	0	50.473	0	0	…	一层瓶口	
2	1985-2-23	50.448	−6	−6	50.467	−6	−6		三层瓶口	40

续表

观测次数	观测时间	各观测点的沉降情况						3…	施工进展情况	载荷情况 /(t/m²)
		1			2			…		
		高程 /m	本次下沉 /mm	累计下沉 /mm	高程 /m	本次下沉 /mm	累计下沉 /mm			
3	1985-3-16	50.443	−5	−11	50.462	−5	−11		五层瓶口	60
4	1985-4-14	50.440	−3	−14	50.459	−3	−14		七层瓶口	70
5	1985-5-14	50.438	−2	−16	50.456	−3	−17		九层瓶口	80
6	1985-6-4	50.434	−4	−20	50.452	−4	−21		主体完工	110
7	1985-8-30	50.429	−5	−25	50.447	−5	−26		竣 工	
8	1985-11-6	50.425	−4	−29	50.445	−2	−28		使 用	
9	1986-2-28	50.423	−2	−31	50.444	−1	−29			
10	1986-5-6	50.422	−1	−32	50.443	−1	−30			
11	1986-8-5	50.421	−1	−33	50.443	0	−30			
12	1986-12-25	50.421	0	−33	50.443	0	−30			

水准点高程 BM1:49.538 m、BM2:50.132 m、BM3:49.776 m

4. 绘制沉降曲线

为了预估下一次观测点沉降的大约数值和沉降过程是否趋于稳定或已经稳定,可分别绘制时间–沉降量关系曲线以及时间–载荷关系曲线,如图 16.4 所示。

时间–沉降量关系曲线是以沉降量 s 为纵轴,时间 t 为横轴,根据每次观测日期和相应的沉降量按比例画出各点位置,然后将各点连接起来,并在曲线一端注明观测点号码,构成 s-t 曲线图,如图 16.4 所示。

同理,时间–载荷关系曲线是以载荷 p 为纵轴,时间 t 为横轴,根据每次观测时期和相应的载荷画出各点,将各点连接起来,构成 p-t 曲线图,如图 16.4 所示。

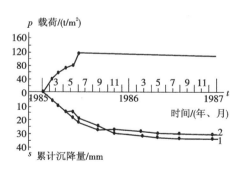

图 16.4 沉降曲线和载荷曲线

16.1.2 裂缝观测

裂缝是在建筑物不均匀沉降情况下产生不容许应力及变形的结果。当建筑物中出现裂缝时,为了安全应立即进行裂缝观测。

1．裂缝观测的内容

裂缝观测应测定建筑物上的裂缝分布位置,裂缝的走向、长度、宽度及其变化程度。观测的裂缝数量视需要而定,主要的或变化大的裂缝应进行观测。

2．裂缝观测点的布设

对必须观测的裂缝应统一进行编号。每条裂缝至少应布设两组观测标志,一组在裂缝最宽处,另一组在裂缝末端。每组标志由裂缝两侧各一个标志组成。

裂缝观测标志应具有可供量测的明晰端面或中心,如图 16.5 所示。观测期较长时,可采用镶嵌或埋入墙面的金属标志、金属杆标志或楔形板标志;观测期较短或要求不高时可采用油漆平行线标志或用建筑胶粘贴的金属片标志。要求较高、需要测出裂缝纵横向变化值时,可采用坐标方格网板标志。使用专用仪器设备观测的标志,可按具体要求另行设计。

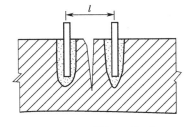

图 16.5 裂缝观测标志

3．裂缝观测方法

对于数量不多、易于量测的裂缝,可视标志形式不同,用比例尺、小钢尺或游标卡尺等工具定期量出标志间距离求得裂缝变位值,或用方格网板定期读取"坐标差"计算裂缝变化值;对于较大面积且不便于人工量测的众多裂缝宜采用近景摄影测量方法;当需连续监测裂缝变化时,还可采用测缝计或传感器自动测记方法观测。

在裂缝观测中,裂缝宽度数据应量取至 0.1 mm,每次观测应绘出裂缝的位置、形态和尺寸,注明日期,附必要的照片资料。

4．裂缝观测周期

裂缝观测的周期应视裂缝变化速度而定。通常开始半月测一次,以后一月左右测一次。当发现裂缝加大时,应增加观测次数,直至几天或逐日一次的连续观测。

5．提交成果

需要提交的成果包括以下几项:

(1)裂缝分布位置图;

(2)裂缝观测成果表;

(3)观测成果分析说明资料;

(4)当建筑物裂缝和基础沉降同时观测时,可选择典型剖面绘制二者的关系曲线。

16.1.3 位移观测

1．位移观测的内容

建筑物水平位移观测包括位于特殊性土地区的建筑物地基基础水平位移观测,受高层建筑基础施工影响的建筑物及工程设施水平位移观测以及挡土墙、大面积堆载等工程中所需的地基土深层侧向位移观测等,应测定在规定平面位置上随时间变化的位移量和位移速度。

2. 观测措施

1）仪器

位移观测尽可能采用先进的精密仪器。

2）采用强制对中

设置强制对中固定观测墩（见图 16.6），使仪器强制对中，即对中误差为零。一般采用钢筋混凝土结构的观测墩。观测墩各部分尺寸可参考图 16.6，底座部分要求直接浇筑在基岩上，以确保其稳定性，并在观测墩顶面常埋设固定的强制对中装置，该装置能使仪器及觇牌的偏心误差小于 0.1 mm。满足这一精度要求的强制对中装置式样很多，有采用圆锥、圆球插入式的，有采用埋设中心螺杆的，也有采用置中圆盘的（见图 16.7）。置中圆盘的优点是适用于多种仪器，对仪器没有损伤，但加工精度要求较高。

3）照准觇牌

目标点应设置成（平面形状的）觇牌，觇牌图案自行设计。视准线法的主要误差来源照准误差，研究觇牌形状、尺寸及颜色对于提高视准线法的观测精度具有重要意义。

一般地说，觇牌设计应考虑以下 5 个方面：

（1）反差大；

（2）没有相位差；

（3）图案应对称；

（4）应有适当的参考面积；

（5）便于安置。

图 16.8 为一个觇牌设计图案。观测时，觇牌也应该强制对中。

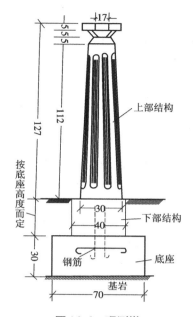

图 16.6　观测墩

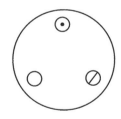

图 16.7　置中圆盘

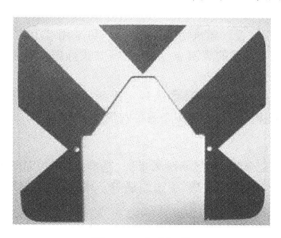

图 16.8　照准觇牌

3. 基准点和观测点的设置

1) 基准点的设置

（1）对于建筑物地基基础及场地的位移观测，宜按两个层次布设，即由控制点组成控制网、由观测点及所联测的控制点组成扩展网；对于单个建筑物上部或构件的位移观测，可将控制点连同观测点按单一层次布设。

（2）控制网可采用测角网、测边网、边角网或导线网，扩展网和单一层次布网可采用测角交会、测边交会、边角交会、基准线或附合导线等形式。各种布网均应考虑网形强度，长短边不宜悬殊过大。

（3）基准点（包括控制网的基线端点、单独设置的基准点）、工作基点（包括控制网中的工作基点、基准线端点、导线端点、交会法的测站点等）以及联系点、检核点和定向点，应根据不同布网方式与构形，按《建筑变形测量规程》中的有关规定进行选设。每一测区的基准点不应少于 2 个，每一测区的工作基点亦不应少于 2 个。

（4）对特级、一级、二级及有需要的三级位移观测的控制点，应建造观测墩或埋设专门观测标石，并应根据使用仪器和照准标志的类型，顾及观测精度要求，配备强制对中装置。强制对中装置的对中误差最大不应超过 ±0.1 mm。

（5）照准标志应具有明显的几何中心或轴线，并应符合图像反差大、图案对称、相位差小和本身不变形等要求。根据点位不同情况可选用重力平衡球式标、旋入式杆状标、直插式觇牌、屋顶标和墙上标等形式的标志。

（6）对用作基准点的深埋式标志、兼作高程控制的标石和标志以及特殊土地区或有特殊要求的标石、标志及其埋设应另行设计。

2) 观测点的设置

（1）水平位移观测点位的选设。观测点的位置，对建筑物应选在墙角、柱基及裂缝两边等处；地下管线应选在端点、转角点及必要的中间部位；护坡工程应按待测坡面成排布点；测定深层侧向位移的点位与数量，应按工程需要确定。控制点的点位应根据观测点的分布情况来确定。

（2）水平位移观测点的标志和标石设置。建筑物上的观测点，可采用墙上或基础标志；土体上的观测点，可采用混凝土标志；地下管线的观测点，应采用窨井式标志。各种标志的形式及埋设，应根据点位条件和观测要求设计确定。

控制点的标石、标志，应按《建筑变形测量规程》中的规定采用。对于如膨胀土等特殊性土地区的固定基点，亦可采用深埋钻孔桩标石，但须用套管桩与周围土体隔开。

4. 位移观测的方法

水平位移观测的主要方法有前方交会法、精密导线测量法、基准线法等，而基准线法又包括视准线法（测小角法和活动觇牌法）、激光准直法、引张线法等。水平位移的观测方法可根据需要与现场条件选用，见表 16.2。

表16.2 水平位移观测方法的选用

序号	具体情况或要求	方法选用
1	测量地面观测点在特定方向的位移	基准线法(包括视准线法、激光准直法、引张线法等)
2	测量观测点任意方向位移	可视观测点的分布情况,采用前方交会法或方向差交会法、精密导线测量法或近景摄影测量等方法
3	对于观测内容较多的大测区或观测点远离稳定地区的测区	宜采用三角、三边、边角测量与基准线法相结合的综合测量方法
4	测量土体内部侧向位移	可采用测斜仪观测方法

5. 资料分析

观测工作结束后,应提交下列成果:

(1)水平位移观测点位布置图;

(2)观测成果表;

(3)水平位移曲线图;

(4)地基土深层侧向位移图,如图16.9所示;

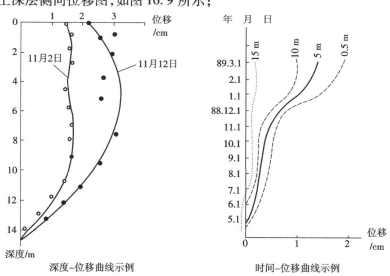

图16.9 地基土深层侧向位移图

(5)当基础的水平位移与沉降同时观测时,可选择典型剖面,绘制两者的关系曲线;

(6)观测成果分析资料。

技能训练8 沉降观测

1. 技能目标

(1)掌握沉降观测的方法和过程。

（2）掌握沉降观测图的绘制。

（3）了解变形分析的简单方法。

2．仪器与工具

DS_{05} 或 DS_1 精密水准仪 1 架，水准仪脚架 1 个，精密水准尺 1 把，竹竿 2 根。

3．内容和步骤

测量实验室自 7 年前开始进行沉降观测，一年一次。沉降点 C_1、C_2 如图 16.10 所示，观测结果见表 16.3。请将今年（第 8 年）的观测结果填入表中，并画出 C_1、C_2 两点 8 年以来的沉降曲线图。

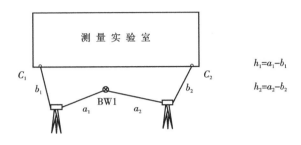

图 16.10　沉降观测示意图

表 16.3　沉降点 C_1、C_2 观测结果

观测日期	点 C_1 高程/m	累计沉降量 $\Delta H / \mathrm{mm}$	点 C_2 高程/m	累计沉降量 $\Delta H / \mathrm{mm}$
第一年十月	9.759 5		9.750 3	
第二年十月	9.756 0		9.745 9	
第三年十月	9.754 4		9.744 1	
第四年十月	9.753 5		9.743 0	
第五年十月	9.752 9		9.742 2	
第六年十月	9.752 6		9.741 8	
第七年十月	9.752 4		9.741 6	
第八年十月				

先将仪器架于水准基点 BM1 与沉降点 C_1 中间，用精密水准测量方法测量高差（至少观测两次），从而可求得 C_1 点高程。

再将仪器架于水准基点 BM1 与沉降点 C_2 中间，观测和要求同上，可求得 C_2 点高程。

绘制沉降曲线图如图 16.11 所示。

4．提交成果

（1）每组提交一份沉降曲线图。

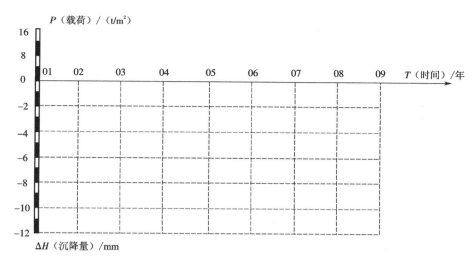

图 16.11　C_1、C_2 点沉降曲线

（2）提交一份实训报告。

16.2　建筑竣工总平面图编绘

由于建筑施工过程中的设计变更、施工误差和建筑物的变形等原因,使得建(构)筑物的竣工位置往往与原设计位置不完全相符。为了更确切地反映建筑工程竣工后的现状,为工程验收和以后的管理、维修、扩建、改建、事故处理提供依据,必须进行建筑竣工测量和编绘竣工总平面图。

竣工总平面图应包括坐标系统、竣工建(构)筑物的位置和周围地形、主要地物点的解析数据,此外还应附必要的验收数据、说明、变更设计书及有关附图等资料。竣工总平面图的编绘包括竣工测量和资料编绘两方面内容。

16.2.1　竣工测量

在每一个单项工程完成后,必须由施工单位进行竣工测量,提出工程的竣工测量成果,作为编绘竣工总平面图的依据。竣工测量的内容包括以下几项。

（1）企业厂房及一般建筑物:各房角坐标、几何尺寸,地坪及房角标高,附注房屋结构层数、面积和竣工时间等。

（2）地下管线:测定检修井、转折点、起终点的坐标,井盖、井底、沟槽和管顶等的高程,附注管道及检修井的编号、名称、管径、管材、间距、坡度和流向。

（3）架空管线:测定转折点、结点、交叉点和支点的坐标,支架间距、基础标高等。

（4）特种构筑物:测定沉淀池、烟囱、煤气罐等及其附属构筑物的外形和四角坐标,圆形构筑物的中心坐标,基础面标高,烟囱高度和沉淀池深度等。

（5）交通线路:测定线路起终点、交叉点和转折点坐标,曲线元素,路面、人行道、绿化带界线等。

（6）室外场地：测定围墙拐角点坐标，绿化地边界等。

竣工测量与地形图测量的方法相似，不同之处主要是竣工测量要测定许多细部点的坐标和高程，因此图根点的布设密度要大一些，细部点的测量精度要精确至厘米。

16.2.2 竣工总平面图的编绘

编绘竣工总平面图时，须掌握的资料有设计总平面图、系统工程平面图、纵横断面图及变更设计的资料、施工放样资料、施工检查测量及竣工测量资料。

编绘时，先在图纸上绘制坐标格网，再将设计总平面图上的图面内容按其设计坐标用铅笔展绘在图纸上，以此作为底图，并用红色数字在图上表示出设计数据。每项工程竣工后，根据竣工测量成果用黑色绘出该工程的实际形状，并将其坐标和高程注在图上。黑色与红色之差，即为施工与设计之差。随着施工的进展，逐步在底图上将铅笔线都绘成黑色线。经过整饰和清绘，即成为完整的竣工总平面图。

厂区地上和地下所有建筑物、构筑物如果都绘在一张竣工总平面图上，线条过于密集而不便于使用时，可以采用分类编图，如综合竣工总平面图、交通运输竣工总平面图、管线竣工总平面图等。比例尺一般采用 1:1 000，如不能清楚地表示某些特别密集的地区，也可局部采用1:500 的比例尺。

如果施工单位较多，多次转手，造成竣工测量资料不全、图面不完整或与现场情况不符时，必须进行实地施测，再编绘竣工总平面图。

竣工总平面图的符号应与原设计图的符号一致。原设计图没有的图例符号，可使用新的图例符号，但应符合现行总平面设计的有关规定。在竣工总平面图上一般要用不同的颜色表示不同的工程对象。

竣工总平面图编绘完成后，应经原设计及施工单位技术负责人审核、会签。

复习与思考题

1.变形观测有哪些项目？制定变形观测周期的依据是什么？变形观测资料说明什么问题？如何分析这种资料？

2.建筑物为什么要进行沉降观测？它的特点是什么？

3.试述建（构）筑物倾斜观测、位移观测方法。

4.怎样进行建筑墙面的裂缝观测？试绘图说明。

5.为什么要编绘竣工图？试述编绘的过程。

附录一　测量的度量单位

测量学采用的长度、面积、体积和角度的度量单位如下。

（一）长度单位

我国测量工作中法定的长度计量单位为米（m）：

1 米（m）＝10 分米（dm）＝100 厘米（cm）＝1 000 毫米（mm）

在外文测量书籍及参考文献中，还会用到英、美制的长度计量单位，它们与米制的换算关系如下：

1 英寸（in）＝2.54 厘米（cm）

1 英尺（ft）＝12 英寸（in）＝0.304 8 米（m）

1 码（yd）＝3 英尺（ft）＝0.914 4 米（m）

1 英里（mi）＝1 760 码（yd）＝1.609 3 公里（km）

（二）面积单位

我国测量工作中法定的面积计量单位为平方米（m^2），大面积则用公顷（hm^2）或平方公里（km^2）。我国农业上常用亩（mu）为面积计量单位。其换算关系如下：

1 平方米（m^2）＝100 平方分米（dm^2）＝10 000 平方厘米（cm^2）
　　　　　　＝1 000 000 平方毫米（mm^2）

1 亩（mu）＝666.666 7 平方米（m^2）

1 公亩（are）＝100 平方米（m^2）

1 平方米（m^2）＝0.001 5 亩（mu）

1 公顷（hm^2）＝10 000 平方米（m^2）＝15 亩（mu）

1 平方公里（km^2）＝100 公顷（hm^2）＝1 500 亩（mu）

米制与英、美制面积计量单位的换算关系如下：

1 平方英寸（in^2）＝6.451 6 平方厘米（cm^2）

1 平方英尺（ft^2）＝144 平方英寸（in^2）＝0.092 9 平方米（m^2）

1 平方码（yd^2）＝9 平方英尺（ft^2）＝0.836 1 平方米（m^2）

1 英亩（acre）＝4 840 平方码（yd^2）＝40.468 6 公亩（are）
　　　　　　＝4 046.86 平方米（m^2）＝6.07 亩（mu）

1 平方英里（mi^2）＝640 英亩（acre）＝2.59 平方公里（km^2）

(三)体积单位

我国测量工作中法定的体积计量单位为立方米(m^3),在工程实际中简称为"立方"或"方"。

(四)角度单位

测量工作中常用的角度单位有度分秒(DMS)制和弧度制。

1. 度、分、秒制

1 圆周 $= 360°$(度),$1° = 60'$(分),$1' = 60''$(秒)

此外,还有 100 等分的新度:

1 圆周 $= 400$ g(新度),1 g $= 100$ c(新分),1 c $= 100$ cc(新秒)

二者的换算公式是 1 圆周 $= 360° = 400$ g,故

1 g(新度)$= 0.9°$ $1° = 1.111$ g(新度)

1 c(新分)$= 0.54'$ $1' = 1.852$ c(新分)

1 cc(新秒)$= 0.324''$ $1'' = 3.086$ cc(新秒)

2. 弧度制

圆心角的弧度为该弧长与半径之比。在推导测量学的公式或进行计算时,有时也用弧度表示角度的大小,计算机运算中的角度值也往往以弧度表示。如图 1 所示,把弧长 b 等于半径 R 的圆弧所对圆心角称为一个弧度,以 ρ 表示。因此,整个圆周为 2π 弧度。

弧度与角度的关系为 $2\pi\rho = 360°$,因此

$$\rho = \frac{180°}{\pi}$$

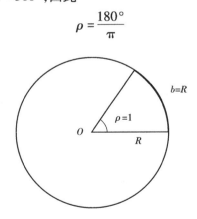

图 1 弧度的定义

一个弧度所相当的度分秒制角值为

$$\rho° = \frac{180°}{\pi} = 57.295\ 779\ 5° \approx 57.3°$$

$$\rho' = \frac{180°}{\pi} \times 60 = 3\ 437.746\ 77' \approx 3\ 438'$$

$$\rho'' = \frac{180°}{\pi} \times 3\ 600 = 206\ 264.806'' \approx 206\ 265''$$

知道一角度的度、分、秒值,可以按下式将其化为弧度值

$$\hat{\alpha} = \frac{\alpha°}{\rho°} = \frac{\alpha'}{\rho'} = \frac{\alpha''}{\rho''}$$

在测量工作中,有时需要按圆心角 α 及半径 R 计算该角所对的弧长 L。如图 2(a)所示,已知 $\alpha = 15°36'18''$,$R = 100$ m,所对弧长 L 为

$$\alpha = 15° + \frac{36'}{60} + \frac{18''}{3\ 600} = 15.605°$$

$$L = R\hat{\alpha} = R\frac{\alpha°}{\rho°} = 100 \times \frac{15.605°}{57.295\ 78°} = 27.236\ \text{m}$$

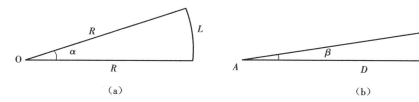

图 2 弧长计算

有时,将直角三角形中小角度 β 的对边 b 按弧长计算(因与该角所对弧长 L 相差很小),如图 2(b)所示。设 $\beta = 1'30''$,A,B 的距离 $D = 120$ m,则 β 角的对边 b 可按下式计算

$$b = D \times \hat{\beta} = D \times \frac{\beta''}{\rho''} = 120 \times \frac{90''}{206\ 265''} = 0.052\ \text{m}$$

(五)用于构成十进制倍数和分数单位的词头

所表示的因数	词头名称	词头符号
10^{18}	艾	E
10^{15}	拍	P
10^{12}	太	T
10^{9}	吉	G
10^{6}	兆	M
10^{3}	千	k
10^{2}	百	h
10^{1}	十	da
10^{-1}	分	d
10^{-2}	厘	c
10^{-3}	毫	m
10^{-6}	微	u

所表示的因数	词头名称	词头符号
10^{-9}	纳	n
10^{-12}	皮	p
10^{-15}	飞	f
10^{-18}	阿	a

附录二　Casio fx – 5800 计算器建筑施工测量程序

1. 坐标反算程序

(1) 程序名:ZBFS1

Deg:Fix3 ↵	设置角度和小数取位
"X1 ="? A:"Y1 ="? B ↵	输入 1 号点的坐标
"X2 ="? P:"Y2 ="? Q ↵	输入 2 号点的坐标
Pol(P-A,Q-B) ↵	坐标反算
"D ="$:$I ◢	显示距离
If J < 0:Then J + 360→J : If END ↵	将方位角限制在 0～360 之间
"FWJ =":J▶ DMS ◢	显示方位角
"END"	程序结束

(2) 算例:

已知数据:1(310,208),2(105,176)

运行程序后得到:

D = 207.483

FWJ = 188°52′19.7″

2. 极坐标法放样计算程序

(1) 程序名:JZB1 – FY

Deg:Fix 3 ↵ 8	设置角度单位为十进制,3 位小数显示
"XA ="? A:"YA ="? B ↵	输入测站点 A 的坐标
"XB ="? C:"YB ="? D ↵	输入后视点 B 的坐标
Pol(C-A,D-B):J→F ↵	反算起始边方位角
Lb1　1 ↵	设置语句标号
"XP"? P:"YP"? Q ↵	输入待放样点 P 的坐标
Pol(P-A,Q-B) ↵	反算方位角和距离
J-F→N ↵	计算水平夹角
N < 0⇒N + 360→N ↵	如夹角为负,则加 360
"N =":N ▶ DMS ◢ 8	显示水平角(以度分秒形式显示)
"S =":I→S ◢ 8	显示水平距离

GOTO 1 ↵   返回 Lbl 1 语句,重新输入下一点,继续放样……

(2)算例:

已知点:$A(3\,546.279,8\,513.007)$,$B(2\,984.303,8\,843.165)$

待放样点:$P(3\,500,8\,600)$

计算的放样要素为:

$N = 328°26'46.8''$

$S = 98.537$ (m)

3.高程放样程序

(1)程序名:GCFY

Fix 3:"HA ="? G ↵   输入后视已知水准点的高程 HA

"A ="? A ↵   输入后视标尺的读数 a

Lbl 1 ↵   设置行号标记

"H ="? H ↵   输入待放样点 B 的设计标高 H

"B =":G + A-H ◢   显示计算出的前尺读数 b

Goto 1 ↵   返回,放样下一设计标高

(2)算例:

已知高程点 A 的标高为:$G = 300.453$ m

安置水准仪后,A 点后尺读数为:$a = 1.725$ m

现要放样 B 点的设计标高为:$H = 301.200$ m

则用上述程序计算得:$b = 0.978$ m

4.建筑轴线偏移计算程序

(1)程序名:ZXPY

Deg:Fix 3 ↵   设置角度单位为十进制,3 位小数显示

"A ="? A:"B ="? B ↵   输入坐标(A,B)

"F ="? F ↵   输入方位角

"L ="? L:"W ="? W ↵   输入偏移距离(L,W)

"P =":A + L×cos(F) + W×cos(F-90)→X ◢   计算并显示偏移点的 X 坐标

"Q =":B + L×sin(F) + W×sin(F-90)→Y ◢   计算并显示偏移点的 Y 坐标

"END"   程序结束

(2)算例:

$A = 65\,084.064$ m

$B = 39\,776.011$ m

$F = 133°29'50''$

$L = 13.750$ m

$W = 7.250$ m

$P = 65\,079.859$ m

$Q = 39\,790.976$ m

附录三　实训任务

以承重墙施工的高程控制为例,其余各实训任务也可类此进行。

任务单

系：　　　　　班级：　　　　　年　月　日

课程	建筑施工测量		
章	第 13 章　砌体结构施工测量		
节	13.1　承重墙的测量放线		
任务名称	根据场地周边高程控制点引测建筑物的控制标高		
目　的	在限定的时间内,根据场地周边测绘部门给出的高程控制点引测建筑物的控制标高。学生应利用所学知识、工具、参考资料,编制测量方案,进行施工测量		
完成时间	4 小时		
工作步骤	资讯	查阅资料	小组讨论	15 分钟
	决策	选用测量仪器、小组人员分工	小组讨论	10 分钟
	计划	制定具体实施计划	小组讨论	15 分钟
	实施	识读施工图、进行测量放线	独立完成	180 分钟
	检查	填检查单	分组完成	10 分钟
	评价	填评价单	分组完成	10 分钟
工　具参考资料	1.实施单、检查单、评价单；2.《工程测量规范》(GB 50026—2007)；3.教材。		
特别提示			

图纸

实 施 单

系：　　　　　　班级：　　　　　　　　年　　月　　日

任 务 责任人		完成 时间	
课程	建筑施工测量		
章	第 13 章　砌体结构施工测量		
节	13.1　承重墙的测量放线		
任务名称	根据场地周边高程控制点引测建筑物的控制标高		
准备工作			
实施计划			
测量过程及 测量简图			
测量结果		单位	

检 查 单

系：　　　　　　班级：　　　　　年　月　日

任 务 责任人			
课程	建筑施工测量		
章	第13章　砌体结构施工测量		
节	13.1　承重墙的测量放线		
任务名称	根据场地周边高程控制点引测建筑物的控制标高		
检查内容	对	错	不清楚
测量工具			
图纸识读			
仪器操作			
实施步骤			
数据计算			
测量成果			
小组长			
组员			

评 价 单

系：　　　　　班级：　　　　　　年　月　日

任　务 责任人			总评分	
课程	建筑施工测量			
章	第13章　砌体结构施工测量			
节	13.1　承重墙的测量放线			
任务名称	根据场地周边高程控制点引测建筑物的控制标高			

评价内容		分值	自评(20%)	组评(30%)	教师评价 (50%)
决策	测量工具 选用正确	10			
计划	实施步骤合理	10			
实施	图纸识读正确	10			
	仪器操作正确	20			
	数据计算正确	10			
	成果测绘正确	20			
	过程记录正确	10			
检查	检查单填写正确	10			
合　计		100			
小组长					
组员					

参考文献

[1]   何保喜.全站仪测量技术[M].郑州:黄河水利出版社,2005.
[2]   覃辉.建筑工程测量[M].北京:中国建筑出版社,2007.
[3]   李天和,王文光.工程测量[M].郑州:黄河水利出版社,2005.
[4]   张坤宜.交通土木工程测量[M].北京:人民交通出版社,1999.
[5]   张雨化.道路勘测设计[M].北京:人民交通出版社,1998.
[6]   王根虎.土木工程测量[M].郑州:黄河水利出版社,2007.
[7]   孔德志.工程测量[M].郑州:黄河水利出版社,2007.
[8]   谢远光.工程测量[M].重庆:重庆大学出版社,2006.
[9]   李天和.矿山测量[M].北京:煤炭工业出版社,2005.
[10]   罗斌.道路工程测量[M].北京:机械工业出版社,2005.
[11]   梁玉保.地籍调查与测量[M].郑州:黄河水利出版社,2006.
[12]   徐宇飞.数字测图技术[M].郑州:黄河水利出版社,2005.
[13]   冯大福.计算器测量编程[M].北京:机械工业出版社,2012.